# Découvrez l'histoire par les archives de presse

# RETRONEWS
Le site de presse de la BnF

www.retronews.fr

# CAUSERIES

# SCIENTIFIQUES

## DÉCOUVERTES ET INVENTIONS

## PROGRÈS DE LA SCIENCE ET DE L'INDUSTRIE

PAR

## HENRI DE PARVILLE

Rédacteur scientifique du *Constitutionnel* et du *Pays*

**PREMIÈRE ANNÉE**

—○○—

TÉLÉGRAPHIE TRANSATLANTIQUE — LES EAUX DE PARIS
CONSTRUCTION DU NOUVEL OPÉRA — ÉCLAIRAGE ET VENTILATION DES
THÉATRES — MOTEUR LENOIR — GAZ CHANDOR
COMÈTE DE JUIN 1861 — FABRICATION INDUSTRIELLE DE LA GLACE
CABLE SOUS-MARIN DE LA MÉDITERRANÉE
RECHERCHES DE M. FRÉMY SUR L'ACIER — PUITS ARTÉSIEN DE PASSY
CANOT INCHAVIRABLE ET INSUBMERSIBLE DE M. MOUË
ANALYSE SPECTRALE; TRAVAUX DE MM. BUNSEN ET KIRCHHOFF
CONSTRUCTION DU PONT DE KEHL
CHAUFFAGE DES WAGONS — ÉLECTRO-MÉTALLURGIE
PHOTOGRAPHIE SANS CABINET NOIR — REPRODUCTION ET GREFFE DES OS
ETC., ETC., ETC.

## DE LUZAN

## PARIS

### F. SAVY, LIBRAIRE-ÉDITEUR

24, RUE HAUTEFEUILLE, 24

—

1862

# CAUSERIES
# SCIENTIFIQUES

# PRÉFACE

Le rôle de la presse scientifique n'est pas seulement de vulgariser la science et de la mettre à la portée de tous.

Sa mission est plus large et plus élevée.

Elle doit détruire les préjugés, combattre les fausses opinions, guider les recherches, faire naître les idées, les développer.

Tendre, en un mot, à éclairer l'opinion, et devenir, à l'occasion, une tribune de discussion loyale et honnête qui puisse profiter à la société tout entière.

C'est ainsi, du moins, que nous avons compris le journalisme scientifique. Nous nous sommes efforcé de ne point nous départir de cette ligne de conduite depuis le jour où nous avons été appelé à faire connaître au public les progrès de la science dans deux de nos grands journaux quotidiens. Nous espérons n'avoir pas oublié davantage dans ces *Causeries*, que le premier devoir de l'écrivain consciencieux, c'est l'indépendance et l'impartialité.

On ne trouvera dans ce livre ni dissertations philosophiques, ni théories transcendantes. Nous avons eu soin, au contraire, d'écarter tout ce qui eût été de nature à fatiguer ou rebuter l'esprit du lecteur. Nous avons voulu écrire, avant tout, un livre qui s'adressât au plus grand nombre. S'il pouvait avoir une prétention, la sienne serait assurément d'être populaire.

Il nous a paru que dans la presse scientifique on ne se préoccupait pas assez de la forme. On groupait jusqu'ici méthodiquement une série de sujets, souvent avec talent et savoir, mais en leur laissant toujours leur caractère d'aridité et de sécheresse. On a écrit pour ceux qu savaient déjà, oubliant trop vite qu'il importait surtout d'écrire pour ceux qui ne savaient pas encore. On s'est contenté de raconter, sans mettre en avant ce qui pouvait faire aimer la science, sans faire ressortir ses splendeurs et ses magnificences.

Toute question scientifique emporte avec elle un intérêt puissant. C'est au publiciste à savoir la présenter sous son côté saisissant, à mettre en relief son utilité et son importance pratique. Le jour où la science aura trouvé un interprète habile, et maître de son sujet, il n'est pas douteux que son influence ne devienne prépondérante, qu'elle ne combatte victorieusement le fâcheux effet produit dans les masses par ces publications éphémères, si répandues de nos jours. Il est temps que le public laisse de côté cette littérature de mauvais goût qui ne peut qu'égarer l'esprit sans le remplir, et qu'il s'occupe enfin de ce qui se fait de beau, de grand et d'utile autour de lui.

Nous n'avons pas craint ici de briser avec les idées reçues sur le mode habituel d'exposition scientifique. Nous n'avons pas cru devoir non plus suivre un ordre déterminé. Nous avons laissé à chaque sujet son caractère d'actualité, une des premières conditions du succès à notre époque.

Nous avons signalé les découvertes les plus intéressantes, les questions d'utilité générale, les travaux les plus remarquables et les faits nouveaux qui se sont produits dans le courant de l'année. Notre cadre nous renfermait naturellement dans des limites circonscrites. Nous avons dû n'aborder que les questions les plus importantes et éviter ainsi de tomber forcément dans une nomenclature aride autant que fastidieuse, qui repousse le lecteur et fatigue vite son attention. Nous sommes, en revanche, entré dans le vif de chaque sujet avec assez de détails pour qu'on puisse s'en faire une idée nette, et que celui qui aura jeté les yeux sur les premières lignes ait le désir de les lire jusqu'à la fin.

Nous avons joint, au texte, des gravures, afin d'ajouter encore de la clarté à nos descriptions.

A partir de cette année, nos *Causeries scientifiques* paraîtront régulièrement dans le courant du mois de décembre.

Nous devons ici des remerciments à tous ceux qui nous ont aidé de leurs bienveillants conseils ou qui nous ont fourni les renseignements dont nous avions besoin. S'il était permis de dédier à quelqu'un un livre aussi modeste, nous solliciterions l'honneur de l'offrir, en témoignage de reconnaissance, à M. le prince A. de Polignac. En nous facilitant l'accès de deux des plus importants organes de la publicité, il nous a mis à même de poursuivre notre tâche avec une indépendance absolue, et de donner ainsi toute liberté à notre œuvre de vulgarisation.

Nous aurons atteint le but que nous nous sommes proposé si ce livre contribue dans la mesure de ses forces à répandre dans les mœurs le goût de la science.

HENRI DE PARVILLE.

Paris, 1er décembre 1861.

# CAUSERIES

# SCIENTIFIQUES

I

Communication électrique entre l'ancien et le nouveau monde. — Ligne
anglo-américaine. — Ligne anglo-française; ses avantages. — Anciens
câbles avec armatures de fer; inconvénients pour les transmissions électriques sous-marines. — Nouveaux câbles à armatures de chambre de
MM. Rowett et Evans. — Leur supériorité. — Objections. — Télégraphe
électrique de grande portée réunissant l'Europe et l'Amérique.

Parmi les projets les plus grandioses qu'ait vus naître
notre époque, on peut assurément placer en première
ligne celui d'une communication électrique entre l'ancien
et le nouveau monde.

Relier entre les deux continents par une ligne télégraphique de grande portée, joindre par un véritable
trait d'union l'Europe et l'Amérique, réunir, en un mot,
par un seul lien tous les peuples de la terre, telle est l'i-
dée élevée et féconde que comporte la question, tel est

le problème qu'il est donné à la science du dix-neuvième siècle de résoudre et de mener à bonne fin.

De nombreux essais ont déjà été tentés pour jeter à travers les mers un câble transatlantique destiné à propager le fluide électrique d'Europe en Amérique. Tous, nous devons le dire avec franchise, tous ont échoué et complétement échoué. Vingt fois déjà le câble a été lancé à la mer et vingt fois il en a été retiré brisé en morceaux et rompu. En vain les ingénieurs ont-ils pris les plus minutieuses précautions. En vain a-t-on mis à contribution les meilleurs et les plus habiles constructeurs, toujours et constamment le câble s'est rompu pendant la pose.

Quelques personnes ont voulu voir dans ces résultats négatifs une impossibilité absolue, une barrière jetée par la nature à la présomption humaine.

Ces craintes exagérées n'ont pas leur raison d'être. Nous essayerons de montrer dans les lignes qui suivent qu'on est enfin parvenu à écarter une à une les difficultés qui s'opposaient au succès de l'œuvre, et que tout fait espérer une solution prochaine de la question.

Deux éléments importent principalement en pareille matière : la route à suivre, la construction du câble électrique.

Occupons-nous d'abord du tracé.

Il existe deux projets en présence : l'un proposé par une compagnie anglo-américaine ; l'autre par une compagnie franco-anglaise. Le premier, connu sous le nom de *North Atlantic Telegraph* ou communication avec l'Amérique par le nord de l'Europe, a trouvé en Angleterre une grande et vive sympathie ; il est devenu le point de

départ d'une expédition dans les mers Arctiques, et il a
pour défenseurs MM. Mac Clintock et Rae, les deux plus
célèbres explorateurs des mers du Nord. Le tracé irait
des côtes de l'Écosse à l'île Feroë, traverserait l'île Feroë
et s'élancerait jusqu'au rivage de l'Islande, couperait
l'Islande pour gagner les côtes dé Groënland, longerait
le rivage du continent groënlendais et gagnerait le Labrador, Terre-Neuve, le Canada, New-York.

Nous voulons bien croire que nos voisins d'outre-
Manche n'y ont pas mis de malice, mais en vérité on serait presque en droit de croire qu'ils ont choisi à plaisir le
tracé le plus défavorable à toute transmission électrique.

Les plus terribles adversaires de la propagation électrique sont, au premier rang, le froid, sous toutes les
formes, glace, givre, neige, etc.; au second rang, les
courants perturbateurs du magnétisme terrestre et atmosphérique. Or, l'Islande, le Groënland, le Labrador sont
par excellence l'empire du froid, et il n'est pas de jour
ni de nuit où l'on ne remarque dans les régions polaires
des aurores boréales d'une grande intensité.

Tout le monde sait les influences désastreuses du froid
et du magnétisme terrestre sur les lignes si courtes de
nos climats tempérés. Si la transmission des dépêches est
compromise en France par un froid et des neiges de quelques jours, ou encore par les aurores boréales qui éclairent si faiblement notre atmosphère, comment la propagation électrique se fera t-elle au sein d'un hiver éternel
et au milieu d'une illumination presque incessante de
nuits longues à l'excès?

Enfin, s'il est une île, une mer qu'il faille éviter à tout

prix, quand il s'agit de prendre l'électricité pour messagère, c'est à coup sûr l'île et la mer d'Islande, constamment tourmentées par les éruptions volcaniques, liées elles-mêmes intimement avec les phénomènes de magnétisme terrestre.

Il est au moins étrange qu'on ait pu s'arrêter à un projet qui répond si mal aux premières nécessités d'une transmission électrique. Nous nous permettrons de le dire sans hésitation, là n'est pas la solution cherchée.

Le second projet anglo-français mérite au contraire à tous égards de fixer l'attention ; il ne fait naître aucunes objections sérieuses. Il est d'une grande hardiesse, il est vrai, mais il n'échappe en aucune manière à nos moyens d'action.

Les deux extrémités de la ligne projetée sont françaises ; elle part de Brest et aboutit à l'île Saint-Pierre-Miquelon, presque sur le banc de Terre-Neuve. Entre son point de départ et son point d'arrivée, elle prend terre sur l'île Florès, l'une des Açores.

La distance de Brest à Florès est de 1,245 milles ; la distance de Florès à Saint-Pierre, de 1,150 milles ; la distance totale de Brest à Saint-Pierre, de 2,400 milles, 300 milles de plus que la ligne de Valentia à Saint-Jean de Terre-Neuve, qui avait été adoptée pour les essais tentés par les anciennes compagnies. On remarquera, au reste, que la longueur du câble sous-marin à étendre, soit entre Brest et Florès, soit entre Florès et Saint-Pierre-Miquelon, est plus courte de 600 milles ou de près de moitié que la longueur du câble submergé entre Valentia et Terre-Neuve.

Il résulte de là que la pose des câbles sera abrégée et que la transmission électrique se fera dans des conditions meilleures. Il suffit aussi de jeter les yeux sur une carte pour se convaincre que les nouveaux câbles auront une direction de 45 degrés, tandis que celui qui est resté au fond de l'Océan coupait les méridiens à angle droit.

Or, il y a dans cette inclinaison une nouvelle chance de succès.

Quelque hypothèse que l'on fasse, en effet, sur la direction des courants telluriques ou atmosphériques, qu'ils courent du nord au sud ou de l'est à l'ouest, le câble à 45 degrés présentera les meilleures conditions possibles pour échapper aux influences perturbatrices et transmettre le mieux les dépêches.

Quand on a recours à l'électricité, on ne doit négliger aucun détail, aucune précaution. L'agent dont on se sert est si étrange, si capricieux, qu'il suffit des choses les plus futiles en apparence pour faire échouer toute une entreprise. Ainsi, pour ne citer qu'un exemple, dans les dernières tentatives, les dépêches étaient parfaitement reçues à Valentia et on les transmettait au contraire avec la plus grande difficulté à Terre-Neuve. Dans un sens, réussite complète, dans l'autre, échec presque continuel. Il y avait évidemment là un élément de trouble dont on ne s'était pas rendu compte, et qui, sans action sur les dépêches de départ, gênait considérablement les dépêches de retour. On ne saurait donc trop approuver la direction particulière qu'on a l'intention de donner au nouveau câble.

Quant à la profondeur de la mer dans tout le parcours

de la ligne projetée, elle est à très-peu près la même qu'entre Valentia et Terre-Neuve. Elle augmente progressivement à partir de Brest pour n'atteindre qu'à la suite de très-longues pentes le chiffre de 4,500 mètres. Le relèvement a lieu plus rapidement du côté des Açores; mais il n'en est pas moins continu. On ne saurait craindre de trouver sur aucun point de la ligne des cimes abruptes entre lesquelles le câble puisse rester suspendu.

La difficulté ne réside pas, au surplus, dans la profondeur des mers, mais surtout et seulement dans la nature du câble que l'on doit employer.

Le contre-amiral Maury, l'une des plus grandes illustrations scientifiques de l'Amérique du Nord, l'exprime, du reste, d'une manière nette dans les quelques lignes qui suivent :

« Je n'ai aucun doute quant au succès définitif de l'établissement d'un télégraphe à travers l'Atlantique. La seule limite, en effet, à la possibilité d'établir des lignes télégraphiques sous-marines, est celle que la nature même a imposée au courant galvanique. La mer n'offre aucun obstacle, en raison de sa profondeur et de ses courants, aux lignes de toute longueur. Le premier pas vers le succès d'une ligne sous-marine à travers l'Océan est de renoncer, pour les mers profondes, aux gros câbles enveloppés de fer, qui ne doivent être employés que dans les bas-fonds; il faut, en outre, laisser là les freins et les flotteurs, et inventer un câble dont la pose n'exige ni les uns ni les autres. Une fois déposé au fond des mers, le câble, quelque léger qu'il soit, demeurera immobile et intact pendant des centaines d'années. »

Ainsi l'immensité et la profondeur de l'Océan ne constituent pas une entrave sérieuse aux grandes communications transatlantiques. L'immensité sera franchie, les profondeurs seront domptées le jour où l'on aura découvert le véritable fil conducteur qui doit unir les deux mondes.

L'invention d'un câble renferme à elle seule la solution de tout le problème des communications transatlantiques. Nous croyons donc utile d'appuyer particulièrement sur la construction des câbles récemment imaginés, qui nous paraissent répondre le mieux possible aux exigences de la question. Pour mieux mettre en lumière leur supériorité relative, nous examinerons d'abord en quelques mots les raisons qui doivent déterminer l'abandon complet et définitif des anciens câbles lourds à armatures de fer.

Nous savons bien que la meilleure justice qu'on puisse en faire serait de rappeler simplement leur rupture continuelle; il est toutefois une raison de proscription plus péremptoire encore que le fait brutal de vingt insuccès : c'est une construction essentiellement mauvaise, intrinsèquement vicieuse, et sur laquelle on ne saurait trop revenir.

Dans les anciens câbles, le faisceau intérieur était entouré par des fils de fer contournés en hélice; c'est surtout cette disposition qui était détestable. La tension causée par une grande longueur de câble donnait lieu à des efforts bien différents pour le faisceau central et pour les fils de fer cordés. Ceux-ci cédaient à l'allongement par une simple diminution de courbure des spires,

leurs parfaitement intacte. Tant que les extrémités se maintiennent fraîches et polies ou qu'elles sont unies encore par quelques parcelles de cuivre adhérentes à la gutta-percha qui les recouvre, le câble continue à conduire le courant électrique, mais aussitôt que l'oxydation commence, la transmission cesse immédiatement. On pourrait expliquer, à l'aide de ce fait, le phénomène assez mystérieux de communications électriques se rétablissant d'elles-mêmes après avoir été interrompues momentanément, comme cela s'est produit plusieurs fois à bord de l'*Agamemnon* en juin 1858, au moment de la grande opération de la pose du câble transatlantique. Les fils de l'armature extérieure, en effet, après la rupture, doivent, en vertu de leur élasticité, reprendre leur courbure primitive, et ramener au contact les bouts disjoints du fil intérieur.

En somme, on ne saurait trop blâmer cette cuirasse de fer qui rend le câble lourd à l'excès, et qui, attaquée chimiquement par les chlorures de la mer, donne naissance à des courants perturbateurs, cause de trouble nécessante dans la transmission des dépêches.

Le câble armé de fer est un monstre informe, sans raison d'être, et qu'il faut délaisser au plus vite. Tous les ingénieurs sont maintenant d'accord pour proclamer la nécessité de câbles légers, à peine supérieurs en poids spécifique à l'eau dans laquelle ils doivent plonger.

Entrons maintenant dans la description du véritable fil conducteur de l'électricité à travers les mers, du câble que nous croyons appelé à lever toutes les difficultés qui ont fait renoncer jusqu'à présent aux différents projets.

disparaître aussi un des plus grands inconvénients que présentaient les anciens câbles lourds à armature de fer. Il existait toujours dans les interstices de la gutta-percha une grande quantité d'air qui à de grandes profondeurs se comprimait, finissait par percer l'enveloppe et donnait accès à l'eau de mer. Dès lors, non-seulement la transmission électrique n'était plus possible, mais encore les chlorures de l'eau de mer, attaquaient et rongeaient le faisceau intérieur des fils de cuivre. La précaution de M. Rowett fait disparaître cette cause importante d'altération de la conductibilité des câbles électriques.

Les perfectionnements apportés au nouveau câble par M. le docteur Evans portent entièrement sur des détails de construction qu'il serait trop long d'énumérer ici. Qu'il nous suffise de dire qu'ils font de l'invention anglaise une œuvre finie, achevée, et à laquelle il serait bien difficile d'ajouter encore: Tout a été prévu avec soin, tout calculé avec savoir, tout construit suivant les lois de la science. Nous ne savons trop, en vérité, quel est le plus méritant, ou de M. Rowett, ou de M. Evans. Ce que nous savons bien, par exemple, c'est qu'en définitive le câble, tel qu'il est sorti des mains de ces inventeurs, est bien le modèle du genre; il nous paraît répondre à toutes les exigences de la théorie et de la pratique.

Son diamètre réduit à 3 centimètres seulement, il pourra supporter, sans se rompre, un poids de 4 ou 5,000 kilogrammes; la tension produite par son propre poids diminué du volume d'eau qu'il déplace, quelque longue que soit la portion submergée, ne sera jamais suffisante pour occasionner la rupture. Enfin, pour le déposer au fond des eaux, il ne sera nullement nécessaire de faire appel aux ressources de la mécanique : il suffira' des bras exercés des matelots pour le dérouler comme ils déroulent leur fil de sonde, pour le faire filer comme ils font filer les amarres ou les chaines de leurs bâtiments. L'opération s'effectuera avec la plus grande facilité, surtout dans la partie ordinairement calme de l'Atlantique qui sépare Brest de Saint-Pierre-Miquelon.

On a fait plusieurs objections plus ou moins fondées au câble électrique de MM. Rowett et Evans. Nous les examinerons ici en quelques lignes et nous essayerons de les réduire à leur juste valeur.

Et d'abord, a-t-on demandé, un câble dépouillé d'une armature en fer, simplement recouvert de chanvre, résistera-t-il à l'énorme pression des mers? Ne sera-t-il pas écrasé, aplati, réduit à un simple fil métallique?

Il est permis d'avoir des doutes à cet égard quand on songe qu'à 4,000 mètres de profondeur la pression est de 400 atmosphères, soit 4,132,000 kilogrammes pour chaque mètre carré. Cependant des faits nombreux et étranges [1] font tomber ces craintes et montrent surabondamment que le câble conservera au fond de l'Océan son volume, sa forme et sa conductibilité.

Dans les sondages célèbres qu'a effectués le capitaine Dayman, de la marine royale anglaise, il a constaté que le

[1] Nous disons étranges, car ils sont difficiles à expliquer par les théories qui ont cours dans la science : on n'admet pas, en effet, dans le cas qui nous occupe, le principe fondamental de l'égalité de ression, à l'aide duque' on lèverait sans doute la difficulté.

dépôt marin puisé à 2,000 brasses de profondeur se composait en majeure partie de petits organismes animaux du genre des foraminifères et de l'espèce des globegérines ; or, la structure de ces petits êtres est d'une délicatesse inouïe : si l'énorme pression qu'ils supportent ne les écrase pas, comment admettre qu'elle puisse agir sur un câble d'une résistance incomparablement plus grande?

Dans la dernière expédition aux mers arctiques, il a été ramené d'une profondeur de 1,200 brasses une étoile de mer en tout semblable à celles que nous péchons sur nos rivages ; tous les physiciens et tous les naturalistes de l'Angleterre sont encore à se demander comment un animal si fragile peut supporter, sans se briser, une pression d'au moins 6,000 livres par pouce carré.

M. Rowett n'est-il pas en droit de rire à son tour de ceux qui prétendent que la pression de la mer aplatira son câble électrique? Au surplus, l'objection tombera d'elle-même, quand nous aurons dit qu'un ingénieur anglais a mesuré directement sur le câble l'effet d'une pression aussi énorme. Sous un poids de 5 millions de kilogrammes par mètre carré de section, par conséquent, sous une pression supérieure à 400 atmosphères, le câble sous-marin n'a pu subir aucune déformation et le courant électrique a conservé la même intensité.

On s'est demandé encore si le nouveau câble sous-marin ne se rompra pas sous son propre poids quand il descendra verticalement à des profondeurs de 4,000 et 6,000 mètres.

La réponse était facile à faire, car le poids de l'eau dé-

placée équilibrant à très-peu près le poids même du câble,
l'effort de traction auquel pourraient donner lieu les por-
tions profondes sur celles qui avoisinent la surface se réduit à une fraction complétement insignifiante et qui ne
saurait menacer en rien la solidité du câble.

Nos marins font descendre à plus de 2,000 brasses de
simples sondes cent fois plus fragiles que le câble de
M. Rowett, et il n'est jamais arrivé que le cordage se brisât
soit dans la descente, soit dans la montée.

Le nouveau câble de MM. Rowett et Evans résistera-t-il
enfin aux courants sous-marins?

Cette question n'a pu être posée assurément que par
ceux qui n'ont aucune idée du régime général des courants des mers. Un nombre indéterminé d'observations
ont prouvé que les courants de la mer, même les plus
énergiques, ne se font sentir qu'à la surface, ou du moins
dans une zone très-voisine; que leur vitesse diminue très-
promptement à mesure que la profondeur augmente, jusqu'à devenir rigoureusement nulle.

Le câble sous-marin, une fois déposé au fond de l'O
céan, y restera éternellement dans sa position première,
et les grands courants ne sauraient avoir plus d'action
sur lui qu'une légère brise sur une montagne de granit.

En résumé donc, on peut conclure de cet aperçu rapide que le câble transatlantique de MM. Rowett et Evans
se trouve dans les meilleures conditions possibles pour
réussir; qu'il ne pourra offrir aucune difficulté dans la
pose et que le premier de tous il est appelé prochainement
à réunir d'une manière définitive, par un lien indivisible
et séculaire, le nouveau et l'ancien monde.

Nous ne terminerons pas sans ajouter que le gouvernement impérial a placé l'entreprise sous son haut patronage. Maintenant qu'il a noblement donné l'exemple,
c'est au commerce français, à la France tout entière, de
prendre l'initiative et d'assurer par son énergique concours la prompte exécution d'une œuvre grandiose à tous
les titres et qui restera à travers les siècles comme l'un
des plus beaux trophées de gloire des temps modernes.

17 février.

# II



La construction prochaine du nouvel Opéra met à l'ordre du jour différentes questions d'hygiène et de science
appliquée qui sont d'un d'intérêt général et qui, par cela
même, méritent la peine de fixer l'attention publique.

Bien qu'en pareille matière la question artistique doive
primer toutes les autres, il n'en est pas moins essentiel
de faire entrer en ligne de compte un élément de succès
non moins important, la ventilation, l'éclairage et la
bonne transmission des sons dans l'intérieur de l'é-
difice.

C'est à ce point de vue seul que nous envisagerons ici
la nouvelle construction. Laissant à d'autres plus compé-

tents le soin de critiquer le monument en lui-même, nous nous contenterons de mettre au grand jour les inconvénients de nos salles actuelles et nous indiquerons les moyens les plus propres à y remédier.

On ne peut se dissimuler qu'aller se distraire au théâtre par le temps qui court, c'est se condamner bénévolement à rester pendant cinq heures dans un espace rétréci outre mesure, où bras et jambes trouvent à peine leur place; c'est vouloir respirer à plaisir un air dont la température dépasse souvent quarante degrés, et qui par l'insuffisance de son renouvellement se charge des résidus de la combustion du gaz, des produits de la respiration des assistants et des corpuscules organiques qui s'exhalent de leur corps.

Les premières loges respirent l'air qui a déjà servi au parterre, et chaque spectateur doit se contenter du gaz vicié qu'exhale son voisin. Tout le monde mange au même plat.

Si chaque représentation durait assez de temps, il pourrait parfaitement arriver que l'air de la salle se viciât complétement et que les spectateurs fussent dans la nécessité de fuir au plus vite, sous peine d'être asphyxiés.

Les architectes ont-ils compris le danger d'un pareil état de choses?

Gardez-vous bien de le croire au moins, lecteurs bienveillants; il n'y a pas là de cariatides à dessiner, de colonnades à construire : ces messieurs n'ont rien à y voir; qu'importent la commodité et le bien-être des spectateurs? une belle combinaison architecturale fera passer sur ces détails insignifiants.

Si nous ne sommes pas asphyxiés tous les soirs, cela

tient uniquement à un pauvre moyen de ventilation qui fonctionne tant bien que mal.

N'allez pas, par excès de reconnaissance, en remercier les architectes. Ce n'est pas assurément de leur faute; le hasard y est seul pour quelque chose.

Voyez plutôt. Il a fallu pratiquer une large ouverture à la voûte de l'édifice pour suspendre le lustre et donner issue aux produits de la combustion du gaz d'éclairage. C'est cette ouverture centrale, placée au-dessus d'un foyer de lumière et de chaleur qui donne lieu à un vigoureux appel d'air et qui produit ainsi un certain effet de ventilation; mais on peut tenir pour certain que sans scrupules, avec toute la béatitude de l'ignorance, on nous eût parqués tous les soirs, sans cette ouverture fortuite, dans une capacité close de toutes parts. Nous parierions gros que la plupart des architectes ne se doutaient nullement de l'usage de l'ouverture qu'ils pratiquaient au-dessus du lustre. Il y aura toujours des gens naïfs en ce monde!

Après tout, M. Jourdain faisait bien de la prose sans le savoir : pourquoi les architectes n'auraient-ils pas ventilé s'en s'en douter?

Nous venons de le dire, l'ouverture qui surplombe l'édifice constitue à elle seule tout le système de ventilation employé dans nos théâtres. Il est à désirer qu'on ne tombe plus dans la même faute pour la salle d'un Opéra modèle comme doit l'être le nôtre; nous ne pouvons résister au désir de faire preuve d'imagination... au profit des architectes. Nous indiquerons donc des moyens propres à assurer à notre futur Grand-Opéra une ventilation facile et largement suffisante.

Toutefois, comme il se trouve des gens vétilleux partout, même parmi les architectes, nous commencerons par faire justice du système adopté dans nos théâtres modernes et nous tenterons de convaincre de leur erreur ceux qui, dans leur simplicité primitive, veulent bien nous affirmer qu'on est à merveille dans nos salles de spectacle et qu'on y respire un air pur à pleins poumons.

Nous avons eu la curiosité de déterminer la température de la salle de l'Opéra-Comique pendant une des représentations de la *Circassienne*. Les mesures thermométriques ont été prises avec un instrument centésimal, tourné en fronde, aux premières loges et à l'amphithéâtre.

Voici les résultats obtenus :

| | |
|---|---|
| Température de l'air de Paris à 5 h. du soir, le 27 février. . . . . . . . . . . . . | 7°,9 |
| Température de la salle, à 5 h. du soir, le 27 février [1]. . . . . . . . . . . | 14°,7 |
| — Aux premières loges, à 7 h.. . . | 16°,8 |
| — A l'amphithéâtre et troisième galerie. . . . . . . . . . . | 19°,5 |
| — Aux premières loges, à 8 h.. . . | 19°,0 |
| — Amphithéâtre et galerie. . . . | 23°,9 |
| — Aux premières loges, à 9 h. . . . | 23°,5 |
| — Amphithéâtre et galerie.. . . . | 24°,7 |
| — Aux premières loges, à 10 h. . | 24°,8 |
| — Amphithéâtre et galerie. . . . | 26°,9 |
| — Aux 1res loges, à 11 h. 1/4. . . | 27°,6 |
| — Amphithéâtre et galerie. . . | 28°,5 |

[1] Il n'est pas inutile d'ajouter qu'une répétition avait eu lieu dans le cours de la journée et avait déjà produit une élévation de température dans la salle.

Variation maxima de la température de la
salle. . . . . . . . . 12°,8

Ces chiffres, considérés en groupe, sont loin de donner
la marche exacte de la température dans la salle. On comprend de suite que des causes multiples aient pu intervenir pour influencer la température du milieu aux stations d'expérience. Pour avoir une idée sensiblement
exacte de la variation de température du commencement
à la fin de la soirée, il faudrait avoir recours à des déterminations suivies et nombreuses, à des précautions
minutieuses, à des moyennes arithmétiques et à des in-
terpolations.

Quoi qu'il en soit, ces résultats sont largement suffisants pour démontrer d'une manière nette que le renouvellement de l'air dans la salle est insignifiant et se fait
dans de mauvaises conditions.

On ne peut évidemment qu'attribuer à l'imperfection
de la ventilation une pareille variation de température.
L'appel de l'air par le foyer du lustre est insuffisant. S'il
existait une entrée d'air convenable, le gaz vicié serait
balayé et l'atmosphère de la salle n'atteindrait jamais
une température aussi élevée.

Tout le monde d'ailleurs peut facilement se rendre
compte du peu d'efficacité de la ventilation fournie par
le lustre.

L'appel de l'air a lieu des parties les plus froides vers
la coupole de l'édifice. Il résulte de là que l'air afflue de
la scène vers le lustre et s'échappe directement par l'ouverture centrale.

L'air mobilisé affecte la forme d'une pyramide quadrangulaire oblique ayant pour base l'ouverture de la scène et pour sommet le lustre lui-même. Il frise l'orchestre, se joue dans les cheveux des musiciens, passe au-dessus du parterre et achève son trajet sans avoir rafraîchi les parties de la salle occupées par les spectateurs..

On doit conclure de là que le seul système de ventilation qu'on ait bien voulu employer jusqu'à présent jouit de l'utile privilége de n'exercer aucun effet dans les galeries où se tient le public, mais de ventiler en revanche très-vigoureusement la partie moyenne du vaisseau que remplissent exclusivement les sons et l'harmonie de l'orchestre.

Nous croyons, n'en déplaise aux architectes, que le contraire serait plus logique et surtout plus avantageux pour les spectateurs.

Il y a mieux, du reste : non-seulement cet appel d'air a lieu en pure perte, mais il recèle un inconvénient très grave et qui a trop échappé à l'attention pour que nous ne le signalions pas au plus vite.

Il n'est personne qui n'ait remarqué l'inégalité d'intensité avec laquelle les sons se transmettent de l'orchestre au public. Nous pourrions indiquer telle loge, par exemple, où l'on distinguera nettement les moindres phrases musicales, telle autre, au contraire, située à même distance de la scène, où l'on entendra que très-vaguement.

Ainsi on perçoit admirablement les sons dans la loge affectée aux élèves du Conservatoire au Grand-Opéra; dans la loge voisine qui se trouve dans la direction du lustre, les sons arrivent confus et très-affaiblis.

On s'est bien gardé d'analyser avec soin ces effets, ce qui eût présenté le grand avantage de beaucoup servir dans la nouvelle construction. On aurait sans doute fait avancer d'un pas le difficile problème de l'égale répartition des sons dans la salle[1]. Mais, encore une fois, cela est de mince importance dans un édifice exclusivement destiné à bien interpréter sur la première scène du monde les beautés sans nombre et les chefs-d'œuvre de l'art musical.

La question n'est pas là : avant tout et seulement la combinaison, l'agencement, les richesses de l'architecture.

Enfermez-vous dans un palais splendide pour entendre la musique, mais ayez la précaution de vous boucher les oreilles : voilà en deux mots ce que nous disent les architectes.

Poursuivons néanmoins, et montrons comment ce système de ventilation, qui seul a droit d'hospitalité dans nos théâtres, s'oppose tout simplement à la bonne transmission des sons dans la salle.

La ventilation par le lustre n'a pas d'autre effet que d'empêcher les spectateurs d'entendre.

Le fait paraîtra paradoxal au premier abord, mais il n'en est pas moins exact.

Nous avons déjà fait voir que le lustre ventilait tout;

___

[1] Il nous faut rendre justice à qui de droit. Un ingénieur civil; M. Tréjat, auquel ses beaux travaux sur l'architecture ont valu le titre de professeur au Conservatoire des arts et métiers, a publié il y a quelques temps une brochure, l'*Architecte et le théâtre*, où l'on trouvera sur cette question des détails et des renseignements qui seront consultés avec profit par les hommes spéciaux.

à s'infléchir et à s'écarter de leur route primitive. Un courant d'air ne devient favorable à la bonne perception de
sons qu'autant qu'il se dirige vers le centre d'audition.

A ces conditions de transmission s'adjoignent naturellement, dans le cas actuel, celles de sonorité de l'édifice.
Elles reposent entièrement sur les propriétés vibrantes
des parois et des murs de la salle, sur la forme surbaissée
de la voûte terminale, sur la capacité de l'enceinte, les
anfractuosités, les décorations intérieures, etc.

Ceci dit, voyons ce qui se passe dans nos théâtres.

Les loges et les galeries n'étant pas ventilées, l'air s'y
échauffe, sa densité diminue, et il perd la propriété de
bien transmettre les sons. Il finit par former tout autour
du public une sorte de matelas ou de *para-son* qui s'étend
en avant des loges à plus du tiers de la salle, et qui empêche de percevoir distinctement la voix des chanteurs.

Le public se trouve pour ainsi dire abrité derrière une
muraille factice qui nuit à l'audition. Cette muraille court
tout autour de la salle et augmente d'épaisseur vers les
loges de face, qui se trouvent déjà dans de mauvaises
conditions acoustiques par suite de leur grande distance
de la scène.

Ce n'est pas tout; les sons en se dirigeant de l'orchestre vers les loges de face rencontrent au milieu de leur
parcours la colonne d'air ascendante, à laquelle le lustre
donne naissance; ils s'infléchissent presque tous et s'é-
chappent en pure perte par l'ouverture centrale de l'édifice. L'oreille du spectateur ne recueille que la petite partie des sons qui, n'ayant pas été déviés, ont continué leur

marche directe vers les galeries. Le public glane après la moisson.

On peut rester convaincu que si les architectes avaient tout disposé pour bien nous empêcher d'entendre, ils n'auraient certes pas mieux réussi.

L'absorption presque complète des sons par l'ouverture centrale est si vraie, qu'il suffit de se placer à cheval sur le lustre ou plus simplement de se pencher au-dessus de l'ouverture, pour percevoir les sons les moins intenses et distinguer à merveille les paroles du souffleur.

Ainsi, pour en finir une fois pour toutes avec cette question d'acoustique, on peut inférer de ce qui précède que le lustre produit une ventilation complétemeut inutile, nuit à la bonne transmission des sons et donne lieu à leur absorption par l'ouverture qui le surmonte. Au point de vue de l'hygiène, au point de vue de l'acoustique, le lustre doit être proscrit comme la cause principale et cachée d'effets pernicieux et nuisibles.

Nous avons indiqué le mal; mais le remède?

Nous le donnerons aussi par charité humaine; il n'est pas juste que le public ait à souffrir de l'insouciance des architectes:

Il se trouve tout entier dans la suppression du lustre, dans une bonne ventilation et une insufflation d'air de la scène vers les spectateurs.

Dès lors l'air de la salle conservera partout la même température et la même pression; le thermomètre et le baromètre y donneront partout simultanément les mêmes indications; l'air venant de la scène pénétrera dans la salle en s'épanouissant régulièrement de tous côtés et

apportera les sons de l'orchestre dans toutes les directions. On sera évidemment dans des conditions complétement opposées à celles où nous nous trouvons dans les
théâtres actuels; on aura réuni toutes les précautions possibles pour faciliter la propagation du son de toutes parts
et pour augmenter la distance d'audition.

Mais supprimer le lustre, objectera-t-on, vous en parlez
bien à votre aise (c'est un architecte qui a la parole)! et
l'éclairage?

Patience! nous y reviendrons bientôt, qu'il nous suffise de dire maintenant qu'au point de vue de l'éclairage
le lustre est un moyen par trop primitif, tout au plus bon
pour nos pères; c'est un objet monstrueux qui blesse la
vue, gêne les spectateurs et nuit aux intérêts de l'administration.

Reste la ventilation. Est-il possible de ventiler économiquement une salle de spectacle en ne s'écartant pas
des exigences que nous avons énoncées plus haut?

C'est ce que nous allons examiner ici.

Au mois de juin 1860, M. le général Morin, directeur
du Conservatoire des arts et métiers, a lu à l'Académie
des sciences une note relative à l'utilisation de la chaleur
résultant de la combustion du gaz pour la ventilation
des salles de spectacle. M. Morin a proposé de placer
au-dessus des becs de gaz l'ouverture d'un tuyau abou-
tissant à l'extérieur.

L'air, échauffé par la combustion du gaz, devait, en
raison de son excès de légèreté sur l'air environnant,
s'échapper constamment avec une certaine force de pression hors de la salle, et servir ainsi de moyen d'appel

spontané. C'est en somme la ventilation opérée par le lustre, multipliée et dispersée dans toutes les parties de l'édifice.

Ce système de ventilation ne saurait être employé : pas plus que l'autre, il ne répond aux véritables besoins de la question. La critique toute faite de ce moyen est du reste arrivée d'Angleterre, dans une lettre adressée à l'Académie par M. R. Walter.

Nous la résumerons sans autre forme de procès.

Ce correspondant nous apprend que le mode de ventilation signalé par M. le général Morin a été maintes fois pratiqué, mais jamais avec le succès qu'on en attendait. Ou la ventilation était insuffisante, ou elle était trop active, et l'air appelé de l'extérieur dans la salle n'étant pas chauffé, tout le monde s'enrhumait dans les soirées d'hiver. Dans une belle salle de Birmingham, on avait disposé tous les becs de gaz près du plafond et l'on avait ménagé dans ce plafond des tuyaux d'ouverture, afin de faire servir le gaz à la ventilation et en même temps à l'éclairage. Or, les courants d'air froid étaient tels dans cette salle que l'on ne pouvait y séjourner sans contracter des rhumes et des maladies plus graves ; la salle fut bientôt désertée par le public.

M. Walter rapporte ensuite un cas tout contraire. Dans une petite ville d'Angleterre, on avait essayé de ventiler une salle réservée aux fumeurs, en établissant des tuyaux au-dessus de chaque bec de gaz ; ces tuyaux conduisaient au dehors l'air chaud provenant de la combustion du gaz. Mais ce moyen de ventilation fonctionnait dans ce cas fort imparfaitement. La salle était construite pour contenir quarante à cinquante personnes, et il n'était pas possible d'y rester quand il y avait seulement dix fumeurs.

Il nous faut aller chercher ailleurs un système de ventilation plus régulier et autrement efficace que celui qu'avait proposé M. Morin, de l'Académie des sciences.

Le dirons-nous, c'est dans un hôpital que nous trouvons appliqué le meilleur mode de ventilation, le véritable moyen d'insufflation d'air que nous voudrions voir employer dans toutes nos salles de théâtre. L'hôpital Lariboisière est sous ce rapport un modèle du genre.

L'air de l'intérieur est pur comme celui d'un champ, on n'y sent pas la moindre odeur, et, ce qui est plus précieux encore, il n'y existe aucun courant d'air. Été comme hiver, les salles sont maintenues à une température de 15° en refroidissant l'air en été, en le chauffant en hiver.

On a eu recours là à des appareils mécaniques qui insufflent dans les salles des malades de l'air préparé à l'avance au degré de température convenable. L'air est distribué par des bouches d'évacuation derrière les lits, et la seule pression de l'insufflation suffit pour déterminer sa sortie d'une manière régulière. Une machine à vapeur placée dans une cave, à l'extrémité de l'hôpital, met en mouvement un ventilateur à force centrifuge.

Celui-ci aspire d'un côté l'air qu'il puise au sommet du clocher de la chapelle et le pousse de l'autre côté dans un grand tuyau qui va le porter et le distribuer dans les différentes salles à ventiler. Ce système est, on ne doit pas en douter, de beaucoup supérieur à la ventilation par appel,

Il a du reste fait ses preuves depuis longtemps, et nous

citerons la cristallerie de Baccarat, où il a fourni d'excellents résultats, la Chambre des députés, la salle de distribution des lettres à Londres, qui ne renferme pas moins de quinze cents personnes. Il a été adopté de préférence à tout autre procédé dans l'exploitation des mines, dans les forges et la plupart des hauts fourneaux. Il a enfin reçu l'approbation d'une commission scientifique spéciale présidée par M. Regnault, ingénieur en chef des mines, membre de l'Institut.

Les appareils établis à l'hôpital Lariboisière, par MM. les ingénieurs Thomas, Laurens et Grouvelle, insufflent dans les salles, avec une dépense presque nulle, 100 mètres cubes d'air par heure pour chaque malade : par conséquent, plus de dix fois le volume d'air que la science a déclaré nécessaire pour le bon entretien de la respiration chez l'homme.

L'homme en effet, par sa respiration cutanée et pulmonaire, produit en une heure 37,5 grammes de vapeur d'eau, expire 333 litres d'air contenant environ 0,04 d'acide carbonique et vicie de la sorte de 6 à 7 mètres cubes d'air.

On conçoit facilement qu'avec une ventilation aussi large et aussi abondante que celle que l'on procure à l'hôpital Lariboisière, on puisse assurer une atmosphère inodore et salubre à ce séjour de souffrances et de maladies.

Maintenant pourquoi n'appliquerait-on pas ce système simple et avantageux à nos salles de spectacle?

Existe-t-il quelque empêchement? Les conditions du problème sont-elles changées?

2.

Que faut-il obtenir? Une insufflation d'air constante et régulière s'épanouissant de la scène vers le public.

Le système que nous avons indiqué répond précisément à tous ces besoins. L'air, préparé d'avance, insufflé à l'avant-scène, traversera la salle dans tous les sens et sortira par des orifices d'évacuation ménagés sous les banquettes de l'orchestre, du parterre et de la partie basse postérieure des loges.

Ce trajet forcé assurera une répartition d'air générale et régulière dans toutes les parties de la salle. La température et la pression resteront partout constantes. Les sons de l'orchestre poussés de la scène vers les spectateurs ne trouveront plus au milieu de la salle et tout autour des loges l'obstacle qui gênait leur transmission. Ils traverseront un milieu d'une égale densité et d'une température constante et parviendront jusqu'au public sans avoir perdu d'intensité. Les spectateurs y gagneront beaucoup et les artistes n'étant plus dans la nécessité de donner autant de voix se fatigueront beaucoup moins.

Ces considérations nous semblent ne pas manquer d'importance. Si elles intéressent le public, elles n'intéressent pas moins l'administration.

Quant aux frais que nécessiterait un pareil mode de ventilation, nous l'avons déjà fait prévoir, ils sont insignifiants. En les répartissant sur chaque spectateur, ils seraient parfaitement couverts par une augmentation générale de *trente centimes* sur le prix des places. C'est assurément peu de chose quand il s'agit de la commodité, du bien-être et de la santé de plus de 2,000 personnes.

Mais votre mode de ventilation exige une machine à vapeur.

Une machine à vapeur au Grand-Opéra! s'écrieront les architectes stupéfaits de notre audace; y songez-vous bien vraiment?

Et pourquoi pas, s'il vous plaît? Pensez-vous bellement que notre intention est de la placer au milieu des musiciens en guise de tam-tam ou d'ophicléide? Située à deux ou trois cents mètres de la salle, dans un petit local qui lui sera spécialement affecté, elle fera assurément aussi bonne contenance qu'un chapiteau quelconque d'ordre composite ou autre et ne vous gênera nullement, pas plus que les spectateurs.

Il y a des machines à vapeur un peu partout, dans les rues comme dans les maisons, et l'un de ces petits moteurs s'accommoderait parfaitement d'une loge à l'O-péra.

Au surplus, sans aller chercher la vapeur, il existe maintenant de petites *machines à gaz* d'une grande commodité, qui fonctionneraient sans inconvénient dans un salon et qui trouveraient leur emploi à l'Opéra, non-seulement pour la ventilation de la salle, mais encore pour mettre en mouvement certains engins mécaniques qu'il est véritablement honteux de voir encore fonctionner de nos jours à mains d'hommes.

A quoi donc serviront les progrès de la science et les inventions modernes, si des administrateurs d'initiative et de talent n'ont pas l'idée d'en faire des applications rationnelles et utiles?

Un moteur mécanique, quel qu'il soit, introduit au

futur Grand-Opéra, y rendra des services incontestables.

La machine sera utilisée pour la ventilation d'abord, dans les coulisses ensuite par simple transmission de mouvement, puis, disons-le tout de suite, elle deviendra l'agent principal de l'éclairage.

Nous voulons éclairer avec une machine à vapeur.

Arrêtons-nous aujourd'hui sur ces quelques mots; la place nous manque pour entrer dans plus de détails. Nous avons épuisé les questions de ventilation et d'acoustique. Nous terminerons cette étude en consacrant notre prochaine causerie à discuter le mode d'éclairage le plus propre à satisfaire aux nombreux besoins et aux exigences multiples de notre futur Grand-Opéra.

4 mars.

# III.



Nous avons précédemment montré les graves inconvénients que présentent au point de vue de l'hygiène, au
point de vue du bien-être et de la commodité des spectateurs, les salles actuelles de spectacle.

Nos théâtres ne sont pas ventilés.

Nos théâtres sont dans des conditions acoustiques dé-
testables.

Nous l'avons assez prouvé pour qu'il ne soit plus nécessaire d'insister. Nous aborderons aujourd'hui la question de l'éclairage.

Tout le monde sait comment on éclaire nos salles de

spectacle. Un lustre qui pend au milieu du vaisseau, quelques candélabres à droite et à gauche; voilà ce qu'ont imaginé de mieux nos architectes.

C'est simple assurément.

Mais c'est trop simple.

On a pris la première idée venue et on l'a appliquée tant bien que mal. Quoi qu'en dise quelques vieilles douairières, la première idée n'est pas toujours la bonne; je n'en veux pas d'autre preuve que celle-là.

Que penseriez-vous d'un amateur qui, pour mieux vous montrer une miniature, placerait sans façon entre elle et vous une lanterne d'omnibus? Qu'on nous pardonne la comparaison.

C'est un peu là ce qu'ont fait les architectes en interposant sans réflexion un lustre monstrueux entre la scène et les spectateurs des galeries.

Il faut avouer que les architectes sont toujours bien avisés. Il est vrai qu'ils sont payés pour cela. N'a-t-on pas constamment trouvé bien tout ce qu'ils ont fait? Ils continuent à démolir et à bâtir comme des étourneaux. C'est un moyen comme un autre de gagner dans l'estime publique.

Quoi qu'il en soit, fidèle à notre rôle, nous devons battre en brèche tout système qui ne répond plus aux exigences de l'époque, qu'il soit le bienvenu de la routine ou qu'il ait d'imposants défenseurs, qu'il soit l'œuvre de ceux-ci ou de ceux-là. Le temps marche; avec lui le progrès; il faut que tout aille du même pas. *Go a head*, disent avec raison les Américains.

Il a déjà été surabondamment prouvé que le lustre

dont nous ont dotés les architectes donnait lieu à une ventilation insuffisante, qu'il nuisait à l'acoustique de la salle et gênait la transmission des sons.

Il n'est pas moins évident qu'il empêche la plupart des spectateurs de voir la salle et blesse la vue des autres par son éclat incommode.

L'administration, de son côté, sait mieux que personne qu'il cause une perte notable sur le prix des places, en obligeant de sacrifier la plus grande partie des galeries.

Il offre ensuite un danger permanent pour les spectateurs. On a déjà vu la chaine d'attache se rompre par suite d'usure ou d'incurie et de négligence des hommes de service. Le gaz amène également des explosions souvent funestes. On a des exemples d'accidents terribles.

A quoi donc sert le lustre, alors? finira par demander un lecteur impatient.

Mais il éclaire la salle! s'écrieront avec triomphe les architectes.

Oui, incontestablement, serons-nous forcés de répondre, mais comme la lanterne d'omnibus éclairait tout à l'heure la miniature... en empêchant d'y voir.

Or, il nous semble qu'il importe encore plus d'y voir que d'être éclairé. Les architectes nous feraient presque croire qu'ils craignent de laisser apercevoir leurs œuvres. C'est trop de modestie.

Quand on va au théâtre, c'est ordinairement pour y voir; or, les spectateurs des galeries aperçoivent difficilement la scène.

C'est aussi pour entendre; or, n'entend pas qui veut.

C'est pour se délasser des fatigues de la journée et se distraire; or, bien heureux qui ne retourne pas chez lui courbaturé ou avec une migraine dont il se passerait volontiers.

Tout cela arrive; pourquoi?

Par la faute du lustre, de ce malencontreux lustre des architectes.

Franchement, nous sommes bien obligés de conclure que ces messieurs n'ont pas la main heureuse.

Après cela, on ne peut demander à chacun que ce qu'il peut donner; c'est la seule morale que nous tirerons de là. Puisse-t-elle profiter aux directeurs de théâtre!

Puisqu'il est bien entendu que le lustre ne produit que des effets nuisibles, qu'il doit être rejeté de nos salles, à quels nouveaux moyens aurons-nous donc recours pour l'éclairage des théâtres?

Nous l'avons déjà dit : nous voulons éclairer avec une machine à vapeur; ajoutons-le de suite, pour satisfaire la curiosité légitime des architectes :

La vapeur et l'électricité. Voilà les deux agents auxquels il convient d'avoir recours.

Ce sont les deux plus puissantes forces que nous ayons à notre disposition; ce sont celles qui nous fourniront un mode d'éclairage à la fois simple et grandiose, et dépourvu des nombreux inconvénients qu'on reproche au système actuel.

La vapeur nous fournira à bon compte l'électricité dont nous aurons besoin, et le fluide électrique se transformera à notre volonté, partout où il sera nécessaire, en une lumière qui n'aura rien à envier à celle du soleil.

La machine à vapeur sera l'intermédiaire, et l'électricité le moyen.

On nous interrompra là assurément sans qu'il nous soit possible de passer outre.

Avez-vous déjà vu la lumière électrique donner de bons résultats? s'écrieront les architectes; fournir un éclairage pratique et régulier?

Et puis, il faut être conséquent avec soi-même, vous reprochez au lustre de gêner les regards par un éclat incommode, et vous proposez une lumière bien autrement intense et qui peut rivaliser avec celle du soleil. Enfin, la lampe électrique ne produira pas moins de chaleur que le lustre et présentera les mêmes inconvénients.

Mêmes imperfections, quelques défauts en sus, où seront donc les avantages?

Voilà, ou nous nous trompons fort, de véritables arguments, mais, hélas! des arguments d'architecte.

Il nous faut cependant y répondre. Il importe de lever tous les doutes à cet égard. Reprenons chacune des questions une à une et réduisons-les à leur juste valeur.

Le fluide électrique peut-il fournir une lumière réguière et utilisable en pratique? demande-t-on d'abord.

Oui, incontestablement oui, depuis le jour où un très-habile constructeur, M. Serrin, a imaginé un régulateur assez efficace pour régler d'une manière absolue l'intenité de la lumière. Avec la lampe Serrin on obtient un éclairage parfait, ne présentant plus ces variations continuelles d'éclat qui avaient jusqu'alors fait rejeter l'emploi de la lumière électrique.

La lampe peut produire un éclairage régulier et continu pendant plusieurs heures; elle peut être allumée et éteinte à des kilomètres de distance; on peut l'exposer sans inconvénients aux grands vents, à la pluie, sans qu'elle cesse de fonctionner.

Depuis longtemps déjà on se sert de la lampe électrique pour éclairer les travaux de nuit; un exemple frappant et que tout le monde était à même de voir il y a quelques mois, prouve encore mieux que ce que nous pourrions dire la possibilité et l'efficacité d'un éclairage électrique sur une grande échelle : nous voulons parler de l'éclairage de la place du Carrousel et du Palais-Royal.

Pendant un mois, presque tous les soirs, quelque temps qu'il ait fait, deux lampes Serrin, placées sur la grille de fermeture de la cour intérieure des Tuileries, ont jeté de la lumière dans toutes les directions. Chacune d'elles donnait une clarté correspondant à 150 becs Carcel, et on pouvait lire facilement d'un bout à l'autre de la cour.

Grâce à l'initiative intelligente du maréchal Vaillant, tout fait espérer que très-prochainement l'éclairage électrique enverra seul des flots de lumière sur la plus belle place du monde entier.

Nous ne pouvons entrer ici dans le détail des expériences qui se sont faites au mois de juillet dernier et qui sont concluantes; la question est assez intéressante pour que nous y revenions ailleurs et que nous y consacrions un chapitre spécial.

Elles ont été reproduites depuis sur la porte d'honneur du Palais-Royal et le sont encore quelquefois au sommet

ses, de mettre tout le monde à même de voir par ses yeux et de dire avec nous qu'on peut dès maintenant considérer comme trouvée la solution industrielle du problème de l'éclairage électrique.

Les architectes ont-ils compris?

Passons maintenant au second point en litige, l'éclat gênant de la lumière électrique.

Il est évident que si nous avions la naïve simplicité de planter notre lampe électrique au milieu de la salle, comme il a été adroitement fait jusqu'à présent pour le lustre, nous pourrions avec justice nous attirer des plaintes générales et la malédiction des spectateurs. Mais la faute qu'on a commise avant nous, nous n'avons nullement l'intention de la renouveler une seconde fois au grand contentement des partisans de la routine.

Si quelques personnes sont coutumières du fait, ceci ne nous regarde en rien.

Nous ne laisserons pas la lampe électrique suspendue sur le parterre comme une nouvelle épée de Damoclès : nous la soulèverons avec précaution, nous la soulèverons de nouveau, puis encore, jusqu'à ce qu'elle touche au dôme qui surplombe la salle ; puis nous la ferons disparaître aux yeux de tous par l'ouverture centrale pratiquée dans le plafond, après quoi nous fermerons avec le plus grand soin cette ouverture, et nous aurons tout fait...

Pour qu'on n'y voie plus du tout, interrompra de nouveau un partisan de l'ancien lustre.

Pour qu'on y voie parfaitement, au contraire, et que la lumière éblouissante de l'électricité ne gêne plus les

spectateurs. Pour juger vite, on n'en juge pas toujours mieux, comme il résulte de l'explication suivante :

Nous avons transporté la lampe électrique en dehors de la salle et nous l'en avons complétement séparée, tout en la laissant planer au-dessus du parterre et au centre de l'édifice. Pour nous donner raison nous n'avons plus qu'à rendre transparente la partie centrale du plafond et à faire passer par l'ancienne ouverture un large hémisphère en verre dépoli qui refermera la lampe et d'où la lumière tamisée jaillira de tous côtés dans la salle.

Le foyer lumineux se trouvera ainsi hors de la vue des spectateurs et son éclat intense ne gênera plus personne.

Quant aux graves inconvénients reprochés au lustre, il va de soi qu'ils tombent d'eux-mêmes après ce que nous venons de dire. Le foyer lumineux est complétement hors de la salle et ne communique plus avec elle ; l'air qui alimente la lampe est puisé au dehors, et les produits de la combustion ne se mélangent plus avec l'atmosphère intérieure. On a supprimé de cette manière tous les défauts inhérents au système d'éclairage par le lustre, et on a laissé subsister ses seuls avantages.

Quand les architectes y auront bien réfléchi, ils finiront par être, bon gré mal gré, de notre avis.

On nous demandera peut-être encore pourquoi, puisque nous faisons tant, nous n'avons pas supprimé le lustre complétement en le remplaçant par une plus grande quantité de candélabres répartis dans toutes les parties de la salle.

La réponse est facile : encore une fois, nous ne tenons pas tant à éclairer qu'à disposer les choses de manière qu'on y voie. Or, il n'est rien de si gênant pour la vue qu'un grand nombre de petits foyers lumineux. On parvient bien ainsi à éclairer à merveille, mais, en revanche, on éblouit dans toutes les directions les regards, qui doivent au contraire pouvoir se reposer partout sur des points éclairés et non sur des points lumineux.

Au surplus les quelques essais qui ont été tentés en Italie et en France nous donnent raison. Ils n'ont jamais fourni que des résultats défavorables. Les candélabres projettent en outre de petites ombres obliques sous le nez des spectateurs et produisent un très-vilain effet.

Les architectes s'en inquiètent fort peu; mais les dames, que, franchement, nous aimons mieux que les architectes, n'y trouvent pas leur compte, et c'est justice. Leurs yeux brillants s'entourent d'un cercle sombre, leurs lèvres roses s'estompent d'un léger duvet noir, et l'on est bien forcé de voir une fine moustache là où l'on ne trouve ordinairement qu'un gracieux sourire.

Avec la lampe placée comme nous l'avons indiqué, aucun de ces inconvénients. La lumière tombe perpendiculairement, laisse à chaque chose sa véritable physionomie, éclaire tout le monde sans éblouir ni fatiguer la vue de personne.

Les directeurs tiennent-ils maintenant à produire un effet plus pittoresque, plus neuf, plus original? veulent-ils racheter par une autre décoration l'absence du lustre?

Nous savons trop ce que nous leur devons pour ne pas tout tenter pour les satisfaire. Nous leur soumettons donc une simple idée qui sans doute pourra tout concilier... avec de la bonne volonté.

Nous ne demanderons pour cela qu'une toute petite faveur : c'est qu'on nous sacrifie sans pitié le dôme en entonnoir dont les architectes se sont complus à coiffer nos salles de théâtre... probablement parce qu'il a pour effet d'absorber la voix des chanteurs.

Nous transformerons comme par enchantement cet entonnoir disgracieux en un décor féerique. Les spectateurs respiraient déjà dans la salle aussi bien qu'en plein air ; il faut que l'illusion soit complète.

Le plafond doit disparaître et s'évanouir dans des flots d'azur : le Grand-Opéra ne doit avoir d'autre toiture que le ciel lui-même.

Quelque temps qu'il fasse, qu'il vente ou qu'il neige, les étoiles scintilleront au milieu de la voûte comme une poussière diamantée et enverront de toutes parts leur clarté douce et sympathique. Les poëtes du parterre, en voyant luire sur l'azur ces petits points d'or, rêveront assurément aux yeux des archanges et n'entendront plus que des chants célestes.

Partant, tous les compositeurs ne produiront que des chefs-d'œuvre et les directeurs feront fortune. Sous ce point de vue seul, l'idée vaut son pesant d'or et acquiert une véritable importance par le temps qui court.

C'était notre devoir de la lancer. C'est à qui de droit à la faire fructifier.

Quant au moyen pratique de réaliser ce que quelques timides rangent déjà au nombre des utopies, rien de plus simple, rien de plus facile. Le ciel de la nature serait trop capricieux, trop incommode ; laissons-le où il est et construisons un ciel artificiel.

On y regardera à deux fois avant de s'apercevoir de la substitution, et personne d'ailleurs ne s'en plaindra. Il est de grande mode depuis quelques années de substituer le faux au vrai dans l'art de la parure. Beaucoup des jolies spectatrices de l'Opéra en savent là-dessus beaucoup plus long que moi.

On construira donc tout uniment un plafond surbaissé qui renverra au public la voix des chanteurs, et l'on fera la voûte transparente et azurée. On emprisonnera de l'électricité dans de petites sphères en verre blanc dépoli enchâssées comme des perles dans la surface brillante du plafond, et la lumière électrique filtrera à travers la salle en illuminant les spectateurs. On aura ainsi un véritable ciel étoilé, et le public jouira en hiver comme en été d'un printemps éternel.

Bien osés alors ceux qui regretteraient encore le lustre des bons vieux jours! Ce pauvre lustre, on le fera voir, dans quelques années, comme on montre maintenant le vieux réverbère rouillé qui se balance encore piteusement dans quelques petites villes de province.

Malgré tout ce que nous avons dit, nous craignons fort qu'il ne se trouve encore des gens pour élever la voix. Les partisans de la routine crieront bien haut que si le nouveau système d'éclairage a des avantages, ils seront largement compensés par l'augmentation de dépense qu'il entraînera.

D'abord, répondrons-nous avec patience, lors même que l'éclairage que nous proposons coûterait deux fois plus cher, l'administration ne devrait pas s'arrêter devant une si mince considération, en présence des servi-

ces rendus et des avantages tout particuliers qui résulte-
ront de son introduction dans les théâtres. Au reste, ici
comme ailleurs, la routine n'aura pas raison contre le
progrès.

C'est ce qu'il est facile de prouver en quelques lignes.

En plaçant le foyer lumineux à la partie haute du
vaisseau, il est manifeste que nous lui avons fait perdre
de son efficacité. Nous avons doublé environ la distance
au parterre ; nous avons aussi quadruplé la dépense. L'é-
clairage par le lustre actuel de l'Opéra coûte à peu près
50 fr. par soirée. Pour éclairer autant les spectateurs,
en le soulevant jusqu'au plafond, il faudrait dépenser
120 fr. par représentation. Ces frais considérables expliquent de suite pourquoi nous avons dû rejeter le gaz et
demander à la science un autre mode d'éclairage.

Nous avons eu recours à la lumière électrique, parce
que son prix de revient est moitié moindre que celui du
gaz qui jusqu'ici fournissait l'éclairage le plus économique. En substituant donc au gaz l'électricité, nous abaissons aussitôt la dépense de 120 à 60 fr.

C'était encore trop, car une idée, si bonne qu'elle
puisse être, n'est malheureusement prise en considération
par les administrateurs et les financiers qu'autant que,
passée dans le domaine des faits, son application ne suré-
lève pas la dépense journalière. Augmentez les avantages tant que vous voudrez, disent les administrateurs,
mais ne réclamez pas un centime de plus. C'est juste assez pour friser l'injustice, mais c'est comme cela.

Il fallait donc aviser et diminuer encore les frais.

Or, il est facile de remarquer que, dans le mode d'éclairage par le lustre, une bonne partie de la lumière est émise en pure perte. Les rayons supérieurs sont inutilement dirigés sur l'ouverture centrale et sur les fresques du plafond. Dans le système que nous avons indiqué, l'inconvénient s'aggrave notablement et plus de la moitié de la lumière va se perdre dans les combles de l'édifice sans profit pour personne. Les rayons lumineux inférieurs sont seuls utilisés et envoyés dans la salle à travers le globe de verre dépoli.

On comprend de suite que si l'on obligeait la lumière perdue à se réfléchir dans la salle, on parviendrait ainsi à doubler au moins le nombre des rayons efficaces; on pourrait diminuer de moitié l'intensité du foyer tout en produisant le même éclairage.

Qu'on place donc un réflecteur parabolique au-dessus de la lampe électrique, on obtiendra ainsi un véritable phare anglais, qui renverra toute la lumière sur les spectateurs et doublera l'intensité du foyer lumineux.

La dépense par soirée était tout à l'heure de 60 fr., elle sera réduite par cet artifice à 30 fr. — 30 fr., c'est précisément le prix de revient de l'éclairage actuel.

Qu'en pensent les partisans de la routine?

Le fait est là, simple, net, positif. Il peut être vérifié par le premier venu... même par un architecte.

Du reste, non-seulement l'éclairage électrique ne serait pas plus cher dans ce cas, qui lui est particulièrement défavorable, que l'éclairage au gaz; mais il serait à coup sûr moins cher si l'on ne se trouvait dans la nécessité de perdre beaucoup de la lumière par l'interposition d'un écran entre la lampe et le public.

On parviendra à un résultat plus économique encore, et on diminuera certainement le prix de revient par la suite, en adoptant un phare à réflecteurs multiples, tel qu'il a été imaginé et décrit par M. Faye à l'Académie des sciences.

Nous utilisions bien, en effet, tout à l'heure, les rayons supérieurs de la lampe avec le miroir parabolique ; mais les rayons émis sur les côtés se perdaient encore inutilement. Le savant académicien parvient, à l'aide d'une disposition ingénieuse et au moyen de réflecteurs coniques, à rassembler ces rayons inutiles et à envoyer au loin la plus grande quantité de lumière possible.

L'intensité du foyer lumineux est ainsi singulièrement accrue. L'invention toute nouvelle de M. Faye trouverait donc une application immédiate et très-utile dans l'éclairage de l'Opéra.

On voit en somme, d'après ce qui vient d'être dit, que les objections tombent d'elles-mêmes, et que le système que nous proposons réunit tous les avantages désirables.

Nous souhaitons vivement pour le public que les directeurs de théâtre ne soient pas les derniers à s'en apercevoir.

Nous aurions voulu terminer là ces considérations générales, mais, après avoir parlé de l'éclairage de la salle, il convient de penser aussi à l'éclairage de la scène. Les artistes méritent certes bien qu'on s'occupe d'eux.

Quelques personnes ont proposé à plusieurs reprises de supprimer la rampe. C'est une idée que nous ne saurions trop combattre. En supprimant la rampe, il faudrait nécessairement faire venir la lumière, ou des côtés, ou de la partie supérieure.

Or, ces deux dispositions ont le très-grave inconvénient de jeter sur la scène des tons du plus désagréable effet et d'ensevelir les acteurs et surtout les actrices dans un linceul sombre qui n'a rien d'attrayant. Chaque personnage en scène a l'air de courir après son ombre.

De deux défauts, il vaut mieux choisir le moindre. Il faut donc conserver la rampe, mais il faut la modifier.

Quelques essais conçus dans cet esprit ont été tentés dernièrement à l'Opéra; nous ne saurions trop y applaudir; ils font autant d'honneur à M. Royer qu'aux expérimentateurs, MM. Lissajoux, Melin et Daveine. Le nouvel appareil transporte la rampe actuelle sous le plancher de l'avant-scène, de manière à le surmonter d'un ventilateur. Des becs de gaz sont renfermés dans une enveloppe de métal poli, présentant en quelque sorte l'apparence d'une conque semi-circulaire.

Les becs sont placés au fond de cette conque. Un trou inférieur apporte à chacun d'eux l'air nécessaire à son alimentation, et une cheminée de verre, engagée dans la partie supérieure, déverse les produits de la combustion dans un coffre en tôle muni à ses deux extrémités de cheminées d'appel. La lumière est réfléchie sur les parois polies de l'enveloppe, et est forcée finalement d'aboutir au pavillon de la conque, dont l'ouverture fait face à la scène. Un verre très-légèrement dépoli ferme cette ouverture et supprime ce qu'il y a de fatigant dans la vue du métal poli.

Les essais ont parfaitement réussi, et la question a fait

un grand pas. Outre que la rampe constituait une me-
nace permanente d'incendie pour les vêtements des artistes, elle était un foyer d'insalubrité et de chaleur, un
obstacle considérable à la propagation des ondes sonores : MM. Lissajoux, Melin et Daveine ont fait disparaître
ce triple inconvénient; le public leur doit des éloges et
des remercîments.

Pour en finir avec ce sujet, il ne nous reste plus qu'à
indiquer en quelques mots les moyens pratiques les plus
propres à assurer l'éclairage électrique de l'Opéra, la
régularité et la permanence nécessaires.

Jusqu'alors, quand on voulait obtenir un courant électrique destiné à produire des effets lumineux, on avait
exclusivement recours à la pile voltaïque, pile Daniell,
ou pile Bunsen. Bien que ce procédé ait pu nous fournir
la solution cherchée, nous préférons de beaucoup, dans
le cas actuel, utiliser une nouvelle machine électro-magnétique inventée par un habile mécanicien, M. Joseph
Vanmalderen, et qui a l'avantage de supprimer les manipulations, toujours gênantes, d'acides et de substances
incommodes à manier.

La nouvelle machine est devant vous ; faites-la tourner
un peu, et tout aussitôt il en sortira une gerbe de lumière ; tournez encore, et vous produirez assez d'électricité pour faire sauter une mine à plusieurs kilomètres de
distance.

Vous pourriez sans difficulté, avec ce petit instrument-
là, faire sauter Pékin ou allumer tranquillement votre
cigare d'un bout à l'autre de la terre.

Nous le réservons à un usage plus modeste aujourd'hui.

C'est lui qui nous donnera autant d'électricité que nous en voudrons pour l'éclairage de l'Opéra.

Il n'est pas inutile d'ajouter, pour que l'invention de M. Vanmalderen ne passe pas pour un mythe près des partisans de la routine, que c'est elle qui a éclairé tous les soirs la place du Carrousel, et que chacun a été par conséquent à même de bien s'assurer de son existence.

Nous distrairons donc de la machine à vapeur ou du *moteur Lenoir*, qui opérera la ventilation de la salle, un peu de force, deux chevaux tout au plus, pour mettre en mouvement l'appareil électro-magnétique et obtenir autant d'électricité qu'il en faudra pendant toute la durée de la représentation.

Une pauvre petite machine à vapeur ou à gaz vous donnera ainsi tous les soirs le bien-être et la santé dans la salle et le plus bel éclairage qu'on ait encore vu dans aucun théâtre du monde.

On aurait tort, en vérité, d'être ingrat envers les machines. Si la chose ne dépendait que de nous, elles auraient dès demain leur entrée à l'Opéra.

Mais cela ne dépend que de l'administration ; que les partisans de la routine se rassurent.

Nonobstant, nous pouvons leur assurer qu'un jour ou l'autre, et ce jour-là est proche, les considérations que nous venons de développer finiront par prévaloir. Le progrès envahira le théâtre bon gré malgré, comme il envahit tout, et les entraves tomberont devant une impérieuse nécessité.

Nous avons dit, ou à peu près, tout ce que nous avions à dire sur la ventilation, l'acoustique et l'éclairage des théâtres. On ne nous rappellera pas comme à beaucoup le vers accusateur de Destouches :

La critique est aisée, et l'art est difficile.

Nous avons eu le soin, et nous l'aurons toujours, autant qu'il dépendra de nous, d'indiquer le remède après avoir montré le mal.

17 mars et 3 avril.

# IV



Nous ne sommes pas si éloignés du temps où l'on cou-
rait les grandes routes en diligence et où l'on visitait la
France en malle-poste et en berline, pour qu'il ne vous
soit pas arrivé au moins une fois, ami lecteur, de traverser
un bourg ou un village au lever du soleil ou à la tombée
de la nuit.

Vous souvient-il encore du moment où le fouet du
conducteur envoyait ses claquements joyeux dans l'air et
où la diligence rebondissait fièrement sur les pavés
pointus du village? Les petits chiens jappaient gaiement
et les coqs perchés sur de vieux arbres rabougris vous
souhaitaient la bienvenue.

Il n'est pas un de vous qui n'ait vu apparaître aux fenêtres une profusion de bonnets de coton et de têtes bizarrement accoutrées, suivies de corps non moins étranges, vous offrant dans leur ensemble un spécimen des naturels du pays. Ces braves gens avaient presque tous le nez au vent et les yeux tournés au ciel, comme dans l'attente d'un phénomène extraordinaire. C'est à peine si quelques groupes fort rares, arrêtés près de l'auberge principale, jetaient sur la voiture un regard distrait.

Tous les matins et tous les soirs, la même scène se reproduisait; les villageois observaient le ciel avec l'attention scrupuleuse d'astronomes de profession.

Si vous demandiez au conducteur le sujet de leur préoccupation, il ne manquait pas de vous répondre en vous regardant avec étonnement :

« Mais ils font comme tous les jours : ils consultent le ciel pour savoir s'il pleuvra ou si le temps restera beau. »

Prévoir le temps est effectivement, pour l'habitant des campagnes, de la plus haute importance. Les pronostics météorologiques acquièrent au milieu des champs une valeur réelle qu'expliquent les ravages causés par la pluie ou par les temps de sécheresse extrême.

Il ne s'agit plus là, comme pour l'habitant de la ville, d'une partie de promenade contrariée par le mauvais temps ou d'une averse à éviter, il s'agit de l'approvisionnement du pays entier et de l'alimentation de la population. C'est, en un mot, une question de subsistance ou de disette, d'abondance ou de famine.

C'est donc avec raison que l'homme des champs doit se préoccuper des variations atmosphériques. Pour lui, causer de la pluie et du beau temps n'est plus, comme pour le citadin, synonyme d'une conversation qui languit ou qui tombe, c'est exprimer le premier de ses soucis, ses craintes ou ses espérances.

Les affaires politiques l'inquiètent fort peu; le cours de la Bourse encore moins; tout pour lui, bonheur et aisance, réside dans le temps qu'il fait, dans l'état de calme ou de tempête de ce grand océan d'air qui entoure notre globe tout entier.

Nous ne croyons donc pas inutile de parler un peu ici de la pluie et du beau temps. On nous accordera au moins que le sujet a le mérite de la circonstance.

Il est bien peu de personnes qui aient jamais fixé leur attention sur l'atmosphère au milieu de laquelle nous vivons. On est si bien habitué à son rôle, à son utilité absolue, qu'on ne réfléchit plus aux bienfaits qu'elle prodigue, et on les laisse passer inaperçus. Ce n'est pas ici le lieu de faire l'histoire de l'atmosphère ni d'entrer dans des détails d'un véritable intérêt qui trouveront leur place ailleurs.

Nous dirons seulement que l'atmosphère n'est qu'une vaste mer aérienne sans rivages et sans limites qui entoure la terre de tous côtés et dont la profondeur est estimée à 60 kilomètres. L'homme, les animaux et les plantes vivent au fond de cet océan de fluide respirable environ huit cents fois moins compacte que l'eau.

Malgré sa légèreté relative, l'air mobilisé par des vents impétueux peut remplacer le poids qui lui manque par la grande vitesse qu'il acquiert et produire des effets tout aussi terribles que l'eau. Il suffit, pour s'en convaincre, de se rappeler les ouragans des Antilles et des contrées intertropicales qui rasent tout à la surface et balayent les arbres comme les maisons.

L'air, même quand il est pur, transparent et bleu, est un vaste réservoir d'eau en vapeur. Cette eau ne s'y trouve pas fortuitement; elle est indispensable pour rendre l'air respirable. Un air trop sec dessèche les poumons, incommode les hommes, les animaux et même les plantes. C'est un effet qu'on vérifie aisément dans les ascensions aérostatiques ou sur les sommets des hautes montagnes. C'est d'ailleurs un fait bien connu de tous ceux qui ont senti l'haleine étouffante du *simoun*, vent sec du désert. Une trop grande humidité de l'air a aussi ses inconvénients : tout le monde connaît la *malaria* des lieux chauds et humides.

En comparant Paris et Londres sous le rapport de la plus ou moins grande humidité, on trouve qu'à Paris l'air contient en général moitié de la vapeur totale qu'il peut porter avec lui, tandis qu'à Londres cette quantité s'approche de la limite qui ne saurait être dépassée. Pour conserver les bois, on est forcé d'avoir recours à des couches de vernis qui les préservent de l'influence destructive de l'humidité.

Ces quelques préliminaires posés, comment peut se produire la pluie au milieu de l'atmosphère? quel est le mécanisme de sa formation?

Quand nous avons de l'eau dans un vase, et que nous chauffons, cette eau se réduit en vapeur; inversement, si nous avons de la vapeur et que nous la refroidissions, elle retournera à l'état d'eau. Abaissons donc la température de l'atmosphère, et sa vapeur se transformera en eau.

La pluie résulte d'un abaissement de température dans les couches d'air qui constituent l'atmosphère.

Voulez-vous un exemple frappant, une vérification immédiate de ce qui vient d'être avancé?

Nous sommes dans une pièce chauffée; on apporte une carafe pleine de glace; vous verrez bientôt l'eau ruisseler le long de ses parois extérieures; c'est la vapeur de l'atmosphère de la chambre qui, refroidie au contact de la carafe, a repassé à l'état liquide. C'est pour une même cause que les larges feuilles de choux et de plantes potagères, refroidies par l'exposition à ciel découvert, rassemblent, non pas de simples gouttes, mais de petites flaques d'eau très-pure qui en remplissent toute la concavité; c'est, en un mot, le phénomène de la rosée.

Le refroidissement étant la cause productrice de la pluie, il reste à savoir comment s'opère dans la nature ce refroidissement.

Il n'est pas de moyen plus efficace et plus prompt, pour échauffer ou refroidir l'air, que de le comprimer ou de le dilater.

De l'air enfermé dans un étui de cuivre ou de verre et rapidement comprimé par une baguette munie d'un tampon s'échauffe au point d'enflammer de l'amadou. De l'air comprimé dans un réservoir au contraire, et qui s'échappe par une petite ouverture, se détend, se refroidit, dépose de l'humidité et même de la glace. L'air qui s'échappe des lèvres quand on siffle donne, après avoir été com-

primé dans la poitrine, une impression de fraicheur bien
connue, ce que ne fait point l'air qu'on exhale doucement
avec la bouche ouverte.

Maintenant, par quel procédé la nature dilate-t-elle l'air
pour le refroidir et lui faire donner de l'eau par la con-
densation de la vapeur?

Fig. 5. — Neige et grésil observés au microscope.

C'est tout simplement en le transportant dans des régions élevées où la pression est moindre, où, par conséquent, l'air se dilate, se refroidit et précipite la vapeur
qu'il avait avec lui. Que le courant aérien atteigne une
hauteur assez élevée pour que la température y soit au-
dessous de zéro, et la pluie se transformera en neige.

C'est là, en deux mots, tout le secret de la formation de
la pluie ou de la neige.

L'air contient d'autant plus de vapeur d'eau qu'il est à
une température plus élevée. Ceci explique la grandehu-

midité des régions équatoriales. En France même, il y a entre l'hiver et l'été une grande différence de vapeur mélangée à l'air ; il y en a six fois plus dans la saison chaude qu'au moment où il gèle.

Aussi les pluies d'été, quoique moins fréquentes, sont bien plus abondantes que celles d'hiver, et les pluies tropicales sont de même très-supérieures aux nôtres par l'épaisseur de la couche d'eau qu'elles versent sur la terre.

Il résulte de ce que nous avons dit précédemment que toute cause naturelle qui tendra à dilater l'air déterminer l'apparition de nuages et donnera naissance à de la pluie.

Une chaîne de montagnes qui s'élève au centre d'une contrée est une véritable source de pluie. L'air, ne pouvant franchir cette barrière qu'en montant dans l'espace et en suivant ses flancs escarpés, se dilate peu à peu, se refroidit et produit une pluie qui ne cesse de tomber que lorsque le vent change la direction du courant d'air.

Connaissant le relief d'un pays et la nature des vents régnants, il sera facile de vérifier que partout où ces vents trouveront un obstacle qui les forcera de s'élever, ils donneront naissance à des rivières dont les eaux seront en proportion de la hauteur de l'obstacle opposé. Les Alpes nous offrent un exemple de ce fait.

Les vents du sud-ouest, qui nous arrivent de l'Atlantique, déposent leurs eaux à la barrière alpine et produisent le Rhône et le Rhin. Les vents chauds et humides de l'Italie et de la Lombardie, en franchissant les Alpes tyroliennes, nous donnent le Pô et ses affluents. Le vent, de retour de la Russie, en venant se briser contre les

Alpes, produit encore le premier fleuve d'Europe, le Danube.

Il ne pleut pas seulement aux abords des montagnes, l'eau tombe dans des plaines dépourvues de collines, au milieu de l'Océan. Qui donne lieu, dans ce cas, à la dilatation de l'air, cause productrice nécessaire de la résolution de la vapeur en eau?

Il est impossible de ne pas admettre qu'un courant d'air ne rencontre pas dans sa marche, soit des accidents de terrains, soit des forêts, des maisons, des plantations, à travers lesquels il ne se fraye un passage qu'avec des difficultés et des retards qui finissent par le faire dévier de sa route primitive.

Un changement de direction, la rencontre d'un courant opposé, l'obstacle d'un air allant moins vite que celui qui le suit, mille autres causes encore, sans parler des actions méridiennes solaires de Laplace et de l'influence calorifique du soleil, doivent retarder fréquemment la marche de ces courants capricieux.

Or, tout courant qui s'arrête ou qui est seulement retardé dans sa route se renfle, se soulève, se dilate et se refroidit.

Telle paraît être l'origine de la pluie qui tombe en plaine.

On trouve l'explication des ondées qui surviennent en pleine mer dans la rencontre de courants contraires. Deux vents de direction opposée, s'entre-choquant, s'infléchissent et s'élèvent.

Dans les contrées équatoriales, où l'air très-chaud contient, par cela même, une grande quantité de vapeur d'eau, il pleut généralement pendant six mois de l'année presque continuellement. Lorsque le soleil arrive d'un côté ou de l'autre de l'équateur, il détermine par la chaleur de ses rayons un courant d'air ascendant, semblable à celui qui s'élève de tous les corps échauffés. La vapeur se condense et la pluie tombe par torrents.

Nous avons fait connaître en bloc les causes productrices auxquelles on rattache ordinairement la formation de la pluie.

Cette théorie est due à M. Babinet. Bien qu'elle rende compte du phénomène dans la majeure partie des cas, nous ne pensons pas qu'elle soit dans tous ses détails l'expression exacte de la vérité. Nous ferons connaître, en traitant à la première occasion du régime général des courants et des vents, une nouvelle théorie qui nous semble être plus précise et qui s'accorde parfaitement avec les nombreuses observations que nous avons été appelé à recueillir dans un voyage d'exploration scientifique en Amérique centrale.

Partant du même principe, le refroidissement de l'air par la dilatation, elle donnerait une idée plus nette et plus générale de la marche des météores aqueux, et fournirait ainsi immédiatement une application essentiellement pratique et utile.

L'explication de la pluie donnée, il convient maintenant d'aborder la question des pronostics météorologiques.

Est-il possible, peut-on, un jour dit, prédire avec certitude le temps qu'il fera les jours suivants?

Si nous étions plus vieux de quelques siècles, nous

n'hésiterions pas à répondre par l'affirmative, mais avec quelques réserves cependant.

Dans l'état actuel de la science météorologique, à peine créée, nous sommes obligé d'avoir recours au subterfuge des Normands, et de ne répondre ni oui ni non.

Est-il possible de prédire le temps dans certaines limites? Oui, assurément. Un observateur habile et exercé se trompera rarement d'un jour à l'autre.

Il est rigoureusement impossible maintenant de définir l'état atmosphérique plusieurs jours d'avance, saison par saison; il n'est pas plus en notre pouvoir de préciser avec certitude du jour au lendemain le temps qu'il fera.

Nous pouvons réunir entre nos mains une foule de probabilités qui feront pencher la balance d'un côté ou de l'autre; mais nous ne devons ni ne pouvons dire : Demain il pleuvra à telle heure; ce soir il fera sec, absolument comme les astronomes annoncent le passage de telle ou telle étoile au méridien ou le commencement d'une éclipse.

Malheureusement les études météorologiques sont peu avancées; nous ne connaissons pas les lois qui régissent les météores. Il faut bien l'avouer avec regret, les observations primitives ont été mal dirigées, conçues dans un mauvais esprit et dénuées entièrement de cette sûreté et de cette précision qui caractérisent les véritables recherches scientifiques. On aurait pu entasser longtemps encore des volumes d'observations sans qu'on puisse en retirer le moindre profit.

On doit beaucoup sous ce rapport au contre-amiral Maury, qui a fait sortir la météorologie de l'ornière où

plus qu'il fera nécessairement beau ; la hausse du baromètre annonce simplement que l'air s'est accumulé, s'est
comprimé à la surface de la terre, et qu'il pèse davantage sur l'instrument.

Seulement, comme la baisse du baromètre implique
une dilatation de l'air et que nous avons montré que toute
dilatation dans l'atmosphère pouvait amener de la pluie,
la baisse du baromètre est généralement considérée
comme synonyme de mauvais temps. De même la hausse
du baromètre pour une raison contraire est synonyme de
beau temps.

Beaucoup de personnes s'étonnent souvent que le baromètre soit à la grande pluie et qu'il fasse néanmoins
beau.

Cela n'a rien d'étonnant, en vérité : l'instrument n'est
pas en défaut. C'est l'observateur qui l'interprète mal.
Voilà tout.

Cet effet se produit le plus ordinairement quand le
vent, après avoir été nord-est, est sur le point de tourner
au sud-ouest ou inversement. De nombreux nuages flottent dans l'espace et se dissipent peu à peu en s'approchant de la surface de la terre, tant que c'est le courant
nord qui prédomine ; mais, quand le courant sud mobi-
lise à son tour la masse d'air inférieure, la pluie commence
à tomber et donne raison aux indications du baromètre.

Nous croyons pouvoir rapporter l'explication de ce phénomène à la présence de deux courants atmosphériques
superposés et de sens contraires.

Le vent sud, avant d'avoir mis en mouvement l'air inférieur, passe dans les parties supérieures de l'atmosphère

au-dessus du vent qui prédomine encore à la surface et
produit une dilatation dans les hautes régions. C'est
cette dilatation qui fait baisser le baromètre.

Le vent sud chargé d'humidité, refroidi par la dilatation et par le vent nord, donne naissance à des nuages
qui flottent dans l'espace et qui sont entraînés par le courant nord inférieur. Ces nuages ne se résolvent pas en
pluie, parce que l'air inférieur a été desséché par le courant nord et peut absorber, par suite, une grande quantité de vapeur.

Le vent nord inférieur joue là le rôle d'un véritable
parapluie qui recevrait l'eau produite par le vent sud et
la dissiperait ensuite sans la laisser tomber jusqu'à terre.
Aussitôt qu'il disparaît pour faire place au vent du sud,
la pluie, ne trouvant plus d'obstacle, tombe sur la terre.

Ainsi, le baromètre est bien dans le vrai en indiquant
de la pluie; mais cette pluie se dissipe à mesure de sa
formation.

Quand, au contraire, les choses sont renversées, et que
c'est le courant nord qui est superposé au courant sud, il
n'y a plus baisse du baromètre; il y a hausse, car le vent
du nord, plus froid et plus dense, pèse davantage. L'instrument ira donc au beau temps, et cependant il pleuvra
souvent.

La raison en est simple. Le vent nord refroidit le vent
sud inférieur, qui est saturé d'humidité; il faudra bien,
par conséquent, que la vapeur se résolve en pluie.

Ainsi, dans ce cas aussi, bien que le baromètre indique
le beau temps, il pourra se faire qu'il tombe de l'eau.

Ces deux exemples suffisent pour justifier ce que nous

4.

avions avancé, à savoir qu'il serait imprudent de tirer des pronostics quelconques des seules indications fournies par le baromètre.

Mais tout change, si à ses indications on joint un nouvel élément, l'observation du vent régnant dans la partie basse de l'atmosphère. L'indétermination cesse en effet, et on a réuni des données suffisantes pour prédire, avec de très-grandes probabilités, les variations atmosphériques.

Le baromètre est-il au beau, avant de vous en rapporter à ses indications observez la direction du vent. S'il souffle du nord, l'instrument est dans le vrai; il ne pleuvra pas. Si la hausse du baromètre coïncide avec l'apparition du vent du sud, il tombera de l'eau au contraire, et il en tombera jusqu'à ce que le vent nord remplace le courant sud.

Le baromètre est-il au mauvais temps, croyez ses indications, si le vent vient du sud; s'il souffle du nord, la pluie ne tombera généralement que lorsque le courant sud aura fini par prévaloir sur le courant nord.

Quand l'air est calme et que le baromètre baisse lentement pendant plusieurs jours, il est certain que la pluie surviendra.

Lorsque le baromètre oscille rapidement et coup sur coup dans le cours d'une journée, une tempête est imminente; c'est l'annonce d'une bourrasque ou d'un ouragan.

Nous ne pouvons multiplier ici ces renseignements, basés sur un grand nombre d'observations. Qu'il nous suffise de dire que la valeur des pronostics dépend uniquement de l'interprétation bonne ou mauvaise de la marche très-capricieuse de l'instrument, combinée à l'interprétation rationnelle des phénomènes naturels.

Nous avons montré l'importance de la direction du vent comme pronostic météorologique. Les indications fournies par le baromètre et la direction des courants aériens seront aussi utilement contrôlées par l'observation judicieuse des crépuscules du matin et du soir.

On conçoit en effet que l'aspect, la durée et les couleurs du crépuscule dépendant de l'état de l'atmosphère et surtout de la quantité de vapeur précipitée qu'elle contient, on puisse déduire de ces apparences des probabilités sur le temps qu'il fera dans la journée ou le lendemain.

Lorsque, après le coucher du soleil, le ciel à l'occident paraît d'un jaune blanchâtre et que cette teinte s'étend à une grande hauteur, il est présumable qu'il pleuvra pendant la nuit et le jour suivant. Des nuages rouges avec des teintes grises annoncent aussi une pluie prochaine, cette coloration étant produite par de grandes quantités de gouttelettes d'eau qui prouvent que l'air est saturé de vapeur.

Quand le soleil paraît diffus et d'un blanc éclatant avant de se coucher, le temps est à l'orage. Lorsque le soleil se couche dans un ciel légèrement pourpré et que l'air est bleu au zénith, on peut compter sur le beau temps, l'atmosphère étant alors d'une grande pureté.

Lorsque le soleil se lève avec une teinte rouge, il y a probabilité de pluie dans la journée. Si le ciel prend une teinte rose ou grisâtre, on peut compter sur le beau temps ; dans le premier cas, l'air est pur ; dans le second,

les gouttelettes sont peu abondantes et le soleil les aura
bientôt réduites en vapeur.

A ces pronostics, il n'est pas inutile d'ajouter quelques
signes précurseurs du mauvais temps qui nous sont donnés par des animaux et qui, n'en déplaise à quelques
demi-savants, ont aussi leur valeur. Les indications fournies par la grenouille *rainette* peuvent bien être tournées
en ridicule par quelques Bretons, elles n'en sont pas
moins le plus souvent d'une grande exactitude. Le cri de
quelques oiseaux, le vol de quelques autres, peuvent aussi
servir d'augure dans beaucoup de cas.

Nous compléterons cette étude en examinant le véritable rôle de la lune sur l'atmosphère et en discutant son
influence sur le temps.

14 avril.

# V

Nous avons passé en revue les causes principales qui concourent à la production de la pluie ; nous avons fait connaitre les pronostics qui fournissent le plus de probabilités pour ou contre les changements de temps; il nous reste à discuter brièvement les influences que peut avoir la lune sur les variations atmosphériques.

Cette question a toujours eu un certain attrait pour les masses. La lune est la préoccupation journalière de beaucoup de personnes.

Les uns veulent qu'elle dévore les pierres; les autres, qu'elle nous envoie quelques maladies encore mal définies. Plusieurs prétendent qu'elle fait chez nous la pluie et le beau temps. Quelques-uns, d'humeur opposée, affirment, de leur ton le plus doctoral, que la lune est fort innocente des maléfices dont on l'accuse, et qu'elle s'inquiète fort peu de notre pauvre planète.

On le voit, les avis sont très-partagés. Qui a raison de ceux-ci ou de ceux-là? De quel côté se trouve la vérité?

Nous sommes bien forcés de répondre que c'est un peu là comme partout : il y a à prendre et à laisser.

La science officielle a nié formellement pendant longtemps toute influence lunaire. Comme il n'est point de jugement trop rapidement porté que les années ne modifient, on commence à s'apercevoir qu'on avait parlé un peu vite et l'on revient à des idées plus saines et plus prudentes. Si l'on émet encore un doute, quand on n'a rien de mieux à faire, c'est presque tout bas et bien certainement par habitude. Simple réminiscence du passé!

D'un autre côté, il n'est point de petit incident sur terre qu'on ne se plaise à regarder à travers un microscope et à grossir outre mesure. Les moindres choses ont leur histoire fabuleuse et leur légende. Tout est commenté, embelli, amplifié à plaisir, en prenant de bouche en bouche des proportions phénoménales.

Que l'idée vienne au premier venu de rejeter sur le compte de la lune une indisposition subite, et tout le monde aussitôt d'attribuer à l'astre une influence pernicieuse sur la santé. Qu'un maître d'école montre à plusieurs paysans quelques raies nombreuses creusées dans les rochers qui surplombent leur village et qu'il leur affirme que c'est là l'ouvrage de la lune, tenez pour certain qu'à cinq lieues à la ronde on répétera à l'envi que notre satellite ronge les pierres.

Et pourtant ces maladies proviendront d'une tout autre cause, d'une cause bien connue des géologues, où la lune n'a assurément rien à voir.

De là des préjugés qui circulent et font leur chemin de par le monde, des erreurs qui finissent par s'enraciner dans les masses et deviennent pour elles des vérités absolues.

Nous sommes de ceux qui pensent qu'on ne doit jamais rejeter sans un mûr examen un préjugé populaire. Nous rappellerons toujours volontiers ces paroles d'Arago : « Il manque de prudence celui-là qui, hors les mathématiques pures, prononce le mot impossible. » Cependant nous croyons qu'il est bon aussi de mettre en garde certains esprits contre des tendances trop faciles à prendre pour des réalités, des apparences souvent trompeuses et dénuées de tout fondement.

Si la science est quelquefois trop sceptique, l'opinion populaire est souvent trop crédule.

La première a fait un pas en avant en admettant jusqu'à un certain point l'influence lunaire; que la seconde, au contraire, fasse à son tour un pas en arrière, peut-être le juste milieu fournira-t-il ici, comme ailleurs, la solution de la question.

A ceux qui demandent s'il est vrai que la lune puisse ronger les pierres ou nous gratifier d'épidémies, nous répondrons non, sans hésitation.

A ceux qui veulent savoir si notre satellite peut avoir quelque influence sensible sur certains éléments extérieurs de notre planète, nous dirons, au contraire, oui, avec conviction.

Non, la lune ne saurait dévorer les édifices, comme on l'a trop répété : que les propriétaires se rassurent ! S'il en était ainsi, vu sa masse, la terre causerait bien d'autres désastres à son satellite ; depuis le temps que la terre devrait ronger la lune par réciprocité, celle-ci n'existerait certainement plus. Elle a bien trop à perdre à cet échange d'hostilités pour que jamais la fantaisie lui vienne de prendre l'initiative.

La lune ne saurait pas davantage troubler la cervelle d'un promeneur paisible qui fait un sonnet en son honneur. Que les poëtes riment en paix à l'ombre des grands arbres et à la lueur argentée de l'astre de Phœbé. S'il leur arrive jamais de devenir lunatiques, qu'ils en rejettent la cause bien plutôt sur leur éditeur que sur notre pauvre satellite.

Un médecin d'imagination fut embarrassé un jour d'expliquer une maladie à laquelle il comprenait un peu moins qu'aux autres. Il ne vit rien de mieux à faire, pour lever la difficulté, que de l'attribuer sans façon à la lune qui, bien certainement, serait plus commode qu'un confrère et ne lui donnerait aucun démenti. Il inventa les maladies lunaires, eut grand succès et fit fortune.

Un médecin est un peu comme un confesseur, il jouit d'un certain pouvoir pour convaincre ses malades : tout le monde le crut sur parole, et la lune fut condamnée.

Nous ne sommes point médecin et n'avons aucun intérêt à trouver quand même la cause d'une maladie ; nous interjetons donc appel du jugement populaire, et nou-

sommes, en tout bien tout honneur, parfaitement convaincu de l'innocence de la lune.

Si cependant notre satellite ne peut amener de maladie, nous ne sommes pas éloigné de croire qu'elle ait certaine influence sur les blessures et les plaies, comme
nous le montrerons tout à l'heure. Beaucoup de blessés et
de chirurgiens ont exprimé cet avis à plusieurs reprises,
et il n'a rien de contraire à la raison.

Nous avons vu nous-même des marins qui avaient
dormi sur le pont de leur navire, exposés aux rayons de
la lune, se réveiller presque aveuglés et ne pouvoir plus se
guider eux-mêmes pour retourner à leur hamac. Quelques heures de repos au milieu d'une demi-obscurité leur
rendaient l'usage de la vue. Ce fait a été constaté plusieurs
fois, et on le trouve mentionné dans beaucoup de journaux de bord. Nous verrons bientôt qu'il n'y a rien là qui
ne puisse s'expliquer.

Quoi qu'il en soit, et bien qu'on ait fait intervenir la
lune à tort ou à raison un peu partout, il n'en est pas
moins certain qu'elle peut devenir souvent la cause déterminante de beaucoup de phénomènes.

Sans nous occuper de la question dans toute sa généralité, nous discuterons particulièrement son influence
sur les changements de temps.

Est-il vrai que la lune ait une action directe sur les variations atmosphériques?

Quelques météorologistes qui ont puisé leur science
dans les traités vieux de plusieurs lustres beaucoup plus
que dans l'observation raisonnée des phénomènes de la
nature, prétendent et diront toute leur vie qu'il n'en est

rien, et que notre satellite n'a aucune influence sur tout ce qui se passe sur la terre.

Néanmoins, et malgré ces avis respectables, la plupart des astronomes admettent maintenant une action réelle de la lune sur notre atmosphère.

La lune mange les nuages, disent les marins dans leur langage pittoresque, et ils ont raison. Il n'est personne qui n'ait remarqué qu'à mesure que l'astre montre à l'horizon, les brouillards disparaissent et les nuages se dissipent. Cet effet se produit généralement à chaque pleine lune, et il est facile de le constater.

On ne saurait plus prendre au sérieux l'objection de quelques amateurs de facéties qui prétendent naïvement qu'il faut bien qu'il en soit ainsi pour qu'il n'en soit pas autrement; pour que la lune nous apparaisse, il est nécessaire que le ciel soit serein et sans nuages.

L'argument rapporte tout au hasard. Le hasard, en vérité, serait bien conciliant.

A choisir, nous aimons mieux encore voir ici une action de la lune. Au surplus, ce n'est point idée préconçue de notre part, nous pourrions nous appuyer sur des autorités imposantes ; nous citerions volontiers les grands noms de Humboldt, d'Herschell et d'Arago ; tous sont d'accord pour reconnaitre l'influence de la lune dans la dissolution des nuages.

Comment maintenant la lune peut-elle agir sur notre atmosphère, pour dissiper les nuages, quel est son mode d'action?

Nous avons dit, dans notre dernière causerie, ce que c'était qu'un nuage ; nous avons montré que la vapeur vési-

culaire qui le constitue peut être dissoute, soit par une
élévation de température, soit par une compression de
l'air dans les régions qu'il occupe. Il devient donc tout
naturel d'attribuer l'influence lunaire d'abord à la chaleur propre de la lune, ensuite à une compression de
l'atmosphère produite par l'action de la masse de l'astre
sur la terre, conformément à la loi de la gravitation uni-
verselle.

Examinons rapidement ces deux hypothèses.

La dissolution des nuages est-elle due à la chaleur lunaire?

Il n'y a pas bien longtemps qu'on s'est aperçu que la
lune avait une chaleur propre. En mettant un thermomètre
au foyer d'une forte lentille, on ne remarquait aucune
variation de l'instrument et l'on en concluait que la lune
ne rayonnait vers la terre aucune chaleur.

On s'était, là comme ailleurs, beaucoup trop hâté de
prononcer. Melloni, à l'aide d'expériences délicates faites
aux environs de Naples, est parvenu à mettre hors de
doute l'existence de rayons calorifiques envoyés par notre
satellite. Un jeune astronome écossais, M. Piazzi Smyth, a
été plus loin ; en transportant avec des peines infinies
des appareils extrêmement délicats au sommet du pic de
Ténériffe, il a pu constater que l'effet des rayons calorifiques de la lune équivalait à celui d'une bougie placée à
35 pieds anglais de distance.

Il ne suffit pas, dira-t-on, que la lune soit susceptible
d'émettre de la chaleur ; si la quantité envoyée est infime,
elle ne pourra assurément jouer aucun rôle dans le phénomène.

Incontestablement. Mais on se tromperait beaucoup, si, de ce que les rayons calorifiques de la lune sont nuls à la surface de la terre, on en concluait qu'il en est ainsi for-cément aux limites et au sein de l'atmosphère.

La lune, en effet, dont la température ne doit pas dé-passer de beaucoup 100°, ne peut nous envoyer que de la chaleur obscure. Or, cette chaleur par sa nature même est très-facilement arrêtée par les milieux diaphanes qui constituent l'atmosphère. Les couches d'air su-perposées à la terre forment une sorte d'écran qui l'ar-rête au passage et ne lui permet pas de parvenir jusqu'à nous.

Les rayons calorifiques de l'astre restent donc en route suivant toute probabilité, et nous ne percevons que des rayons lumineux. La manière d'être de la chaleur obscure dans beaucoup de circonstances fournit de grandes pro-babilités en faveur de cette théorie.

Il va de soi maintenant que les rayons calorifiques, obli-gés de se concentrer dans ces hautes régions, doivent né-cessairement en élever la température et dissiper les nuages?

Si la lune exerce une action thermale sur l'atmosphère, peut-elle, en raison de sa masse, agir aussi par attraction ou compression, et déterminer, par suite, la formation ou la dissolution des nuages?

C'est une question qu'il est naturel de se poser quand on se rappelle que notre satellite est la cause principale des marées de l'Océan. S'il exerce une influence sur les mers, il n'y a pas de raison pour qu'il n'en ait pas sur l'air, fluide huit cents fois moins compacte que l'eau.

Cependant la théorie répond d'une manière péremptoire et négative : l'action lunaire sur notre atmosphère serait complétement insignifiante.

Nous ne pouvons entrer ici dans des détails qui nous entraîneraient trop loin et qui trouveront leur place ailleurs, nous dirons seulement que l'expérience ne confirme nullement, comme quelques professeurs se plaisent à le dire, les résultats théoriques. Ajoutons tout de-suite que dans l'état actuel de la science on ne saurait se prononcer d'une manière absolue, comme nous le démontrerons à l'occasion. Les moyens de contrôle et de vérification dont on s'est servi jusqu'à présent sont insuffisants pour résoudre la question.

Tout en admettant que l'œuvre immortelle de Laplace, *la Mécanique céleste,* soit fondée dans tous ses détails, personne n'est en droit d'affirmer qu'elle conduise bien à la valeur réelle absolue de l'oscillation atmosphérique. Une simple erreur provenant de l'oubli d'un coefficient n'entache nullement l'exactitude de l'analyse, mais elle change considérablement les résultats numériques.

Quoi qu'il en soit de ces théories, il devient évident que si la lune a le pouvoir de concourir par son influence prépondérante à la production des nuages ou à leur dissolution, elle aura par suite une action certaine sur les variations atmosphériques. Tantôt elle deviendra la cause déterminante de la pluie; tantôt elle contribuera à amener le beau temps.

En partant des formules mêmes établies par Laplace et abstraction faite de la valeur absolue de l'oscillation

diurne[1], on arrive à des résultats qui s'accordent entièrement avec le préjugé populaire. Sans entrer ici dans aucun calcul que ne comporteraient pas d'ailleurs ces
modestes études, nous dirons qu'on est conduit aux probabilités suivantes :

Dans l'hémisphère nord, lorsqu'il pleuvra, le changement en beau temps devra se faire aux nouvelles lunes
boréales d'été, de midi à six heures du soir, au-dessus de
45 degrés de latitude, et de minuit à six heures du matin,
au-dessous de 45 degrés de latitude; aux nouvelles lunes
australes d'hiver, de minuit à six heures du matin, au-
dessus de 45 degrés de latitude, et de midi à six heures
du soir, au-dessous de cette latitude.

Au contraire, s'il fait beau, le changement en pluie devrait avoir lieu, aux nouvelles lunes d'été, de minuit à six
heures du matin, au-dessus de 45 degrés, et de midi à six
heures du soir, au-dessous de cette latitude; aux nouvelles lunes d'hiver, de midi à six heures du soir, au-dessus
de 45 degrés de latitude, et de minuit à six heures du
matin, au-dessous.

Ces données sont en tout confirmées par les nombreuses
observations si judicieusement discutées par Toaldo.

En outre, si la nouvelle lune a plus de force que la
pleine lune pour changer le temps, cette dernière tend à
le ramener au beau par son action à la fois thermale et
compressive sur l'atmosphère. Ces deux influences dissipent les nuages et augmentent la faculté dissolvante de
l'air pour la vapeur d'eau. Si donc l'air n'est pas saturé

[1] $$-\frac{3}{2}\cos 2l \left( \frac{L}{r^3}\sin^2 v \cos \alpha + \frac{L'}{r'^3}\sin^2 v' \cos \alpha' \right)$$

d'humidité, la pleine lune pourra ramener quelques jours de beau temps et même les faire prévaloir souvent jusqu'à la fin du mois.

D'où cette opinion généralement répandue que le temps change à chaque phase de la lune.

Les diverses remarques que nous venons de faire sont du reste renfermées implicitement dans une règle que le maréchal Bugeaud a le premier portée à la connaissance du public, et qu'il avait lui-même apprise dans des circonstances assez exceptionnelles.

Un jour que simple lieutenant, à l'époque des guerres d'Espagne, il participait à la prise d'un ancien monastère, il trouva au fond d'une bibliothèque, au milieu de parchemins et de manuscrits divers, un recueil d'observations météorologiques faites avec soin pendant une période de cinquante ans en Angleterre et à Florence. Ces observations le mirent sur la voie de l'énoncé suivant dont il vérifia constamment l'exactitude.

RÈGLE A SUIVRE POUR PRÉDIRE LE TEMPS.

Le temps se comporte 11 fois sur 12, pendant toute la durée de la lune, comme il s'est comporté au *cinquième* jour de la lune, si le *sixième* jour le temps reste le même qu'au cinquième ;

Et 9 fois sur 12 comme le *quatrième* jour, si le *sixième* jour de la lune ressemble au *quatrième*.

Il n'est pas besoin d'ajouter que cette règle n'est plus applicable dans le cas où le sixième jour de la lune ne ressemble ni au quatrième ni au cinquième. Agriculteur de 1815 à 1830, le maréchal Bugeaud mit cette règle en pratique et parvint à éviter ainsi au moment des vendan-

ges et de la moisson les pertes considérables qu'éprou-
vèrent ses voisins.

Gouverneur général de l'Algérie, il ne mit jamais ses
troupes en marche qu'après le sixième jour de la lune. On
attribue ainsi à une chance incroyable ce qui n'était que
le résultat d'observations et de calculs. Nous disons de
calculs parce que le maréchal Bugeaud, partant de l'heure
exacte de la nouvelle lune, avait toujours soin de tenir
compte de la différence de trois quarts d'heure existant
entre le temps de la révolution diurne de la terre et le
temps de la révolution de la lune autour de la terre. Il ajoutait par suite six heures au sixième jour écoulé, avant de
prononcer sur le temps qu'il devait craindre ou espérer.

La règle du maréchal Bugeaud, que beaucoup d'écrivains ont publiée comme ouvelle, étant en principe fort
connue des anciens. Elle n'est pas d'ailleurs si empirique
que quelques écrivains veulent bien le dire. Elle ressort
tout naturellement des déductions analytiques de Laplace,
des actions thermales et attractives que nous avons indi-
quées. Si le maréchal l'a rédigée *de visu*, il n'en est pas
moins vrai qu'elle peut tout aussi bien se déduire d'un
raisonnement rigoureux.

Au surplus, les observations si nombreuses et si précises de MM. Johnson, directeur de l'observatoire de Rad-
cliff, à Oxford ; Harrison, Flauguergues, de Viviers,
Schübler, de Stuttgart, etc., ont nettement montré que
le pouvoir de dissolution des nuages commence vers le
*quatrième* ou le *cinquième* jour de l'âge de la lune et per-
sévère jusqu'à ce qu'elle se soit approchée du soleil à la
même distance de l'autre côté.

Nasmith avait également remarqué que, lorsque la lune est vieille de *quatre* jours, si le temps est resté sans nuages un certain nombre de jours après la pleine lune, il restera serein et pur le même nombre de jours après la pleine lune.

N'est-ce pas là, en substance, la règle du maréchal Bugeaud? Il n'y a de différence que la substitution du cinquième jour ou quatrième, et la réserve prudente d'attendre que l'action dissolvante se prolonge le cinquième et le sixième jour. L'avance ou le retard d'un jour, suivant les lieux d'observation, n'a rien que de très-naturel. Cela correspond vraisemblablement à ce que, dans la théorie des marées, on nomme l'*établissement du port*.

L'action lunaire peut se faire sentir plus tôt en un lieu qu'en un autre. Si c'est le quatrième jour à Greenwich, à Dublin peut-être n'est-ce que le cinquième, et même le sixième dans le midi de la France, en Espagne et en Algérie. Il n'y a rien là de contradictoire.

Virgile lui-même avait déjà donné, à un jour près, la règle du maréchal. Nous en empruntons la traduction à Delille.

> Le quatrième jour, cet augure est certain,
> Si son arc est brillant, si son front est serein,
> Durant le mois entier que ce beau jour amène
> Le ciel sera sans eau, l'aquilon sans haleine,
> L'Océan sans tempête. et les nochers heureux
> Bientôt sur le rivage acquitteront leurs vœux

Enfin, l'idée s'en retrouve encore chez les Égyptiens, comme l'indique cette phrase qui le concerne :

> *Quartam maxime observat.*

5.

Encore une fois se trouve confirmé l'adage latin :

*Sub sole nil novum.*

Ceci doit donner à réfléchir à ceux dont la ligne de conduite est de rejeter, sans examen, tous les préjugés populaires, par cela seul qu'ils sont des préjugés. Toute opinion longtemps accréditée mérite de fixer l'attention : *Il n'y a pas de feu sans fumée,* comme le veut encore le proverbe.

Pour en finir avec ce sujet, il nous reste à expliquer l'influence de la lune sur la végétation, la pousse des arbres, les plaies et les blessures.

Quelques mots suffiront.

Les végétaux plantés à la nouvelle lune se développent mieux, dit-on, que les végétaux plantés à la pleine lune.

Cette croyance fait beaucoup rire quelques personnes très-infatuées de leur savoir. — Nous ne savons trop ce qu'il peut y avoir de risible là-dedans. Il n'y a aucune raison pour que le fait soit impossible.

Les végétaux plantés à la nouvelle lune se trouvent en effet hors de terre vers la pleine lune, et c'est environ à cette époque seulement que commence leur activité fonctionnelle. Or, notre satellite pourrait parfaitement bien agir d'une manière particulière par ses rayons chimiques et concourir ainsi au développement du végétal.

La pleine lune, d'ailleurs, favorise la rosée, et l'eau est un aliment essentiel à l'accroissement des plantes. Les arbrisseaux qui ont été, au contraire, mis en terre à la pleine lune, ne commencent à prendre leur activité fonctionnelle que vers la nouvelle lune. Il n'y a rien de déraisonnable à supposer que, privés de l'excitation produite par les rayons lunaires, ils croissent plus difficilement.

Si la pleine lune augmente la faculté dissolvante de l'air, et, par suite, l'humidité de l'atmosphère, il devient facile de comprendre qu'elle puisse hâter la putréfaction des matières animales et avoir une action pernicieuse sur les plaies et les blessures. Quant à son influence sur la vue, on en trouve une explication rationnelle dans l'action de ses rayons lumineux qui, en venant frapper directement la rétine, pourraient sans doute y produire un aveuglement passager.

La lune est bien sensible à nos réactifs, dit le R. P. Secchi, pourquoi n'agirait-elle pas sur les végétaux?

Le R. P. Secchi, de Rome, est membre correspondant de notre Académie des sciences.

Terminons là ces considératious générales plutôt ébauchées que traitées, et qu'il nous soit permis en finissant de faire remarquer que les traditions populaires ne sont pas toujours aussi déraisonnables qu'on voudrait bien le faire croire.

La science météorologique a, suivant nous, plus à gagner qu'à perdre en acceptant leur contrôle comme le creuset d'épreuve de toute bonne théorie.

# VI



Le lecteur a-t-il jamais réfléchi aux tribulations des
cochers de fiacre? A-t-il quelquefois pris en pitié ces pauvres chevaux malingres qui, de cahot en cahot poussés à
l'aventure, sillonnnent Paris en tous sens.

Cocher et cheval forment un type qui est appelé à disparaître dans un temps plus ou moins court.

Nous avons presque oublié les chaises à porteurs; il
n'en est plus question qu'à l'Opéra-Comique. L'époque
n'est pas très-éloignée où la Compagnie des Petites-Voi-
tures sera forcée de chauffer les Parisiens avec les débris
de ses citadines et licencier son armée de cochers.

Dans un siècle, les collectionneurs payeront cher la carte-portrait du *sapin* classique, qui faisait encore, il y a quelques années, la joie des étudiants et le bonheur des marchands endimanchés. Avis aux photographes animés d'intentions bienveillantes envers leur progéniture !

On rencontrera toujours, il est vrai, le carosse doré aux armoiries brillantes, et le cheval de luxe richement caparaçonné, mais la voiture de louage, le véhicule consacré aux affaires, moyen de transport populaire et à bon marché, se modifiera certainement peu à peu pour se transformer ensuite du tout au tout.

Encore quelque vingtaine d'années, et il faudra nécessairement aller à Tours en Touraine pour.avoir la notion du fiacre et du cocher.

— Qui les regrettera ? La grisette n'est plus, l'étudiant a fait place au gandin. Lorettes et dandys ont voiture comme les grands seigneurs des siècles passés. Le boutiquier dédaigne l'omnibus et ne va plus qu'en chemin de fer courir les environs de Paris. C'est tout au plus si le public s'apercevra de leur disparition.

Les archéologues seuls réfléchiront longtemps sur la grandeur et la décadence des fiacres et des cochers du dix-neuvième siècle.

Cependant, plus nous allons, plus il est difficile de se passer de voitures. Les transactions commerciales se multiplient, les distances s'accroissent, le temps devient précieux : *Times is money*, et les pas se comptent. Tout le monde ne peut malheureusement rouler carrosse, et le plus souvent ce sont ceux qui en auraient le plus besoin qui sont forcés de s'en passer. Les omnibus sont à peine supportables pour ceux qui ont du temps à perdre ; les voitures coûtent trop cher pour la majorité.

On comprend toute la nécessité d'un moyen de transport mixte, coûtant peu, accessible à toutes les bourses et toujours à la disposition de tout le monde.

On a beaucoup parlé des chemins de fer dans les villes. C'est un moyen d'avancer la question, mais ce n'est assurément pas une solution.

C'est un progrès sur l'omnibus, mais rien de plus. Il importe beaucoup d'être le maître absolu de sa voiture à un moment quelconque. Il faut pouvoir s'arrêter à un point voulu, revenir en arrière, s'il est nécessaire, en un mot, se diriger constamment d'après ses désirs ou ses besoins. Jamais les chemins de fer dans les villes ne sauraient s'appliquer à ces cas particuliers. Ils auront sans doute une utilité incontestable, mais toujours limitée.

Le véhicule indépendant fournira seul, quoi qu'on en dise, avec toute la généralité désirable, la vraie solution du problème.

Qui coûte cher dans les voitures actuelles ?

C'est évidemment le cheval à nourrir et le cocher à entretenir.

Supprimez le cocher, supprimez le cheval, et du même coup vous faites disparaître la dépense.

On trouvera l'idée plaisante. Supprimez tout pendant que vous y êtes, dira-t-on, et l'économie sera plus grande.

Laissons passer cette boutade.

Nous en avons assez dit pour qu'on songe sérieusement à une voiture fonctionnant d'elle-même sans cheval ni cocher, à une voiture automatique.

La question rentre dès lors dans le domaine de la mécanique, et le problème devient celui-ci :

Trouver un véhicule facile à diriger, mû par une force
excessivement maniable, transportable et produite à bon
prix.

Il y a déjà longtemps qu'entrant résolûment dans cette
voie, mais à un point de vue moins général cependant,
les inventeurs ont tenté d'appliquer la vapeur à la locomotion sur les routes ordinaires.

Les essais n'ont pas tous échoué, comme quelques personnes le supposent à tort : il n'est ni neuf ni extraordinaire de lire dans les faits divers d'un journal qu'on a vu
fonctionner telle ou telle voiture à vapeur appartenant à
lord X... ou à lord Y...

La voiture à vapeur existe de toutes pièces, fonctionne à
merveille, et, encore une fois, ce n'est pas d'hier. Mais ce
qui n'existe pas, c'est un bon chariot à vapeur d'un usage
constant et régulier, pouvant rouler sur toutes les routes
sans usure et détérioration rapides.

Il n'est certes pas difficile de faire mouvoir à l'aile de
la vapeur un chariot quelconque sur une promenade entretenue. Il est beaucoup moins facile de construire des
voitures à vapeur fonctionnant utilement et pratiquement.

La question est, en effet, très-complexe. Il faut faire
entrer en ligne de compte la pente des routes, la nature
de la surface de roulement, le poids du véhicule, sa grandeur, la détérioration et l'usure de l'appareil moteur résultant des chocs et des cahots, la mise en marche, la
provision d'eau et de charbon intimement liée à la longueur du trajet, etc.

Il est évident pour tout le monde que la force nécessaire pour faire gravir une pente à une voiture croîtra en
même temps que cette pente. Il faudrait donc, pour une
certaine limite, donner à l'appareil moteur des dimensions considérables et le rendre encombrant. Son poids
deviendrait excessif, fatiguerait beaucoup la cheminée.
Le véhicule serait difficile à diriger et la dépense aug-
menterait notablement.

Il est vrai qu'on a imaginé des dispositions particulières à patins, à engrenages, etc., qui permettent de
gravir les pentes. Mais elles ne sauraient être d'une application générale.

On comprendra encore aisément que les routes mal
empierrées, les soubresauts, les chocs réagissent d'une
manière pernicieuse sur la machine motrice et la dété-
riorent avec rapidité. Le moteur est bientôt mis hors de
service. La chaudière elle-même ne résiste pas aux cahots
et finit par se disjoindre.

On ne saurait en outre compter sur moins d'une demi-
heure pour mettre le générateur en pression. Un chauffeur est nécessaire pour entretenir le foyer et veiller l'appareil moteur.

Avec les voitures à vapeur le cocher n'est donc pas
supprimé. Il change de nom, voilà tout.

Sans rappeler ici tous les inconvénients qui se rattachent à la nature même de ce moyen de locomotion, on
peut inférer de ce qui précède que tout porte à croire que
la vapeur ne fournira jamais la solution du problème
d'une manière réellement pratique et économique.

Il est bien entendu que nous ne parlons ici que de la

vapeur à pression normale. Peut-être la vapeur surchauf-
fée, si incomplètement étudiée jusqu'à présent, pourra-
t-elle dans un avenir prochain être utilement appliquée
à la locomotion sur les routes.

Elle fournit en effet de grandes forces sous de petits
volumes, et c'est là le point important en pareille matière.

D'autres inventeurs ont porté leur attention sur l'emploi de l'air comprimé. Ici encore, on a quelquefois ob-
te.u d'assez bons résultats. On simplifie de la sorte le
matériel et l'on évite les soins minutieux que nécessitent
les moteurs à vapeur et les inconvénients qui s'y rattachent.

Malheureusement, ce n'est pas de la force constamment
disponible qu'on se procure par ce moyen. C'est une force
qu'on emmagasine, qu'on met en provision pour l'utiliser
au moment vou'u. Dans certains cas, ce système serait évidemment applicable avec avantage, mais le plus généralement il ne saurait répondre aux exigences du moment.

Ce qu'il faut surtout et avant tout, c'est une force se
produisant à bas prix, avec une extrême facilité, sans le
secours de personne, au fur et à mesure des besoins, ne
nécessitant que des récepteurs peu encombrants et d'un
poids minime.

On a cru avoir atteint ce *desideratum* au moment de
l'apparition des moteurs Lenoir. Ces nouvelles machines
fournissent absolument un des plus beaux exemples qu'on
puisse avoir de l'utilisation de la force développée par
des gaz portés à une haute température; ils donnent,
sinon la seule, du moins une bonne solution du difficile
problème de la force motrice à domicile.

Mais ne leur demandez pas plus. Qu'on ne vienne pas nous dire naïvement que les moteurs à gaz vont opérer une révolution prochaine dans l'industrie et détrôner complétement la vapeur. Leur rôle est, au contraire, limité; pour cela, ils n'en sont pas moins fort utiles; ils rendront de véritables services à la petite industrie.

L'application des moteurs Lenoir à la locomotion sur les routes ou dans les rues d'une grande ville ne nous paraît pas, jusqu'à nouvel ordre du moins, pouvoir présenter beaucoup plus d'avantages que l'emploi de la vapeur.

Une voiture à gaz exigerait, en effet, un foyer comme les machines à vapeur, un petit magasin à schiste, un appareil distillatoire pour extraire le gaz, un récepteur encombrant et une bobine de Ruhmkorff, instrument cher et délicat. Il serait tout aussi simple d'avoir recours aux moteurs à vapeur et aux chaudières à diaphragmes Boutigny ou Belleville, qui n'occupent pas plus de place qu'un petit calorifère de salle à manger.

Là, comme ailleurs, on s'est encore exagéré la portée de l'invention de M. Lenoir. Tel système qui s'applique admirablement dans certaines circonstances ne saurait plus être employé dans d'autres. Tel cas, tel procédé. Nous avons la faiblesse de ne pas croire aux panacées universelles.

Doit-on, d'après ce qui précède, abandonner tout espoir d'obtenir jamais une force satisfaisante aux nombreuses conditions que nous avons posées? Nous ne le pensons pas. La chimie nous offre tous les jours des moyens d'action d'une puissance énorme condensée sous de très-petits volumes.

ble à la locomotion et qu'un correspondant d'Amérique nous signale comme ayant fonctionné avec succès.

L'appareil pratique n'est pas plus difficile à concevoir.

Que faut-il? De l'acide carbonique comprimé, un cylindre avec son piston et une distribution de gaz, en tout semblable à celle des machines à vapeur, destinée à faire parvenir le fluide moteur tantôt d'un côté du piston, tantôt de l'autre. Le récepteur était donc trouvé : une petite machine à vapeur ordinaire réduite à sa plus simple expression, c'est-à-dire un piston dans un cylindre, une bielle, une manivelle et l'axe de rotation. Voilà pour la partie mécanique. Rien de plus élémentaire.

L'appareil générateur de force est aussi simple. Sera-t-il besoin d'un grand réservoir analogue aux encombrantes machines à vapeur? Faudra-t-il absolument avoir recours à une pompe foulante pour comprimer le gaz, comme dans les machines à air?

Point. Aucune de ces complications. Un petit récipient un peu plus grand qu'un chapeau d'homme, et tout sera dit, affirme l'inventeur.

C'est là, dans cet espace restreint, que se produira la force dont on aura besoin. Elle sera fournie au fur et à mesure de la dépense à un prix peu élevé. Quand la machine dépensera peu, il se produira peu de gaz.

La machine, pour tout dire, s'alimenterait d'elle-même, sans qu'il fût nécessaire de s'en occuper en aucune manière. Elle pourvoirait constamment à ses besoins et à sa consommation. La main de l'homme y resterait complétement étrangère.

Est-ce un rêve? diront quelques personnes? est-ce une

divagation? C'est une réalité, répond notre correspondant.

Malgré toute la confiance que nous voulons bien accorder
aux ingénieurs américains, nous ne pouvons nous empêcher de faire des réserves. Nous ne pensons pas l'invention impossible, bien loin de nous pareille idée! mais
nous admettons difficilement, si les renseignements que
nous avons entre les mains sont complets, qu'elle puisse
fonctionner avec la régularité nécessaire à tout bon moteur.

En bloc, voici en quoi consiste le nouveau générateur
de force.

Imaginez un réservoir cylindrique en plomb, clos de
toutes parts et renfermant une certaine quantité de carbonate de chaux. Vers la partie inférieure existe une tubulure
par laquelle coule constamment un filet d'acide sulfurique. Cet acide, en tombant sur le sel de chaux, produit
aussitôt un dégagement d'acide carbonique qui se comprime nécessairement à l'intérieur de ce récipient sans
issue et finit par se liquéfier en partie. On arrive ainsi
à des pressions de 50 et 80 atmosphères.

L'acide sulfurique est refoulé à l'extérieur du récipient
à l'aide d'un contre-poids agissant sur un piston. Ce contre-poids est calculé de manière à toujours surpasser la
pression maxima que doit avoir le gaz dans le récipient.
Un petit tuyau placé à la partie supérieure conduit le gaz
dans la boîte de distribution de la machine, où il agit par
pression et surtout par sa détente pour pousser le piston
dans un sens ou dans l'autre; un régulateur commandé
par la machine elle-même règle l'introduction du gaz.

Quand la machine tourne trop vite, un robinet, en se fermant un peu, diminue la quantité de gaz qui entre sous le piston, et la vitesse se ralentit. En ouvrant, au contraire, ce robinet, la machine hâte sa marche et reprend sa vitesse normale.

Le défaut d'espace nous empêche d'entrer ici dans de plus grands détails techniques, toujours peu intéressants d'ailleurs pour le plus grand nombre.

Nous ne pouvons cependant passer outre sans faire remarquer que ce système se rapproche beaucoup de celui qu'avait déjà proposé le célèbre ingénieur normand Brunel, auquel la marine anglaise doit le *Great-Eastern*.

L'honneur de l'invention reviendrait donc à la France, et non point à l'Amérique.

En outre, l'exiguïté du générateur de force est-il bien poussé aussi loin qu'on le prétend? Il nous paraît difficile d'obtenir avec aussi peu d'acide et de carbonate calcaire assez de gaz pour subvenir à la consommation[1].

On peut profiter de la détente, il est vrai, dans de très-larges limites, à cause de l'énorme pression dont on dispose; malgré cet avantage, nous doutons encore que les dimensions adoptées par l'auteur soient suffisantes.

Nous aurions bien d'autres objections à faire; mais de peur de nous battre contre des moulins à vent sans profit pour personne, et pour nos lecteurs en particulier, nous préférons de beaucoup engager M. Dostring à venir faire fonctionner à Paris sa voiture et son moteur. Nous pour-

---

[1] 50 grammes de craie, en effet, plus 49 grammes d'acide sulfurique, produisent 22 grammes d'acide carbonique, soit seulement 11 litres de gaz.

rons en parler dès lors *de visu* et en toute connaissance de cause.

Quoi qu'il en soit, il est permis d'espérer qu'en dirigeant les recherches de ce côté, en utilisant les nouveaux procédés de M. Loyr et Dryon pour la fabrication rapide de l'acide carbonique liquide, en se servant encore de la force considérable que développe l'ammoniaque liquéfiée, on puisse, un jour ou l'autre, trouver une bonne solution de la question.

Si, ces réserves faites, M. Dostring est réellement parvenu à utiliser comme il le prétend la compression du gaz carbonique dans un récepteur convenablement approprié, on aurait entre les mains une force très-maniable et susceptible d'applications nombreuses.

Générateur de force et récepteur seraient très-peu encombrants et d'un faible poids relatif. Une machine de deux chevaux de force occuperait cinquante centimètres cubes environ. L'appareil se gouvernerait de lui-même sans le secours d'un mécanicien. Plus de bruit, plus ce panache de fumée qui noircit les maisons.

Il n'y aurait donc rien de si facile que d'installer un pareil petit moteur dans une voiture. Chacun serait dès lors à même de se passer de chéval et de cocher. Il suffirait de pousser un bouton pour aller en avant, revenir en arrière, obliquer à droite ou à gauche, augmenter ou diminuer de vitesse.

La plus belle main du monde pourrait, sans craindre de tacher son gant, diriger à merveille une pareille voiture. Un domestique avant le départ ferait la provision d'acide nécessaire pour la promenade, et la machine se chargerait du reste. On irait au bois et on en reviendrait plus vite qu'avec un équipage à la Daumont.

Dès lors adieu les cochers de fiacre, adieu ces chevaux piteux qui sont la honte de l'espèce chevaline! On aurait trouvé le véritable mode de transport à bon marché. Tout le monde aurait voiture; tout le monde aurait le droit d'éclabousser ses voisins... avec ou sans préméditation.

Très-sérieusement parlant, si les voitures de M. Dostring ne tiennent pas tout ce qu'elles promettent, il y a en France assez d'inventeurs intelligents et instruits pour qu'on puisse espérer une modification heureuse qui corrige leurs imperfections.

Chacun donc à l'œuvre, et le problème sera déjà à moitié résolu, car c'est surtout dans le domaine scientifique ou industriel que l'on a le droit de répéter la devise : *Quo non ascendam!*

Si de pareilles voitures ne pouvaient fonctionner avantageusement sur toutes les routes, il serait toujours possible de généraliser leur emploi dans les grandes villes et à Paris principalement, en remplaçant le pavé par le macadam ou mieux encore par de nouvelles combinaisons de calcaire et d'asphalte qui rendent le sol uni et égal, comme chacun en a vu des exemples rue Neuve-des-Petits-Champs, rue Bergère et rue Richer. Le piéton ne s'en plaindra certes pas, surtout en temps de pluie. Des stries ou rainures transversales et longitudinales empêcheraient les chevaux de glisser et suffiraient pour prévenir les accidents.

En un mot, il n'y a rien là d'impraticable. Nous le répétons, un peu d'énergie et d'initiative pourrait prochai-

nement doter Paris d'une invention utile à tous et essentiellement nécessaire à la rapidité et à la facilité des
transactions commerciales.

Qu'on fasse donc des essais sérieux, et l'on finira par
reléguer chevaux et cochers de fiacre parmi les anti-
quailles, au plus grand plaisir de tout le monde.

Nous ne pouvons terminer sans ajouter, par esprit de
nationalité, que si, par le plus grand des hasards, ce
progrès était dû aux voitures de M. Dostring, les Américains devraient en rejeter tout le mérite sur une importation française. Qu'ils ne l'oublient pas, M. Dostring est
redevable de son invention à une bouteille de champagne.

Qui osera encore médire maintenant du vin de Champagne... et des Champenois?

# VII



Il est de notoriété publique depuis fort longtemps qu'il
n'y a rien de si ennuyeux au monde que la science officielle : aussi en faisons-nous grâce à nos lecteurs le plus
que nous pouvons. Cependant, si elle est bien capable de
faire dormir debout plusieurs personnes très-éveillées de
leur naturel, elle n'en possède pas moins sa vieille expérience à laquelle elle doit souvent des faits intéressants, des découvertes utiles et précieuses qu'il nous
faut mettre à la connaissance du public sous peine de
ne pas traduire fidèlement le mouvement scientifique de
l'époque.

Nous lui consacrerons donc quelques lignes de temps

en temps, et nous essayerons, en la dégageant des bribes et des oripeaux dont on se plaît à l'affubler, de la rendre compréhensible pour tous.

Encore une fois, nous n'avons pas la prétention ici de rédiger une revue technique ; il existe des recueils spéciaux qui donnent tous les détails que peuvent réclamer les hommes de science.

Avant tout, il s'agit de se faire lire du plus grand nombre, et le plus grand nombre est fort peu familiarisé avec les phrases bourrées de mots sonores et emphatiques qui remplissent les articles de science. On ne comprend pas assez généralement ce point important dans la presse, et la plupart des rédacteurs ont l'insigne avantage de prêcher dans le désert.

Nous aimons beaucoup mieux encourir de quelques-uns le reproche de ne pas mettre assez d'$x$ et de calculs dans nos modestes revues, et de ne pas nous écarter par un étalage vain et pompeux de notre œuvre de vulgarisation.

Nous immolerons bien un peu ainsi aux habitudes généralement adoptées, mais nous marcherons vers un but éminemment utilitaire, et nous pensons que tel doit être avant tout l'ambition d'un rédacteur scientifique.

Un de nos lecteurs s'est-il jamais égaré par hasard jusque dans la grande salle des séances de l'Institut? C'est presque un pays perdu pour la plupart et peut-être moins connu que la Nouvelle-Calédonie. C'est cependant le lieu de réunion de tout ce qui touche de près ou de loin à la science officielle ; c'est là que s'assemble, tous les huit jours, l'élite des savants et de la France, et souvent de l'étranger. On a beaucoup médit des académiciens : quoi

qu'on en dise et sauf de bien rares exceptions, ils représentent bien la partie la plus savante et la plus éclairée
du pays ; ils sont bien à la hauteur de leur mandat. Nous
parlons des membres de l'Academie des sciences.

Tous les lundis vers trois heures, les abords de l'Institut prennent une animation particulière ; des visages
graves surmontant un corps non moins grave traversent
à pas lents le pont des Arts. Une chevelure blanchie par
le travail et les années flotte au gré du vent et égaye un
peu ces figures assombries ; un habit noir qui a fait son
temps aux cours de la Faculté et dans les salons officiels
est le vêtement de prédilection de ces austères person-
nages. Le pantalon est généralement de couleur, et nous
pensons que les bas doivent être bleus. — Telle est l'esquisse en deux mots de l'académicien. Nous n'avons
malheureusement pas la place de le décrire en détail.
Ce qui est différé n'est pas perdu.

A côté, les suivant ou les dépassant, une nuée de professeurs ayant un cahier rouge sous le bras, les *Comptes
rendus de l'Académie*, des journalistes munis du même
cahier et faisant, philosophiquement penchés sur le parapet, des ronds dans la Seine ; des chefs d'institution re-
traités, des inventeurs, des médecins, emboitent le pas.

Des bacheliers rêvant gloire et succès académiques
quêtent un salut de M. le président ou de M. le secrétaire
perpétuel. Des agronomes, des professeurs de Grignon,
s'adjoignent aux autres, espérant faire progresser l'agriculture en allant écouter des dissertations transcendantes
relatives à la théorie de la lune ou au calcul intégral et
différentiel. Beaucoup d'amateurs se hâtent de dépasser

académiciens et professeurs pour que personne n'ignore qu'ils vont assister aux séances de l'Institut.

En un mot, ici comme ailleurs, se joue la grande comédie humaine.

Tous ces empressés descendent les marches du pont des Arts, se suivent les uns les autres comme un troupeau de moutons et disparaissent dans la cour de la bibliothèque Mazarine. Tournez à gauche et vous les apercevrez alors montant les marches du grand escalier qui conduit à la salle des séances.

Au bas de cet escalier, ne vous étonnez pas d'apercevoir plusieurs habits noirs se promenant de long en large comme des âmes en peine; ils y étaient, il y a cinquante ans; ils y seront encore dans un siècle. Ce sont les incompris, les inventeurs sacrifiés; ils promènent aux yeux de tous leur malheur et leurs regrets, et après avoir échoué devant le tribunal académique essayent de secouer l'indifférence publique. — Monsieur le président de l'Institut, ayez pitié de ces habits noirs !

Cependant la foule monte; elle parvient dans la galerie d'entrée; on y remarque au fond la bibliothèque, sur les murailles des cartes géologiques, des vues photographiques et le buste des académiciens qui illustrèrent cette enceinte.

Un homme passe; il est voûté, sa tête est enfoncée dans ses épaules, et ses cheveux frisés cachent son front; il va vite, les yeux à moitié fermés, sans heurter personne ni se cogner aux murailles; il ouvre ses paupières moyennant trois fois par minute et ferme sa tabatière deux fois par demi-heure.

C'est lui! crie la foule.

C'est M. Babinet!...

Et une haie vivante trace un chemin autour du nouveau venu.

Chacun de saluer, et les rédacteurs du *Figaro* et du *Charivari* d'en faire leur profit. M. Babinet est pour eux une mine inépuisable. Dieu lui conserve la vie longue!

MM. Milne Edwards, Élie de Beaumont, Flourens, Dumas, Delaunay, le Verrier, Fremy, Payen, Claude Bernard, Coste, Regnault, Balard, Liouville, Chasles, Lamé, Despretz, Jobert de Lamballe, Velpeau, Daubrée, de Tessau, Valenciennes, Sainte-Claire-Deville, d'Archiac, Serres, Rayer, Clapeyron, Pelouze, Péligot, Duhamel, Serret, Brongniart, Faye, Geoffroy Saint-Hilaire, Moquin-Tandon, Dupin, Duperrey, Bertrand, Combes, de Sénarmont, Cloquet, Duchartre, Longet, etc..., défilent ainsi à tour de rôle, et la procession ne cesse que faute de figurants.

On pénètre bientôt dans la salle des séances ouverte à deux battants.

C'est une vaste enceinte rectangulaire ornée de médaillons représentant les célébrités scientifiques de toutes les époques. Au milieu tourne dans toute la longueur une grande table recouverte de la serge verte sacramentelle; sa forme est en double fer à cheval et a servi de type à toutes les tables académiques de la province et de l'étranger. Elle a été faite de 573 planches accouplées. M. Pingard, qui est le grand maître des cérémonies de l'Académie, n'a pu nous fournir plus de détails.

Au centre et contre la muraille occidentale s'élève le bureau où prennent place le président, le vice-président et les secrétaires perpétuels. A quelque distance et vis-à-vis a été disposée la table des lectures. M. Pingard affirme qu'elle ne date que de 1846. Elle est bien jeune pour figurer en aussi docte compagnie!

En face se trouvent les banquettes réservées aux journalistes. Un huissier en interdit l'entrée aux profanes. Nous l'avons toujours vu les bras croisés.

C'est là que prennent place sur le banc supérieur ou sur le banc inférieur, à droite ou à gauche, suivant leur tempérament, les principaux rédacteurs scientifiques de Paris : M. Louis Figuier, de la *Presse*, affectionne la droite; M. Grimaud, de Caux, de l'*Union*, le juste milieu; M. Tavernier, du *Siècle*, et M. A. Samson, de la *Patrie*, la gauche; nous avons nous-mêmes l'honneur de siéger près de M. Turgan, du *Moniteur*, et de M. l'abbé Moigno, du *Cosmos*.

Enfin tout autour de la salle existe une double rangée de bancs spécialement destinés au public.

A trois heures et quelques minutes, la sonnette du président s'agite et le silence se fait.

La séance est commencée.

Chacun des secrétaires perpétuels dépouille à tour de rôle la correspondance et mentionne les mémoires qui sont soumis au jugement de l'Académie.

Le plus généralement, les académiciens s'inquiètent peu de ce qui se fait alors au bureau; ils causent de la pluie et du beau temps, changent de place, se rendent des visites mutuelles où la science n'a assurément rien à voir. Il en résulte un bruit vague, confus, une sorte de bruissement général qui ne permet bientôt plus de saisir les paroles prononcées par le secrétaire perpétuel, surtout

quand celui-ci baisse la voix au moment où les chucho-
tements augmentent.

Ceci arrive assez souvent et nous ferait presque supposer que M. le secrétaire oublie les lois générales de l'a-
coustique.

Les journalistes ont beau tendre l'oreille et concentrer
toute leur attention sur des paroles insaisissables, ils en
sont alors pour leurs frais ; toute la correspondance, qui
souvent présente un véritable intérêt, leur échappe complétement.

Il serait bien facile, en vérité, de faire cesser un pareil
état de choses ; M. le secrétaire perpétuel se fatiguerait
beaucoup moins et tout le monde y gagnerait. _

Une fois la correspondance lue, la parole est accordée
aux membres de l'Académie qui ont des mémoires à présenter, puis aux correspondants et enfin aux simples
mortels.

Quelquefois les académiciens discutent les communications qui viennent d'être faites, et il en résulte le plus
souvent un débat d'un haut intérêt qui tient l'auditoire en
suspens et jette de vives lumières sur des points de la
science peu ou mal étudiés.

C'est ainsi que se passent chaque lundi avec quelques
variantes les séances de l'Académie.

Maintenant que nos lecteurs sont au courant des mœurs
et coutumes de la section scientifique de l'Institut, et qu'ils
ont sous les yeux la mise en scène de chaque séance hebdomadaire, nous allons résumer très-brièvement les principales communications adressées à l'Académie dans ces
derniers temps, en ne prenant bien entendu que celles

qui présentent quelque fait curieux ou un intérêt im-
médiat.

Qu'est-ce que l'acier ?

On le savait il y a quelques mois; mais il paraît qu'on
ne le sait plus. C'est du moins ce qui semblerait résulter
d'une discussion qui dure depuis fort longtemps déjà à
l'Académie.

Chimiquement parlant, l'acier avait été considéré jusqu'ici comme.du fer renfermant une proportion de carbone pouvant varier de 1 à 2 centièmes. Ce fer, porté au
rouge et immédiatement plongé dans l'eau et certains autres liquides, *trempé*, comme disent les hommes spéciaux,
prenait des propriétés particulières parfaitement distinctes ; il se transformait en *acier*.

L'acier était alors pour les chimistes un *carbure de
fer*.

Un savant de premier ordre, professeur au Muséum, à
l'École polytechnique, membre de l'Académie des sciences, M. Fremy, s'est avisé d'émettre cette opinion, que l'a
cier ne devait pas seulement ses propriétés au carbone,
mais aussi et principalement à de l'*azote*. L'acier, pour le
savant chimiste, ne serait pas seulement un carbure de
fer, mais un *azoto-carbure* de fer.

Rappelons en passant que l'azote est ce gaz qui, mé-
langé avec l'oxygène, constitue l'air que nous respirons
tous les jours.

Du fer qui contiendrait du carbone sans azote ne jouirait pas des propriétés essentielles de l'acier, dit le savant
chimiste de l'Académie.

On disait autrefois : Point d'argent, point de suisse ;

nous résumerons la pensée de M. Fremy en disant à notre tour : Pas d'azote[1], pas d'acier.

D'un autre côté, un jeune chimiste, M. Caron, directeur du laboratoire du Musée Saint-Thomas-d'Aquin, soutient que M. Fremy attribue à l'azote un rôle qu'il est loin d'avoir. On trouve bien ce corps dans dans les aciers, mais fortuitement apporté par des substances étrangères ; et il n'est nullement indispensable à la composition de l'acier. M. Caron, comme ses devanciers, ne voit dans l'acier qu'un simple carbure de fer.

Les deux adversaires appuient leur opinion divergente sur des faits pratiques et sur des expériences que nous ne pouvons même analyser, sous peine d'être entraîné trop loin. Nous avouerons seulement qu'elles ne nous paraissent concluantes ni d'un côté ni de l'autre ; nous irons même plus loin, et nous pensons que si la discussion ne prend pas une autre direction, elle ne fournira pas d'éléments utiles conduisant à une interprétation favorable à l'une ou à l'autre hypothèse.

Quand la science est impuissante à résoudre une question pendante, c'est souvent à la pratique qu'il convient d'avoir recours.

Que M. Fremy prenne les fers préalablement azotés à différents degrés et qu'il les carbure, il sera facile de constater la qualité des aciers résultant ; on verra nettement si la proportion d'azote variant, pour la même quantité de carbone, l'acier présente des propriétés plus ou moins tranchées. On reconnaîtra, en un mot, l'influence de l'azote.

[1] Pas d'azote, ou de métalloïde remplissant le rôle de l'azote.

Si les aciers ainsi obtenus diffèrent de qualité, évidemment l'azote jouera un certain rôle et M. Fremy sera du côté de la vérité. L'acier sera un azoto-carbure de fer.

Sinon, si la proportion d'azote introduite ne modifie en rien la qualité des aciers, M. Caron aura raison contre M. Fremy. L'acier sera bien un carbure de fer.

Voilà, ce nous semble, un moyen d'en finir [1].

Ajoutons, avant de quitter ce sujet, que toutes nos sympathies sont acquises d'avance à la théorie de M. Fremy; car, d'après les vues nouvelles de l'honorable académicien, la fabrication de l'acier ne s'effectuerait plus maintenant au hasard, à l'aide de recettes empiriques, variant dans chaque usine ; elle serait guidée par des règles sûres et logiquement déduites d'expériences précises.

Quelques personnes ont pu se demander pourquoi il importe tant que l'acier soit ou non un azoto-carbure de fer. La raison en est toute simple. Dès que l'azote donne en définitive au métal toutes ses propriétés, il en résulte des conséquences de la plus haute importance. Dès lors, tous les minerais seraient également bons pour produire l'acier. Nos minerais de France vaudraient les minerais de Suède et d'Angleterre, et nos aciers n'auraient plus rien à envier aux aciers étrangers.

Nous aurions entre les mains tous les éléments néces-

---

[1] Pendant que nous écrivions ces lignes, M. Fremy, reconnaissant lui-même l'insuffisance de l'analyse, avait recours à la synthèse et donnait ainsi raison à notre manière de voir. Le savant académicien est parvenu à obtenir, non-seulement des aciers carburés différents en faisant varier la proportion d'azote, mais il a produit encore des aciers *sans carbone* en azotant des fers siliceux et borés, le silicium et le bore jouant ici le rôle chimique du carbone. Comment dire encore que l'acier est un carbure de fer?

saires pour faire tomber la concurrence. En outre, on serait complétement maître de l'opération difficile de l'a-
ciération. On pourrait cémenter les fers au degré de profondeur voulu et obtenir ainsi des pièces jouissant à la
surface des propriétés de l'acier et au centre des avantages du fer, par exemple, dureté et solidité réunies.

Nous ne pouvons entrer ici dans plus de détails ; mais
il est à souhaiter, vu l'importance des intérêts mis en jeu,
qu'on élucide au plus vite une question d'un intérêt aussi
majeur pour l'industrie métallurgique.

Depuis quelques années l'art de la teinture subit une véritable révolution par la découverte de plusieurs matières
colorantes, rouges, jaune ou blanc, que l'on obtient de
toutes pièces par de simples réactions de laboratoire; ces
matières colorantes commencent déjà à se substituer en
partie aux substances tinctoriales d'origines diverses en
usage depuis des siècles.

Et qui le croirait ? ces belles couleurs proviennent de
la houille distillée, du goudron, matière noire et fétide
connue de tout le monde. Le premier chimiste venu peut
produire à volonté et très-facilement le *rouge d'aniline*,
le *bleu d'aniline*, etc., admirables substances colorantes
qui se fixent sur les divers tissus dans de parfaites conditions de solidité et ne le cèdent en rien par la beauté et
l'inaltérabilité des teintes aux principes colorants an-
ciennement employés.

Tout dernièrement l'annonce d'une nouvelle matière
tinctoriale a été faite à l'Académie par M. Roussin, professeur au Val-de-Grâce. M. Roussin espérait être parvenu
à produire artificiellement le produit colorant de la ga-

rance, l'alizarine. Ce chimiste arrivait ainsi à créer de toutes pièces, dans son laboratoire, ce que la nature et l'industrie mettaient tant de temps et de peine à obtenir; il rendait inutile la culture de la garance et fournissait au commerce autant de teinture rouge qu'il en avait besoin.

On conçoit facilement l'émoi dans lequel la nouvelle découverte plongea les contrées productrices de la garance. La culture de cette plante tinctoriale constitue, en effet, la richesse d'une partie de la France méridionale.

Nous sommes heureux aujourd'hui de faire cesser toute incertitude et de dire que l'alizarine artificielle de M. Roussin n'est pas le véritable principe colorant de la garance.

Cependant, qu'on ne s'y trompe pas, si les résultats annoncés par MM. Roussin, J. Persoz, Jacquemin, sont exacts, si le nouveau produit se fixe sur les étoffes avec solidité et donne des nuances analogues au rouge garance, alizarine ou non, il ne se répandra pas moins dans le commerce et fera assurément une sérieuse concurrence aux productions tinctoriales de nos départements méridionaux.

C'est maintenant à l'expérience à prononcer. Attendons.

MM. de Sauges et Masson ont proposé de supprimer par un moyen simple tous les tuyaux de cheminées d'un édifice.

Ils ont imaginé de réunir au point le plus élevé des combles d'une maison la sortie de tous les tuyaux de cheminées dans une chambre ou couloir, de manière à ce que la fumée s'y répande librement et qu'une fois là elle s'en échappe par une ouverture unique ; cette *chambre de fumée* pourrait être utilisée pour chauffer une chaudière pleine d'eau destinée aux usages domestiques, à des bains, ou bien encore un calorifère d'air pour élever la température des appartements.

Ce système a été appliqué à Neuilly-sur-Seine et a fourni de bons résultats. On peut énumérer ainsi ses avantages :

1° Il rend le tirage des cheminées constant et égal ;

2° Il annihile l'effet du vent qui si souvent fait fumer les cheminées ordinaires ;

3° Il permet de supprimer tous les corps de cheminées dont la décoration des édifices a tant à souffrir et de renoncer à tous les appareils en tôle dispendieux et dangereux par lesquels on combat aujourd'hui la puissance perturbatrice du vent ;

4° Il dispense d'avoir recours au ramonage ;

5° Il rend facile en cas d'incendie l'obstruction de tel ou tel tuyau de cheminée ;

6° Enfin, il économise, disent les inventeurs, 40 pour 100 de la somme qu'il faut dépenser pour l'évacuation de la fumée des cheminées.

Voilà bien des avantages. Avis aux propriétaires !

Terminons en analysant rapidement les récentes communications de M. Coste.

Au moment où l'administration se préoccupe d'un grand projet d'approvisionnement des eaux de Paris, le savant académicien a pensé qu'il ne serait pas sans intérêt de faire connaître les modifications que subissent les eaux dans les réservoirs où elles sont emmagasinées dans l'état actuel des choses. Il a pu suivre pas à pas, jour par jour, depuis dix ans, les altérations de l'eau du réservoir du Panthéon qui coule dans le laboratoire du Collége de France.

La lumière et la chaleur y favorisent le développement de matières organiques comme dans une mare. Des végétaux, des animaux microscopiques se forment en abondance, créations éphémères qui naissent, se produisent et meurent, multipliant ainsi les éléments de fermentation dont la réaction se fait surtout sentir pendant les orages.

On met en évidence, par un contraste frappant, la différence qui existe entre les points d'un bassin éclairé et d'un bassin placé à l'ombre, en recouvrant au moyen de planches quelques parties du réservoir. Nulle trace de végétation n'apparaît sur les parois plongées dans l'obscurité.

M. Coste conclut de là que la chaleur et la lumière sont des causes d'altération considérable pour les eaux stagnantes, et il cite, pour soustraire les réservoirs d'approvisionnement à leur fâcheuse influence, les anciennes constructions romaines où l'eau se maintient dans un état de pureté parfaite et de perpétuelle fraîcheur.

Au pied du mont Circé, près de Terracine, sur l'emplacement d'une villa de Lucullus, on visite encore un de ces monuments dans un état d'intégrité parfaite; il donne une idée de l'importance que les anciens attachaient à ce genre de construction et du soin qu'ils mettaient à les établir.

La note du savant naturaliste pourra guider les ingénieurs de la Ville chargés du projet d'aménagement des eaux dans Paris.

M. Coste a signalé ensuite un fait d'une certaine gravité, et passé jusqu'à présent inaperçu : c'est la destruction sur une vaste échelle, par les pêcheurs de crevettes grises, des jeunes générations de poissons plats : on en fait un véritable carnage. M. Coste, par un calcul fort rationnel et très-simple, montre que mille pêcheurs détruisent par dix lieues de côte, d'avril en septembre, *cent cinquante millions* de jeunes turbots, soles, barbues, plies, etc.

Ces jeunes poissons sont donnés en pâture aux animaux domestiques.

Quelle richesse si ces jeunes troupeaux, au lieu d'être ravagés en germe sur le rivage, descendaient dans les vallées sous-marines pour s'y engraisser ! La grande pêche et l'alimentation publique y trouveraient des ressources inépuisables. C'est aux pêcheurs à comprendre le mal qu'ils se font ainsi à eux-mêmes. Ils y remédieraient facilement en rejetant à la mer les jeunes poissons qu'ils amènent à chaque coup de filet.

M. Coste a achevé sa lecture en indiquant quelques mœurs curieuses relatives à ces mêmes poissons de la famille des pleuronectes, turbots, soles, etc.

Les ménagères sont habituées depuis longtemps à donner la pâtée à leurs chats, à leurs poules. Il paraît que les poissons plats s'accommoderont maintenant très-volontiers de ce régime. D'après le naturaliste du Collége de France, ils sont susceptibles d'être apprivoisés comme les animaux de basse-cour.

Dans les aquarium de M. Coste, ils viennent manger à la main, suivent la pâtée qu'on leur présente vers tous les points où l'on veut les diriger. Ils grimpent même à la façon des lézards sur la paroi verticale des récipients. Ce sont des animaux *grimpeurs* et même *pêcheurs*.

Voilà bien des qualités qui pourront jouer quelque jour un mauvais tour à ces pauvres pleuronectes. On a bien raison de dire qu'on est toujours perdu par l'orgueil. Le désir de briller entre tous perdra les soles et les barbues.

Toujours est-il que M. Coste doit bien aimer les turbots et les soles pour avoir découvert toutes ces belles choses-là.

On n'est jamais trahi que par les siens. M. Coste de l'Académie est soumis à la règle comme tous les mortels; il perdra ses favoris. Tous les restaurants auront bientôt en réserve un aquarium comme ils ont une volière; ils serviront sans façon des pleuronectes au premier Cannibale débarqué de Liverpool ou de Philadelphie.

Puisse au moins l'ombre de toutes ces victimes ne pas venir troubler comme un remords le sommeil et les graves élucubrations du savant naturaliste du Collége de France !

16 juin.

# VIII



C'est pendant le mois de janvier et de février que,
chaque année, on recueille la glace dans les contrées du
Nord et qu'on l'emmagasine dans des glacières pour
l'envoyer ensuite dans toutes les parties du monde. La
Norwége, la Suède, nous ont souvent fourni la glace qui
manquait en France; l'Amérique du Nord approvisionne
constamment toute la zone tropicale et les contrées du
Sud. On ne s'étonnera donc pas, quand nous aurons dit
que la récolte de la glace a constitué jusqu'ici une véritable industrie et une source de richesse considérable
pour beaucoup de pays.

Encore quelques années, cependant, et tout porte à

croire que cette industrie primitive aura presque partout complétement disparu. Il sera plus tôt fait de fabriquer de la glace que de la ramasser; il sera plus économique de la produire artificiellement que de la recueillir et que de l'envoyer sur les lieux de consommation.

Les habitants des contrées chaudes pourront se procurer de la glace à la minute; les navires, qui ont tant à souffrir de la chaleur sous les tropiques, n'auront plus besoin de s'approvisionner à grands frais; ils fabriqueront de la glace à volonté et pourront se servir de l'eau glacée pour rafraîchir l'air brûlant de leurs cabines.

L'emploi de la glace va devenir général; la science l'a mise à la portée de tous.

Le beau problème de la production industrielle de la glace a été trouvé par un ingénieur français, M. Carré. La solution réellement pratique de cette question appart'ent à la France. C'est à tort qu'on a voulu faire rejaillir une partie de la gloire sur un inventeur anglais, M. Harrison. M. Harrison avait bien imaginé, dès 1856, un appareil destiné à produire le froid à l'aide d'éther; mais de là à un résultat décisif, il y avait toute la différence qui séparera toujours le champ spéculatif du domaine pratique. D'ailleurs, à ce point de vue, M. Harrison eût été lui-même dépassé par un de ses compatriotes, M. Shaw, dont le brevet date de 1836.

En 1857, M. Carré soumit à la Société d'encouragement un appareil à éther qui lui valut la médaille d'or, et depuis le 24 août 1859 il a modifié son invention et l'a amenée à un degré de perfection qu'il nous semble bien difficile de surpasser.

Tout le monde en sera juge[1].

La méthode employée par M. Carré ne laisse pas que d'être fort originale; pour produire de la glace, M. Carré a recours au feu; il lui faut de la chaleur pour obtenir du froid : on a bien raison de dire que les extrêmes se touchent.

Nous allons essayer de décrire ici le principe et l'appareil à l'aide desquels M. Carré opère la transformation instantanée de l'eau en glace.

Quand un corps change d'état, il absorbe ou il perd une certaine quantité de chaleur. Un corps solide, en devenant liquide, emprunte aux substances environnantes une certaine somme de calorique; il en est de même pour un corps liquide qui devient gazeux. Le travail de la séparation des molécules exige également de la chaleur. Inversement, un gaz qui se liquéfie dégage la chaleur qu'il avait primitivement absorbée; un liquide qui repasse à l'état solide rend libre et sensible la dose de calorique qui écartait ses molécules.

De tous les corps qui provoquent un abaissement de température pour leur changement d'état, aucun ne présente ce phénomène avec autant d'intensité que celui qu'on nomme en chimie *gaz ammoniac*.

Soumises à une forte compression, les molécules de ce gaz se rapprochent et l'ammoniaque se liquéfie. Il constitue alors un liquide essentiellement volatil, qui ne demande

---

[1] Depuis que ces lignes ont été écrites, MM. Tellier, Badin et Haussmann, père de S. Exc. le préfet de la Seine, ont présenté à l'Académie des sciences un appareil fondé sur le même principe. Une question de priorité a été soulevée. Date du brevet de MM. Tellier, Badin et Haussmann, 25 juillet 1860; date du brevet de M. Carré, 24 août 1859.

1° Dissous dans l'eau, il peut en être facilement chassé par la chaleur ;

2° Soumis à une forte pression, il se liquéfie immédiatement ;

3° Une fois liquéfié, si la pression vient à cesser, il repasse à l'état gazeux, en enlevant une quantité de chaleur très-considérable aux corps environnants.

Ce sont ces différentes propriétés que M. Carré a su habilement utiliser et qui l'ont amené à produire le froid artificiellement.

Que l'on imagine un appareil formé de deux cornues métalliques soudées l'une à l'autre par leur col, le tout parfaitement clos et sans communication avec l'extérieur. Plaçons dans une de ces cornues une dissolution concentrée d'ammoniaque dans l'eau et déposons-la sur un fourneau. Que se passera-t-il?

Le gaz sera chassé de l'eau par l'ébullition et viendra se réfugier dans la seconde cornue. Ne pouvant s'échapper, il se comprimera lui-même et finira nécessairement par se liquéfier. Puis, quand on aura enlevé le feu et que l'appareil sera revenu à la température ordinaire, l'ammoniaque liquéfiée reprendra son état gazeux et ira se dissoudre de nouveau dans l'eau de la première cornue. Mais pour se gazéifier, l'ammoniaque enlèvera aux corps environnants une énorme quantité de calorique. Qu'on plonge donc dans de l'eau la petite cornue qui le renfermait à l'état liquide, et toute cette eau se trouvera instantanément congelée.

Ainsi allumez du feu sous un des récipients, et vous produirez de la glace dans l'autre.

l'autre, construit en vue d'une fabrication industrielle, est continu. On peut y faire descendre la température jusqu'à 50 ou 60 degrés au-dessous de zéro, et il produit de 10 à 15 kilogrammes de glace par kilogramme de houille selon le prix des appareils.

Le prix de revient du kilogramme de glace, par le procédé Carré, sera, au maximum, de un ou deux centimes. Il suffit de se rappeler le prix du kilogramme de glace naturelle vendu, à Paris, de 30 à 50 centimes, pour sentir toute l'économie qui résultera de la consommation de la glace obtenue artificiellement.

L'attention de M. Carré a dû se porter principalement sur les affinités du gaz ammoniac pour les métaux ordinairement employés dans la construction. Il a reconnu bien vite que le cuivre et surtout ses divers alliages étaient complétement incompatibles avec la sécurité absolue que doivent présenter ses appareils.

Le cuivre s'obtient d'ailleurs difficilement pur; sa ténacité varie avec les matières étrangères. Est-il allié avec de faibles proportions de zinc, par exemple, sa constitution moléculaire est radicalement altérée, et il serait imprudent de le soumettre à des pressions, même faibles. A-t-il été immergé pendant quelques heures dans une dissolution ammoniacale, il devient aussi friable que de l'argile?

Par contre, l'inventeur a constaté que le fer, l'acier, la fonte, l'étain, le plomb, sont absolument inattaquables par l'ammoniac. Les appareils peuvent donc en toute sécurité être construits avec ces métaux. Il serait imprudent évidemment d'employer exclusivement la fonte, car c'est une matière cassante, présentant souvent des pailles, des gerçures, et sur la ténacité de laquelle on ne peut compter d'une manière absolue.

Aussi M. Carré se garde-t-il bien de faire le corps de ses chaudières en fonte comme tous les journaux l'ont faussement répété. Au contraire les corps de chaudières, les tuyaux sont construits en fer forgé; les robinets, soupapes et autres menus objets accessoires sont tous formés d'acier et de fonte. D'ailleurs, pour surcroît de sécurité, tous les appareils sont essayés à une pression quadruple de la pression normale de travail avant d'être livrés au commerce. Une membrane à déchirement, faisant fonction de soupape de sûreté, achève de les rendre incomparablement moins dangereux que les flacons à eaux de Seltz dont l'usage s'est si répandu.

Nous avons fait connaître l'invention de M. Carré; ajoutons quelques mots sur l'appareil anglais Harrison.

Il faut bien reconnaître que les Anglais ont toujours plus d'initiative que nous. Ce n'est plus par kilogramme qu'on fabrique la glace maintenant de l'autre côté de la Manche, c'est par tonne. On fait de la glace à la vapeur. M. Daniel Siebe a établi, sur les indications de M. Harrison, un appareil parfaitement efficace, avec lequel, sous l'impulsion d'une machine à vapeur de 10 chevaux, on produit en 24 heures 4,000 *kilogrammes* de glace.

Nous soulignons à dessein 4,000 kilogrammes de glace, parce que plusieurs écrivains, pour lesquels quelques zéros en plus ou en moins importent peu, ont porté la production de la glace, par l'appareil Harrison, à 4,000 tonnes. L'erreur vaut bien la peine d'être relevée.

Qui aurait jamais deviné qu'un jour à venir l'invention

de Watt devait servir à congeler l'eau ! Qui surtout aurait jamais pensé qu'avec de l'eau chauffée on ferait de l'eau glacée !

Arago avait bien raison de dire que la science ferait mentir tout le monde.

Et encore que deviendraient les résultats obtenus en Angleterre, si au système Harrison, parfaitement défectueux, on substituait le système pratique de M. Carré ! Quand nous nous donnerons la peine de le vouloir, nous laisserons bien loin derrière nous la production anglaise. Nous avons entre les mains tout ce qu'il faut pour cela. Il ne nous manque que ce que nous devrions avoir depuis longtemps, de l'initiative, toujours l'initiative. L'initiative, qu'on ne l'oublie donc pas, c'est la base du progrès..

Ne quittons pas ce sujet important sans faire entrevoir tout au moins les applications qui découlent naturellement de la production économique du froid.

On pourra tirer grand parti, dans beaucoup de cas, du moyen dont on disposera maintenant pour produire à volonté un abaissement notable de température. L'industrie des produits chimiques y trouvera un puissant auxiliaire pour la cristallisation des sels et de plusieurs autres produits. On pourra, à l'aide de ce froid artificiel, obtenir la précipitation du sulfate de soude des eaux - mères du sel marin, de la paraffine des huiles, et faire cristalliser sans difficulté la benzine et l'acide acétique.

On pourra concentrer diverses solutions diluées telles que les vins, les alcools, les acides, modérer l'échauffement produit par la fermentation des bières et des vinaigres, etc., etc. Une des plus importantes salines du Midi, celle de MM. Henri Merle et Cᵉ, doit appliquer ce procédé sur une très-grande échelle au traitement des eaux salées d'après les méthodes de M. Balard.

Enfin, nous devons signaler encore une dernière application qui pourrait acquérir une véritable importance.

Lorsque l'on fait congeler l'eau de mer, l'eau se solidifie seule, et les sels qu'elle renferme n'existent plus dans les glaçons. Sous l'influence d'un froid de plusieurs degrés au-dessous de zéro, l'eau de mer se sépare en deux parties : l'une qui est de l'eau pure, l'autre qui est une solution concentrée des sels qu'elle renfermait. Cette propriété bien connue est utilisée dans les salines de tous les pays du Nord pour obtenir sans frais la concentration de l'eau de mer destinée à fournir du sel marin.

On conçoit tout le parti qu'on pourrait tirer à bord des navires de cette épuration de l'eau de mer à l'aide d'un abaissement de température convenable. On obtiendrait ainsi de l'eau parfaitement pure, sans avoir recours aux appareils distillatoires de nos bâtiments actuels. M. Carré affirme qu'il y aurait grande économie sur l'ancien système à se procurer avec son appareil de l'eau pure destinée à l'alimentation et aux usages domestiques.

On aurait, en tout cas, l'avantage considérable d'avoir à sa disposition, d'une manière permanente, des moyens propres à abaisser la température à l'intérieur du bâtiment, quand elle devient intolérable dans la zone tropicale; toute facilité pour se procurer de la glace nécessaire à la consommation et à la conservation des viandes; puis enfin, la possibilité d'avoir constamment de l'eau potable pour l'usage des passagers.

Ce sont là toutes considérations de haute importance pour la navigation au long cours.

En résumé, nous croyons fermement que les nouveaux appareils sont appelés à un plein succès et qu'ils ouvriront un champ fertile à beaucoup d'industries. Jusqu'ici on avait utilisé exclusivement le calorique : le froid, à son tour, pourra rendre de nombreux services.

MM. Carré et Harrison ont étendu nos moyens d'action. L'industrie leur doit des éloges et des remerciments.

L'Allemagne est toujours riche en observations curieuses. Un beau jour, il prit fantaisie à l'un de ses savants de mesurer le temps que mettait la sensation nerveuse à se propager du cerveau à son point d'action extrême. Il prétendit que la durée de la transmission était d'environ $\frac{1}{760}$ᵉ de seconde. Ainsi il se passerait un soixantième de seconde entre la conception de la pensée et son exécution ; on ne lèverait le bras qu'une fraction de seconde après en avoir eu la volonté. Voilà ce que nous raconta un savant allemand.

Aujourd'hui, il en est un autre, M. Fechner, qui affirme que nous n'entendons pas de même des deux oreilles. L'oreille gauche percevrait beaucoup mieux les sons que l'oreille droite.

On pourrait faire remarquer à M. Fechner qu'il ne dit pas si son observation ne s'applique qu'aux oreilles allemandes.

Quoi qu'il en soit, il est un fait certain, connu depuis fort longtemps : c'est que les muscles sont plus développés chez l'homme du côté droit que du côté gauche, et que, d'autre part, le côté gauche est le plus favorisé sous le rapport de la sensibilité des organes. La main gauche, d'après M. Weber, perçoit mieux que la main droite les variations de température ou de pression. L'observation de M. Fechner, qui paraît tout d'abord au moins bizarre, pourrait donc être parfaitement exacte.

Pour se rendre compte de la différence de sensibilité des deux oreilles, l'observateur allemand emploie un petit pendule à choc, composé d'une boule en bois qui retombe contre une plaque de schiste, et dont l'élévation est mesurée par un arc gradué. Il a ainsi constaté qu'en général les sons s'entendent plus nettement du côté gauche.

M. Fechner explique cette différence physiologique entre les deux organes de l'ouïe par l'habitude assez générale que l'on a de dormir sur l'oreille droite.

Si M. Fechner est un savant, après cette explication, on ne pourra disconvenir que c'est aussi un homme d'imagination.

Nous étions fort étonné que ces faits n'eussent pas davantage attiré l'attention de l'autre côté du Rhin. Nous apprenons aujourd'hui qu'un autre Allemand, M. Fessel, a reconnu qu'un même son est plus aigu pour l'oreille droite que pour l'oreille gauche. M. Fessel s'est aperçu du fait en accordant plusieurs diapasons sur le diapason normal de Paris, qui vient d'être adopté par le conservatoire de Cologne; il se servait pour cela de la méthode de Scheffer, consistant à observer les battements produits dans l'espace d'une seconde.

Avant d'avoir recours à ce moyen rigoureux, il accordait provisoirement les diapasons avec l'oreille, comme on a l'habitude de le faire. Mais quand il a voulu achever l'accord, il s'est toujours trouvé que les diapasons donnaient une note trop grave, lorsqu'ils avaient été essayés à l'oreille droite, le diapason normal étant placé près de l'oreille gauche, et une note trop aiguë, lorsque les deux instruments avaient été disposés de la manière inverse.

Cette expérience, répétée un grand nombre de fois, a révélé l'existence d'un désaccord analogue dans l'ouïe de beaucoup de personnes.

Si la remarque de M. Fessel est exacte, il en résulte une conséquence assez plaisante au point de vue musical.

Il faudra, dorénavant, sous peine de ne pas s'entendre, spécifier l'oreille consacrée à percevoir les sons musicaux. Accordera-t-on les instruments sur l'oreille gauche ou sur l'oreille droite? Prendra-t-on le *la* gauche ou le *la* droit.

Voilà une question qui pourrait bien, pour être résolue, nécessiter la réunion d'un congrès musical.

Quelques mauvaises langues vont jusqu'à prétendre qu'on serait bien en droit de conclure de la remarque de M. Fessel que les musiciens, ou tout au moins les musiciens allemands, ont contracté l'habitude, sans s'en apercevoir, de jouer faux de temps immémorial.

Nous ne pouvons qu'ajouter, en tous cas, que M. Fessel, par sa curieuse observation, aurait rendu là un véritable service à ses compatriotes; il aurait bien mérité de l'art musical.

Ou nous nous trompons fort, ou dorénavant les artistes seront bien forcés de reconnaître que la science est bonne à quelque chose, même en musique.

24 février.

# IX



Nous nous serions certes bien gardé de toucher à la
question délicate des eaux de Paris, si quelques articles
publiés récemment n'étaient de nature à jeter l'inquiétude
et l'effroi parmi la population parisienne.

La mission du publiciste est de relever l'erreur partout
où elle se trouve et de faire justice des préjugés, de quelque source qu'ils proviennent. Nous accomplirons notre
tâche, guidé par les saines lois de la science et avec notre
indépendance habituelle.

Le public s'est laissé conter par quelques amateurs de
changement que l'eau que nous buvons tous les jours,

l'eau de Seine est insalubre, qu'elle agit défavorablement sur l'organisme, qu'elle va même jusqu'à empoisonner lentement les Parisiens.

L'histoire ne laisse pas que d'être naïve; mais elle peut avoir du retentissement, et, comme telle, il convient de la réfuter.

Il y a quelques années, nous nous le rappelons parfaitement, nous étudiions les différentes eaux de Paris au point de vue analytique et minéralogique; nous constatâmes comme nos devanciers une composition nettement tranchée entre les eaux analysées, et nous primes l'avis d'un grand nombre de physiologistes et de médecins, afin de relier les propriétés médicales de chaque eau étudiée à sa composition chimique. Tous les médecins nous vantèrent alors les bonnes qualités de l'eau de Seine; ils restèrent d'accord avec nous que l'eau courante représente le type de la meilleure eau potable.

Aujourd'hui, par un revirement étrange, on vient prétendre que l'eau de Seine est détestable et développe quelquefois des maladies. C'est un *poison lent*, ajoute même un publiciste distingué.

Çà! messieurs, y avez-vous bien songé? l'eau de Seine, l'eau que nous avons bue de père en fils, l'eau que Paris consomme depuis des siècles, cette eau est malsaine et nuisible?

En vérité, vous nous effrayez; serions-nous morts déjà? Je vois avec plaisir que ceux qui tonnent si fort contre les mauvaises propriétés de l'eau de Seine sont gros et gras, et cependant ils avalent le poison tous les jours.

Messieurs de la médecine, cela n'est pas sérieux et

nous ne pourrions résister au plaisir de vous plaisanter un peu, si le sujet n'était si grave. .

Ne vous en déplaise, et rappelez-le-vous bien, cela peut être utile en maintes occasions, la meilleure des eaux, l'eau que j'appellerai *eau de table*, c'est, en terme général, l'eau de fleuve.

J'ai dit eau de fleuve, eau courante.

Que lui reprochez-vous donc, à cette eau, pour en faire si imprudemment la bête noire des Parisiens?

Son impureté d'abord, répond-on; son impureté ensuite et toujours son impureté. L'eau de Seine est souillée dans tout son parcours et n'est que le réceptacle des déjections et des débris végétaux et animaux de toute nature charriés par les rivières et les égouts. Voici la preuve à l'appui.

Un jeune docteur, agrégé à la Faculté de médecine, médecin de l'hôpital Sainte-Eugénie, M. Bouchut, a examiné récemment l'eau des réservoirs de la rue Racine, du Panthéon, de la rue Saint-Victor, de la rue de Vaugirard, de Passy, de la barrière Monceaux et du quartier Popincourt.

M. Bouchut a constaté partout une impureté notoire. « Rue Racine, dit le jeune médecin de l'hôpital Sainte-Eugénie, l'eau, qui a une profondeur de 4 mètres, tient en suspension par moment des myriades de particules jaunâtres qui lui donnent l'apparence d'une émulsion épaisse semblable à de la boue. En plongeant un seau rempli de cette eau, on le retire plein d'êtres vivants. Dans le réservoir du Panthéon, on prend les animalcules, les poissons à la cuiller comme dans un potage. On y a trouvé un poisson qui pesait plus d'une demi-livre et qui a été remis à l'ingénieur.

« Dans le réservoir de l'Observatoire, continue M. Bouchut, réservoir alimenté par un aqueduc de quatre lieues, partant de Longy et amenant les *eaux de source* d'Arcueil, on ne trouve aucune moisissure, aucun infusoire végétal ou animal ; l'eau a la limpidité du cristal, » etc.

Ainsi, c'est convenu, l'eau de Seine est impure ; M. Bouchut l'a dit, les faits sont là pour le prouver tous les jours. Nous l'admettons. Et puis?

Eh bien ! si elle est moins pure que les eaux de source, elle est moins saine.

Ah ! par exemple, voilà où nous ne nous entendons plus, messieurs de la médecine. Quoi ! vous en êtes encore à confondre une eau impure avec une mauvaise eau ? Une eau minéralogiquement bonne ne le sera plus par cela seul qu'elle contiendra en suspension des substances étrangères ! Une eau, pour tout dire, qui sera pure et limpide, sera pour vous meilleure qu'une eau sale, mais renfermant les principes salins dans les proportions voulues pour constituer un liquide potable par excellence ! Cela est en désaccord complet avec l'opinion séculaire et l'expérience de chaque jour.

Non, messieurs, une eau courante ne devient pas mauvaise par cela seul qu'elle charrie des débris organiques ; j'aimerais mieux puiser une eau réputée potable, mais sale, que de recueillir certaines eaux limpides, profondément insalubres. En un tour de main, je clarifierais l'eau sale, je lui enlèverai les substances étrangères qu'elle renfermait : jamais je ne pourrai sur une grande échelle donner à l'eau limpide les propriétés bienfaisantes que possède l'eau potable.

Qu'on ait donc soin de débarrasser l'eau de Seine des particules organiques qu'elle entraine, et l'on aura à sa disposition, quoi qu'on en dise, une eau excellente et sensiblement *neutre* sur l'organisme.

C'est un avantage que l'on rechercherait vainement avec les eaux de source. Les eaux de source sont des eaux de pluie qui ont pénétré dans le sol perméable et qui, après s'être insinuées dans les fentes des rochers, après avoir circulé sous terre en nappes ou filets capillaires, sont retenues par un terrain imperméable, et viennent sourdre, couler en contre-bas du point où elles sont tombées.

Elles sont donc le plus souvent altérées dans leur constitution élémentaire par leur mélange intime avec les principes solubles des terrains traversés, et, dans tous les cas, elles sont dépourvues de la majeure partie de l'air qui rend l'eau *légère*, c'est-à-dire digestive.

Il y a quelques années, les médecins condamnaient avec raison les eaux d'Arcueil, qui sont des eaux de source trop chargées de sels calcaires. Mais les temps sont changés, et l'on veut nous faire croire qu'elles sont maintenant excellentes. Tant pis pour les promoteurs de ce changement ! mais nous ne sommes pas si lunatiques. Les eaux d'Arcueil, séléniteuses en 1850, le sont encore en 1861, et comme telles inférieures aux eaux de Seine.

Les eaux de rivière sont nécessairement moins minéralisées. Il faut en rejeter la cause sur la pluie qui s'y mélange et sur le long trajet qu'elles effectuent. D'ailleurs la rivière ou le fleuve, en roulant ses eaux, en divise les molécules et les présente au contact de la lumière et de l'air; les eaux peuvent absorber ainsi tout l'oxygène nécessaire à leur saturation.

Quelques médecins entêtés, et il y en a (treize par arrondissement), objecteront que, quoi que nous puissions dire, il ne sera jamais sain ni ragoûtant de boire une eau remplie d'infusoires, de débris de toute nature, comme l'est l'eau de Seine.

Je voudrais bien, par ma foi! qu'un médecin de bonne volonté me prouvât d'abord qu'une eau *constitutivement bonne*, mais souillée de débris organiques inertes, est *malsaine*. M. Bouchut, par exemple, cite à l'appui de son opinion des animaux inférieurs, des poissons qui se développent dans les réservoirs de la rue Racine, du Panthéon, etc.

Mais, monsieur Bouchut, si cette eau était si malsaine que vous voulez bien le dire, il nous semble que les poissons ne s'y prélasseraient pas si à leur aise. Essayez donc, s'il vous plaît, de les déposer dans les eaux que vous prônez, dans les eaux de source d'Arcueil, et si ces pauvres poissons ne réclament pas au plus vite, sous peine de mort pour eux, l'eau que vous appelez malsaine, nous nous rangerons sur l'heure à votre avis.

Personnellement, nous ne pensons pas que des matières organiques inertes en suspension dans une eau puissent, entre certaines limites de temps, bien entendu, communiquer à cette eau aucunes propriétés délétères. Ces matières introduites dans l'économie par le canal digestif en sont simplement expulsées comme tous les résidus de l'élaboration des aliments. Elles se mêlent aux substances non assimilables qui ne font que traverser les organes de la digestion.

Les troupeaux se désaltèrent tous les jours dans des eaux fangeuses, dans des mares dont certes l'eau est loin d'être limpide. Les animaux n'éprouvent aucun dégoût pour les eaux sales. Tenez pour certain que si elles avaient une mauvaise influence sur leur organisme, ils sauraient bien le reconnaître. Il y a là l'*instinct* qui est un guide sûr et qui, bien interprété par l'homme, lui fournirait souvent des renseignements utiles.

En Amérique, les Indiens boivent l'eau des grands cours d'eau chargés des détritus des forêts vierges. Nous avons bu nous-même pendant un an les eaux du fleuve San-Juan dans la république de Nicaragua, nous ne nous sommes jamais aperçu qu'elles nous incommodassent en quoi que ce fût.

Notre tente était dressée à quelques mètres du magnifique lac de Nicaragua, qui a plus de 45 lieues de long sur 15 de large. Eh bien ! les naturels du pays, par instinct sans doute, préféraient aller chercher à un kilomètre de là l'eau courante du fleuve que de puiser l'eau stagnante du lac.

Au surplus et sans tant de digressions, les hygiénistes rapportent le climat d'une contrée à trois éléments : l'air, la situation, les eaux ; et les eaux ont généralement l'influence prépondérante. Or, un homme de 50 ans a devant lui une probabilité de vie de 15,88 à Vienne, de 16,40 à Berlin, de 15,84 à Londres, de 20,24 à Paris. Ainsi, c'est à Paris, où l'on boit de l'eau de Seine, que l'on vit le plus longtemps. Quelques médecins, pour être d'accord avec eux-mêmes, concluent de là avec une naïveté charmante que nécessairement l'eau de Seine est insalubre. C'est être plus fort que M. de la Palisse.

Mais, enfin, il répugne à beaucoup de boire une eau chargée de substances étrangères, continueront les médecins acharnés contre notre beau fleuve parisien.

Soit, eh bien! filtrez, et l'eau sale deviendra claire et limpide; le plus difficile ne trouvera plus rien à dire. Vous aurez de l'eau potable par excellence, tandis qu'en ayant recours aux eaux de source, vous n'avez pas besoin de filtrer sans doute, mais vous développerez des goîtres et autres maladies. Il n'y a certes pas à hésiter un instant.

Mais, en filtrant, parviendrez-vous bien à rendre l'eau propre, à *laver l'eau*, pour ainsi dire?

Certainement, en s'y prenant bien, en ayant recours au charbon de bois, par exemple, pour achever ce qu'aura commencé le filtre. Voici un verre plein de vin rouge : faites passer le contenu à travers une couche de charbon de bois pilé; regardez maintenant. Le vin était rouge, il est parfaitement blanc.

Quel est le médecin qui osera nier que, si nous parvenons à *laver* aussi bien du vin dont la matière colorante est si intimement mélangée au liquide, nous ne pourrons pas *laver* de même une eau quelconque, si sale qu'elle puisse être? Non-seulement le passage de l'eau à travers le charbon purifie, mais il assainit encore.

Ainsi, nous concluons d'une manière péremptoire de ce qui précède, que l'eau de Seine est la *meilleure eau* bue à Paris, et que jamais les eaux de source ne sauraient lui être comparées.

Que les Parisiens ajoutent à leur filtre une couche de charbon qu'ils renouvelleront tous les mois, et ils atteindront le *desideratum* tant cherché : *la salubrité et la pureté* des eaux.

Quelques mots maintenant sur le projet municipal.

Il consiste à dériver plusieurs sources de la rive gauche de la Marne en Champagne, à les conduire, à l'aide de tuyaux de fonte, jusqu'aux buttes Saint-Chaumont, dans de vastes bassins construits pour ce service. Le parcours de ces tuyaux de fonte dépasse 350 kilomètres, et le devis estimatif atteint la somme énorme de 60 *millions*, sans préjudice du chapitre de l'imprévu.

Nous ne voulons ni n'avons la place de discuter ce gigantesque projet. Outre des questions légales d'une haute importance, il soulève à chaque pas des difficultés de toute nature. Nous disons seulement que nous avons peine à comprendre qu'on sacrifie tant à l'inconnu quand on n'a qu'à se baisser pour ramasser.

L'eau que vous amènerez de la Champagne, vous n'en aurez pas en assez grande abondance. Cette eau, vous en connaissez la constitution chimique, mais non pas les propriétés organoleptiques. Vous l'avez étudiée après un assez long parcours à ciel ouvert; cette eau sera prise au point d'émergence et conduite souterrainement à Paris. Que sera-t-elle alors? Ignorez-vous donc que le Rhône à Lyon, l'Isère à Grenoble, fournissent aux fontaines une eau excellente, et que cette même eau prise aux sources engendre les goîtres les plus abondants de la population européenne?

Et les incrustations dans les tuyaux de fonte? Ne craignez-vous pas avec des eaux calcaires comme celles de Champagne une obstruction rapide? Il se forme en pareil cas des dépôts d'un carbonate mixte de chaux et de fer.

Voulez-vous des exemples? en voici à tout hasard. A Montpellier, les concrétions sont d'une telle abondance qu'on les extrait par bloc; à Grenoble, à Saint-Chaumont, à Lyon, la distribution d'eau est arrivée par degrés à cesser partiellement. En vingt ans l'occlusion des conduites est devenue parfaite; à Paris, les eaux d'Arcueil fabriquent assez de stalactites et de pétrifications pour alimenter plusieurs magasins de la rue Vivienne.

Nous dirons donc, poussé par le besoin de la vérité : *Caveant consules!* La voie suivie est mauvaise.

De tout temps les grands cours d'eau ont été la cause de l'agglomération des hommes. Les grandes villes se sont peu à peu développées sur leurs rives. C'est en effet aux fleuves à alimenter d'eau salubre les populations ; ils ont pour ce service une vocation spéciale, providentielle. Paris doit puiser dans la Seine l'eau qui lui est nécessaire, et non pas aller chercher au loin des sources aux qualités douteuses qui obligeraient de vendre le mètre cube d'eau plus cher que le mètre cube de gaz.

D'ailleurs la Seine donnera toujours assez d'eau, et le travail qu'on se propose d'effectuer pourrait devenir insuffisant dans dix ou vingt ans. Recommencerait-on alors, un sacrifice de 60 millions? La Seine coulera toujours à Paris, et qui empêcherait en temps de guerre de couper les aqueducs de Champagne et de laisser sans eau la population parisienne? Non, il nous faut l'eau de la Seine, et nous ne suivrons en cela que l'exemple déjà tant de fois donné.

Londres, Berlin, Vienne puisent dans leurs fleuves. Lyon, Nantes, Toulouse, Carcassonne, Béziers, Marseille, s'alimentent aux grands cours d'eau de leur voisinage. Marseille n'a pas reculé devant une dépense de 30 millions pour dériver un bras de la Durance.

La Seine élèvera elle-même ses eaux à la hauteur convenable pour la distribution[1]. La zone d'alimentation sera choisie en amont de Paris et les eaux amenées dans des aqueducs fermés à la lumière et circulant à plusieurs mètres au-dessus du sol.

Leur température restera constante et bonne, et les germes organiques ne sauront s'y développer. Elles passeront de là dans des galeries filtrantes naturelles et retomberont en cascades dans les réservoirs de service, afin de reprendre l'air que la filtration leur aura fait perdre. Elles seront ensuite dirigées dans chaque maison où le propriétaire sera tenu d'avoir pour les eaux de table un grand réservoir-filtre spécial placé dans les caves et muni de charbons épurateurs.

Paris possédera alors une eau pure et salubre par excellence.

Telles nous paraissent être les dispositions les plus favorables et les moyens les plus propres à trancher la question. Le projet envisagé à ce point de vue est non-

---

[1] La Seine peut développer un travail mécanique considérable qu'on laisse perdre très-gratuitement. Ainsi, pour un citer un exemple, le petit bras de l'écluse de la Monnaie avec une chute de 1$^m$,50 réalise 2,000 chevaux de force.

seulement conforme aux saines lois de la science, mais il
est en outre essentiellement économique et permettrait de
livrer l'eau à la consommation à un prix excessivement
minime.

J'ai parlé avec ma conscience et avec l'autorité que
peuvent donner les études spéciales de l'ingénieur. Que
l'enquête de la science ait son cours, qu'on procède pour
la distribution des eaux dans Paris, comme pour le projet
de l'Opéra, et je ne doute pas que la vérité ne se produise
au grand jour, que la lumière ne se fasse : *Fiat lux!*

14 juillet.

# X



Il ne faut pas croire qu'il n'y ait des astronomes qu'à l'Observatoire et d'observatoire que celui qui obstrue l'horizon de la grande avenue du Luxembourg.

Paris ne possède pas sans doute les uns et les autres par centaines, comme la brumeuse Angleterre, mais ceux qu'on y rencontre remplacent largement la quantité par la qualité.

Avons-nous besoin de rappeler le nom de M. Goldschmidt?

M. Goldschmidt est à la fois un peintre de talent et un

astronome, mais un astronome *en chambre*. Son observatoire et son atelier sont juchés tous deux au sommet d'une maison de la rue de l'Ancienne-Comédie, entre des lucarnes, des têtes d'étudiants, des giroflées sauvages, des minois de grisettes et des tuyaux de cheminées. M. Goldschmidt va de ses pinceaux à son télescope, et se sert de l'un et de l'autre avec la même habileté et le même bonheur.

On n'a jamais entendu dire qu'il ait peint avec son télescope et observé le ciel avec ses pinceaux. Cependant il lui arrive quelquefois de tracer la comète de Faye au milieu d'un tableau de genre et de voir près de l'étoile polaire le marronnier et le ruisseau qu'il venait de jeter sur la toile; malgré ces quelques inadvertances, on serait bien malvenu en vérité d'accuser le peintre astronome d'inattention. *Errare humanum est!*

M. Goldschmidt est le grand chercheur de planètes. Dans son genre, sa réputation vaut celle de Gérard le tueur de lions ou de Bombonnel le tueur de tigres. Le surnom de l'un est aussi populaire que celui des autres. M. Goldschmidt est malade quand il n'enrichit pas son catalogue d'une planète environ tous les trois mois. Gérard se contente de son lion tous les six mois. M. Goldschmidt y met trop d'acharnement, il ne laissera rien à faire à ses successeurs.

M. le Verrier, qui en est toujours à sa première planète, s'en est plaint à plusieurs reprises, mais M. Goldschmidt est fanatique, il court, court toujours sans reprendre haleine et ne laisse pas aux autres le temps de trouver.

L'astronome en chambre et l'observatoire de la rue de

l'Ancienne-Comédie ont découvert plus de planètes téles-
copiques que tous les astronomes patentés du grand Observatoire de la barrière d'Enfer.

Après tout, il y a des gens qui ont tant de chance !

A peu de distance de l'établissement de M. Goldschmidt,
il en existe encore un autre de renom ; sa spécialité est la
météorologie. Celui-là est dirigé par M. Coulvier-Gravier.

La chronique prétend que M. Coulvier-Gravier est un
riche propriétaire champenois qui fut inspiré un jour à la
façon de Jeanne d'Arc ; seulement il ne prit pas l'épée
comme la pucelle d'Orléans et laissa les Anglais fort tran-
quilles de l'autre côté du détroit.

Il avait rêvé que les savants de l'époque faisaient fausse
route en météorologie et qu'ils prenaient la science par
le mauvais bout ; il vit se développer devant lui de nouveaux horizons et jura bien de faire progresser quand
même, en dépit de tous les observatoires officiels, la véritable science météorologique.

Il laissa un beau jour à la garde de Dieu ses champs
tout dorés et ses pâturages avec leurs grands bœufs
fauves, et prit sans tarder davantage le chemin de la
grande ville.

Il fut assez heureux pour s'installer d'emblée comme
un grand seigneur au palais du Luxembourg. Il y établit
ses pénates et ses observations ; depuis plus de quarante
ans il ne se passe pas de jour qu'il ne compte le nombre
de nuages qui passent au ciel, les ondées qui inondent
Paris et les aurores boréales qui allument des feux de Ben-
gale à l'horizon.

Beaucoup de nos lecteurs en feraient-ils autant ? Chacun ses goûts et ses penchants, M. Coulvier-Gravier aime mieux le ciel que la terre. Cela n'étonnera pas les philosophes et les petits employés du gouvernement.

Nous n'avons pas l'intention de faire ici la biographie des astronomes en chambre ni l'historique des observatoires particuliers : aussi bien, puisque nous en sommes sur le chapitre de M. Coulvier-Gravier, nous y resterons : M. Gravier le mérite certes bien.

Le savant météorologiste a publié récemment le résultat d'observations ingénieuses qui pourront être d'un grand secours à l'agriculture et à la marine. M. Coulvier-Gravier avait déjà tenu parole plus d'une fois et il avait fait faire de véritables progrès à sa science spéciale ; si les remarques qu'on lui doit se vérifient d'une manière absolue, assurément personne ne pourra dire, même les astronomes du grand Observatoire, que le savant du Luxembourg n'a pas rempli dignement sa mission.

M. Coulvier-Gravier a toujours eu une affection toute particulière pour les étoiles filantes ; il les dévore des yeux depuis un demi-siècle, les suit, les observe avec acharnement de quelque point de l'horizon qu'elles proviennent. Il est l'astronome bien-aimé des étoiles filantes, absolument comme M. Goldschmidt est le grand chercheur de planètes.

On remarquera en passant qu'il n'y a pas que parmi les Iroquois, les Delawares, les Hurons, les Pieds-Noirs, que les surnoms sont en vogue. Les savants, bien qu'ils n'aient jamais habité les forêts vierges, ont des sobriquets dérivés de leurs aptitudes spéciales. Nous avons en France le pendant d'Œil-de-Faucon, du Grand-Serpent, etc.

Donc l'astronome des étoiles filantes, en observant ses météores favoris, est parvenu très-vraisemblablement à un résultat pratique d'une utilité incontestable.

Dans notre article *la Pluie et le Beau Temps*, nous avions passé en revue les principaux pronostics qui peuvent servir à prédire le temps. M. Coulvier-Gravier vient, à son tour, d'annoncer qu'il était en mesure de faire connaître d'avance les principaux caractères météorologiques de toute une saison.

Et ce, comment? A l'aide de quel procédé cabalistique?

— Tout simplement au moyen des étoiles filantes.

Les étoiles filantes constituent le baromètre et le thermomètre de M. Coulvier-Gravier; elles lui disent plusieurs mois d'avance si une année sera chaude ou froide, sèche ou pluvieuse.

Quelles magnifiques conséquences pour l'agriculture et la marine!

Assurément, si l'on avait pu supposer que les étoiles filantes fussent bonnes à quelque chose, on n'aurait jamais soupçonné qu'elles feraient concurrence aux instruments si délicats de MM. Lerebours et Secretan, Baudin, etc.

Ceci démontre encore une fois qu'il ne faut préjuger de rien.

En ce moment que les arbres sont verts, que les charmilles embaument et que le grillon murmure sa chanson joyeuse dans les buissons fleuris, il n'est personne qui ne recherche la promenade du soir; les étoiles brillent au ciel et les parfums enivrent.

Les astronomes de salon, les Lescarbault futurs observent les astres avec la lunette qui leur servait cet hiver aux Italiens pour lorgner la princesse M... ou la chanteuse G... On nous pardonnera donc d'attirer tout spécialement leur attention sur les étoiles filantes.

Qu'est-ce que ces étoiles filantes, cette chevelure d'or qui s'épanouit en pluie diamantée sur l'azur du ciel? comme disent les poëtes dans leur langage simple.

Nous avouons en toute bonne foi notre embarras; une étoile filante ! En vérité, nous ne savons trop ce que c'est; nous sommes en cela plus ignorant que les maîtres d'école du département et que la plupart des professeurs de cosmographie. On nous saura gré au moins de notre franchise.

Les Allemands les appellent des *mouchures d'étoiles*. Le mot est joli, mais après ?

Le Coran veut qu'elles soient des projectiles que les anges préposés à la garde du paradis lancent aux âmes impures qui s'en approchent.

Alexandre Dumas (il faut prendre tous les avis) en fait un présage de mort.

> Lorsque sur vous la nuit jette son voile,
> Je glisse aux cieux comme un long filet d'or,
> Et les mortels disent : C'est une étoile
> Qui d'un ami nous présage la mort.

Les astronomes en font plus brutalement de simples astéroïdes. Lorsqu'un de ces petits astres pénètre dans l'atmosphère terrestre, à cause de sa grande vitesse, il en résulte un frottement considérable et par suite un grand échauffement. L'astéroïde, composé de matières inflam-

mables, brûle au contact de l'air et ne cesse de briller
que lorsqu'il sort de notre atmosphère.

M. Coulvier-Gravier ne croit pas plus à l'hypothèse des
Allemands qu'à celle de Mahomet, pas même à celle de
M. Alexandre Dumas; il est très-incrédule, l'astronome du
palais du Luxembourg !

Il n'est pas non plus de l'avis des astronomes.

Les météores filants ne sont pas des mouchures d'é-
toiles, des projectiles célestes, ni des astéroïdes; ces petits corps sont d'une nature diaphane, lumineux par eux-
mêmes, brillent tout à coup comme une fusée romaine et
s'éteignent comme ils se sont allumés, peut-être sous
une influence électrique quelconque.

Ils prennent naissance dans les parties les plus élevées
de notre atmosphère, bien au-dessus des nuages et des
régions qu'illuminent les aurores boréales. Leur mouvement ne leur est pas propre; ils se meuvent dans telle ou
telle direction poussés par des courants comme les ballons
le sont par les vents qui règnent à la surface de la terre.

Ce n'est qu'après de longues années d'observation que
M. Coulvier-Gravier aperçut les relations qui paraissaient
relier la marche des météores ignés aux vicissitudes atmosphériques[1]. Les grands courants supérieurs qui produisent le mouvement des étoiles filantes finissent peu à
peu par gagner de proche en proche les couches d'air
inférieur et par les mobiliser à leur tour.

Il résulte de là qu'en observant les étoiles filantes, on
peut savoir le vent qui prévaudra bientôt à la surface du

---

[1] *Recherches sur les météores et lois qui les régissent*, par M. Coulvier-
Gravier. Paris, in-8°.

sol, et par suite connaître plusieurs jours d'avance les grandes variations atmosphériques.

Quand ces météores circulent dans le ciel avec une tranquillité parfaite, on peut prédire un calme prochain sur la terre; s'ils marchent avec rapidité, les grands vents surviendront bientôt. Quand les météores ignés prennent la forme d'*étoiles globuleuses* et qu'ils paraissent plutôt rouler que filer, ils sont l'indice de tempêtes. Lorsqu'ils ne font qu'apparaître et disparaître, M. Coulvier-Gravier les nomme étoiles mouillées, parce qu'ils attestent une grande humidité dans l'air, qui nuit à leur combustion. Ils sont une indication certaine de pluie.

Les trajectoires des étoiles filantes sont loin d'être toujours rectilignes; elles sont encore curvilignes, serpentantes, saccadées, suivant la direction que leur impriment les courants supérieurs. Cette rupture d'équilibre dans la marche normale du météore constitue ce que M. Coulvier-Gravier appelle *une perturbation*.

Pour être en état de prédire le temps avec certitude, il ne faut pas seulement s'inquiéter de la direction qu'a prise de préférence le plus grand nombre d'étoiles non perturbées, il faut principalement tenir compte de la direction qu'ont surtout imprimée à ces étoiles les courants supérieurs; en d'autres termes, on doit construire sur le papier la résultante de ces forces perturbatrices, remarquer sa direction et la combiner à la résultante des étoiles rectilignes.

On sera ainsi parfaitement renseigné sur le beau ou le mauvais temps, le froid ou la chaleur, la hausse ou la baisse du baromètre. Si, par exemple, la direction la plus

suivie est nord, il fera sec et froid ; si elle est sud, il fera
humide et chaud, au contraire.

C'est à l'aide de ces remarques et en compulsant les
directions les plus suivies par les étoiles filantes rectilignes et perturbées, depuis le 1ᵉʳ janvier jusqu'au 1ᵉʳ mai,
que M. Coulvier-Gravier est en mesure d'indiquer à l'a-
vance le temps qu'il fera pendant l'année. L'expérience
lui a prouvé ce fait remarquable que les observations qu'il
recueillait pendant toute l'année rentraient finalement
dans celles qu'il avait rassemblées de janvier à mai.

La somme des unes peut se déduire de la somme des
autres, et si l'on traduit les observations par des courbes,
ces courbes sont sensiblement semblables. Le travail est
ainsi considérablement simplifié. En ouvrant l'ouvrage de
M. Coulvier-Gravier à l'année 1859, et en étudiant la
courbe des étoiles, on constate la prédominance d'un
courant sud. On se rappelle qu'en effet l'année 1859 a été
exceptionnellement chaude.

Pour 1860, la courbe s'éloigne vers l'ouest. L'année a
été humide. Les courbes de 1861, résultant des observations de janvier à mai, montrent que l'année sera plutôt
sèche qu'humide et d'une température qui oscillera entre
une chaleur excessive et une chaleur tempérée. Tout le
monde sera à même de vérifier le fait[1].

L'utilité de pareilles indications, qui pourraient être
données dès le mois d'avril, leur importance pour l'a-
griculture, n'ont pas besoin d'être démontrées ; elles ont

_______________

[1] L'année 1861 a été plus sèche qu'humide. L'observation a été conforme aux prévisions de M. Coulvier-Gravier.

un caractère pratique qui donne un témoignage de valeur éclatante aux vues nouvelles de M. Coulvier-Gravier.

Comme le disaient, avec toute l'autorité de leur nom, MM. Biot et Regnault, la météorologie jusqu'ici était indigne de porter le nom de science; les méthodes employées étaient radicalement vicieuses et complétement stériles. Les météorologistes se sont trompés du tout au tout sur la direction à imprimer à leurs travaux.

On a pris l'observation par *en bas*, ajoutait M. Biot, quand il eût fallu la prendre par *en haut*. M. Coulvier-Gravier est en cela d'accord avec l'illustre doyen de l'Académie des sciences; il pense avec raison, ce nous semble, que toutes les variations atmosphériques prennent naissance dans les hautes régions; la cause des changements vient d'en haut, et les couches inférieures de l'air, dans leurs fluctuations, ne font qu'obéir à une impulsion transmise par les couches intermédiaires.

D'après l'astronome du Luxembourg, sa méthode pourra tout aussi bien s'appliquer à des prédictions à plus courte échéance et plus précises encore; il ne demande pour cela que la création de quatre modestes observatoires auxiliaires, afin d'étendre les nouvelles études à la France tout entière. Ces observatoires seraient comme autant de vigies préposées à la conservation d'une valeur de plusieurs milliards, c'est-à-dire de la totalité de nos récoltes.

Une commission nommée par M. le ministre des travaux publics a examiné la demande de M. Coulvier-Gravier. Elle aurait approuvé la proposition sans coup férir; malheureusement il se trouvait là des membres du grand

Observatoire, et le grand Observatoire n'aime pas les petits observatoires ni les astronomes en chambre.

Serait-ce, par hasard, parce qu'il se rappelle à propos que le talent ne se mesure pas à la taille?

Bref, la demande de l'infatigable chercheur d'étoiles filantes a été rejetée.

M. le Verrier, qui a déjà tant fait pour la météorologie, ferait assurément d'un seul coup encore beaucoup plus, s'il secondait les vues nouvelles et hardies de M. Coulvier-Gravier. Le directeur du grand Observatoire l'a dit lui-même, et nous aurions mauvaise grâce à ne pas être de son avis :

« Il n'y a pas de plus belle victoire scientifique que la consécration d'une théorie par une application utile et immédiate. »

M. Coulvier-Gravier est le premier qui ait obligé la météorologie à rendre service aux météorologistes. M. Coulvier-Gravier a bien mérité de la science.

30 juin.

# XI



Le cardinal de Retz, en traversant un jour une des galeries du Louvre, surprit la duchesse de Chevreuse se contemplant dans une glace de Venise.

— *Per Baccho!* duchesse, ne put s'empêcher de s'écrier le coadjuteur de Paris, je donnerais bien tout l'or de la terre pour que les traits réfléchis par ce miroir y restassent fixés éternellement.

Un astrologue ou un alchimiste qui serait passé d'aventure aurait peut-être pu, en faisant quelque effort d'imagination, satisfaire le désir du cardinal. Mais emprisonner à tout jamais dans une glace le joli visage de la duchesse

de Chevreuse eût été acte de sorcellerie, et l'on brûlait
encore les sorciers en place de Grève.

M. Carteron n'avait pas encore imaginé de rendre les
gens et les choses incombustibles. Astrologue ou alchimiste n'eussent point osé satisfaire la fantaisie du galant
coadjuteur... même à prix d'or.

Il n'en coûterait pas si cher maintenant au cardinal de
Retz, et le premier venu se hâterait de lui faire ce plaisir... sans crainte d'être excommunié.

Ce qui aurait passé pour surnaturel en l'an de grâce
1650 n'est plus que fort ordinaire en 1861. Autre temps,
autres mœurs !

Les photographes pullulent, il y en a dans toutes les
rues, à toutes les portes; ils poussent comme du chien-
dent. Là où il n'y en avait pas trace hier, on en retrouve
le lendemain de toutes les. couleurs. Il est certain que
l'atmosphère parisienne leur est salutaire.

Il paraît tout simple maintenant de se faire dessiner son
portrait par la lumière. La lumière va plus vite que les
peintres, se fait beaucoup moins prier, vous exécute à la
minute et sans retouche : aussi son succès est-il radical,
et l'Institut lui-même a daigné lui ouvrir les portes de
nos grandes expositions des beaux-arts.

Ceux qui tenaient en main le pastel veulent maintenant
avoir la lumière à leurs caprices. Il est devenu de ton,
de mode, de s'occuper de photographie. Il n'est point de
petit châtelain qui n'ait son appareil et qui ne fasse poser à tour de rôle, entre une partie de chasse et une partie de pêche, le maire de son village, les bœufs de son
étable et la voisine, sa fermière.

Les dames elles-mêmes quitteraient volontiers crayons et pinceaux pour dessiner avec le soleil, si elles ne craignaient de tacher leurs jolies mains. On ferait assurément de la photographie dans tous les salons sans les manipulations fastidieuses qui s'y rattachent.

J'exprimais dernièrement à un chimiste de mes amis le regret que j'avais de ne pas voir l'invention de Daguerre mise à la portée de tous. Je voudrais, disais-je, la voir entre les mains de tous les officiers, des ingénieurs, des élèves des écoles spéciales, des architectes, entre les mains de tous, en un mot; je voudrais la voir se transformer en un crayon docile et universel.

Quelques jours après, je vis apparaître mon ami avec une petite boîte en palissandre, qu'il paraissait manier avec un prodigieux respect.

« Qu'est-ce que ce joujou? demandai-je.

— C'est ton crayon universel, *mio caro*, l'invention de Daguerre condensée dans un décimètre cube; avec cela, plus de manipulations, plus de bagages insupportables, plus de cabinet noir, plus de drogues à toucher avec les doigts, tout se fait seul par enchantement, à la minute, en tous lieux, dans un salon comme en rase campagne. »

J'examinai la boîte, qui ressemblait assez à une petite cassette, et, comme je paraissais assez incrédule :

« Mets-toi en face de moi, ne bouge plus et attends, » me dit alors mon ami avec sa volubilité habituelle.

Il planta sans façon sa cassette mystérieuse sur une table de travail; je le vis tirer à plusieurs reprises une petite chaînette et j'entendis environ vingt fois comme

le bruit d'une trappe que l'on baisse et relève alternativement.

Après quoi, le plus grand silence se fit dans l'appareil,
et mon ami me regarda d'un air triomphant.

« C'est fini, » dit-il.

Et il me tira de cette boîte fantastique mon portrait
admirablement réussi.

Il avait dit vrai. La photographie ne sera plus qu'un
jeu maintenant; tout le monde pourra l'utiliser avec la
plus grande facilité suivant ses besoins et ses goûts.
L'appareil que j'ai depuis expérimenté moi-même deviendra un instrument nécessaire, indispensable, que chacun
voudra avoir chez soi et qui rendra certainement de véritables services.

Il est inutile ici de revenir sur le principe qui a donné
naissance à la photographie. Il n'est plus personne qui
ne sache le secret de la chambre noire. La lumière vient
peindre au foyer d'une lentille sur une plaque de verre
l'image de l'objet à reproduire. Sur cette plaque ont été
déposées préalablement certaines substances chimiques
qui jouissent de cette singulière propriété de noircir très-
vite quand elles sont exposées à un grand jour.

La lumière, en touchant ces substances, fait l'office du
crayon qui court sur le papier; elle dessine, elle imprime les contours de l'objet.

Tout appareil de photographie se compose simplement
d'une chambre noire munie d'un fort objectif en face
duquel vient se placer la plaque sensibilisée.

Ordinairement, les photographes sont obligés, pour
préparer leur plaque sensible, d'opérer dans un véritable

qui feraient reconnaître un photographe dans tous les pays du monde.

La plaque ainsi préparée est placée dans un châssis hermétiquement fermé, puis portée dans la chambre noire.

Que le temps soit ou non favorable à l'instant où la plaque est mise en présence de l'objectif, que le sujet soit un peu dérangé de sa position, tant pis! vous êtes le très-humble serviteur de la plaque.

Il faut vous en servir de suite ou tout recommencer. Dans les pays chauds, sous l'équateur, cet inconvénient atteint son comble : les substances déposées sur la plaque sèchent presque instantanément, et il faut s'y reprendre à plusieurs fois avant d'obtenir un résultat passable.

Vous prend-il la fantaisie d'aller dessiner une tourelle gothique en plein champ, de prendre le portrait d'une rosière sous une charmille de lilas ou une haie d'aubépine, ou bien encore d'encadrer votre famille entre les arbres séculaires de la forêt de Fontainebleau, il vous faut ni plus ni moins établir un vrai bivouac, un campement, emporter malles et valises comme pour un voyage au delà des mers et vous mettre, en outre, à la complète disposition de votre plaque.

On le voit, le programme n'est pas séduisant: Il n'est ni amusant ni commode de traîner derrière soi un laboratoire complet pour le bon plaisir d'opérer en pleine campagne. Si les photographes n'ont pas demandé mieux jusqu'alors, cela ne tient sans doute qu'à leur bon caractère. Ils sont très-patients, les photographes!

Nous savons bien que quelques-uns tournent la difficulté en ayant recours au *collodion sec*. Il suffit alors
d'emporter la plaque toute préparée, et les manipulations
en campagne se trouvent supprimées d'elles-mêmes.
Mais la durée d'exposition à la lumière est, dans ce cas,
d'une demi-heure, d'une heure, de plusieurs heures, d'une
journée.

Quel est le cheval ou le taureau assez enthousiasmé de
la photographie pour rester immobile un pareil temps?
Quel sera jamais la pintade ou le canard assez bien ap-
pris pour ne point donner signe de vie une heure, deux
heures, une journée? Les animaux ne souffrent pas qu'on
les fasse poser si longtemps, et ils n'ont pas tort. Il y a
peut-être bien là-dessous une bonne leçon donnée à l'espèce humaine.

Quant au paysage, il arrivera rarement qu'il ne s'y
produira aucun mouvement pendant une si longue durée
d'exposition, la moindre brise qui fera frissonner le feuil-
lage, le moindre coup de vent qui agitera les arbres,
obligera à recommencer l'opération.

Avec le collodion sec, on ne peut que prendre les
ruines, les monuments et objets inanimés, mais jamais le
paysage, les animaux ou les phénomènes instantanés.

C'est une infériorité évidente et qui limite son usage à
des cas tout particuliers.

Ouvrons maintenant le nouveau petit appareil et com-
parons.

Il n'est pas grand, et cependant il renferme tout à la
fois la chambre noire et le laboratoire.

La chambre noire occupe toute la partie supérieure de

la boîte, le premier étage. Le rez-de-chaussée est subdivisé en deux pièces : dans l'une se trouve le bain d'argent destiné à sensibiliser la plaque; dans l'autre, le bain de sulfate de fer qui est nécessaire pour faire apparaître l'image, quand elle a été dessinée par la lumière.

Faudra-t-il, comme dans l'ancien système, préparer la plaque *propria manu*, se tacher avec le sel d'argent, ou brûler ses vêtements?

Non, les choses se passent bien plus facilement; la boîte photographique veut rivaliser avec les merveilles des *Mille et une Nuits*. Elle fera tout l'ouvrage pour vous; il suffira d'y mettre quelque complaisance.

En deux mots, voici comment on opère.

La plaque est collodionnée en pleine lumière, puis placée comme d'habitude dans le châssis d'arrière, en face de l'objectif. Une chaînette est fixée au châssis et court le long de la boîte comme un cordon de sonnette. L'opérateur ayant fermé toutes les issues qui donneraient passage à la lumière, fait tomber, en pressant un bouton, la plaque collodionnée dans le bain sensibilisateur. Alors, à l'aide de la chaînette, on soulève environ vingt fois la plaque au milieu du bain.

On accomplit ainsi en quelques instants les manipulations si fastidieuses qu'il fallait exécuter dans un cabinet noir. Vous remontez, toujours à l'aide de la chaînette, la plaque sensibilisée en face de l'objectif, et tout est prêt.

Si un nuage survient, si le sujet ne se sent pas disposé, il ne sera plus besoin de retourner préparer une nouvelle plaque comme dans l'ancien cabinet noir; on lâ-

tiste distingué qui ne s'est pas contenté de bien faire de
la photographie, il a voulu encore mettre son art à la portée de tous. C'est surtout en cela que nous l'approuvons.
On doit toujours essayer d'étendre aux autres les avantages dont on jouit personnellement. Il ne tiendra pas à
M. Titus Albitès que chacun maintenant ne puisse manier
avec dextérité la primitive invention de Daguerre.

Son *laboratoire révélateur photographique* est d'une
simplicité remarquable, ne renferme rien de fragile et
n'exige de l'opérateur aucune habitude. Avec lui, il suffit
de vouloir pour devenir immédiatement un excellent des-
sinateur.

On se convaincra d'ailleurs qu'on réussit avec la même
sûreté par la nouvelle méthode que par l'ancienne en
allant voir des épreuves obtenues avec l'appareil Albitès
et exposées au Salon.

Le laboratoire révélateur permet de prendre des vues
ou des animaux en mouvement d'une manière instantanée. On réussit à merveille, les photographes le savent
bien du reste, car l'un des plus habiles, chargé par le
ministère de reproduire les animaux du dernier concours
agricole de Paris, ne vit rien de mieux à faire que d'avoir
recours à M. Titus Albitès et à son cabinet révélateur.

Nous avons vu nous-même un canon pris de l'espla-
nade des Invalides au moment de l'explosion. On distingue admirablement la lumière qui sort de l'âme de la
pièce et va se perdre dans un nuage de fumée.

Il est inutile d'insister davantage; il est certain que
tout le monde aura maintenant entre les mains un instrument portatif et commode qui rendra de grands services.

On se tromperait étrangement, si l'on ne voyait dans cette invention qu'un passe-temps agréable offert aux oisifs. Des questions de premier ordre y sont directement intéressées. L'art de la guerre y gagnera. L'histoire en profitera. Combien d'officiers de l'expédition de Chine eussent désiré l'appareil de M. Titus Albitès. Les ingénieurs, les architectes, les officiers d'état-major, en tireront un grand profit pour lever des plans, des châteaux, des places fortes.

Il ne faudra plus que quelques instants pour avoir une idée suffisante d'une construction là où auparavant plusieurs journées de travaux ne fournissaient le plus souvent que des renseignements inexacts ou incomplets. L'armée aussi bien que le corps des ingénieurs trouveront là grande économie de temps et d'argent.

Il serait même à désirer que chaque bataillon possédât le plus vite possible un ou plusieurs appareils Albitès et que quelques sous-officiers fussent exercés à leur maniement. On constaterait rapidement tous les avantages de leur introduction dans les régiments.

Il existe certaines dépêches, certaines lettres qu'on ne peut donner à tout le monde, quelques messages diplomatiques qui ne peuvent être confiés aux imprimeries : l'appareil Albitès est un copiste muet et infatigable. Soumettez-lui l'écriture à reproduire et en peu de temps vous obtiendrez autant d'exemplaires que vous le désirerez. C'est encore là un champ fertile d'applications nouvelles.

La science de son côté pourra utiliser la photographie sur une plus large mesure. Il sera commode de se servir

du nouvel appareil pour des expériences photométriques.
On mesurera facilement la différence d'intensité de deux
sources de lumière par le temps nécessaire pour impres-
sionner la plaque sensible.

Déjà MM. J. Herschell et E. Becquerel sont parvenus
ainsi à comparer les intensités chimiques des rayons du
soleil à différentes hauteurs au-dessus de l'horizon ; ils
ont pu prendre l'image du soleil, de la lune, des constel-
lations.

Ces jours-ci encore une nouvelle application a pris
naissance dans un tout autre domaine. M. François Wil-
lème, qui en est l'inventeur, lui a donné le nom de photo-
sculpture. On parviendrait, à l'aide de cet art nouveau, à
traduire mécaniquement la photographie en sculpture.
Sans entrer dans les détails, voici l'idée en quelques mots :

Au milieu d'une chambre circulaire, on place un modèle vivant ou inerte. La circonférence de la chambre
reçoit des objectifs en nombre pair, égaux entre eux,
placés à une hauteur uniforme et diamétralement opposés, deux à deux. Pour simplifier, supposons-en quatre.
L'un photographie la face, un autre le dos, les deux autres les deux profils.

Ces images une fois obtenues, à l'aide de pantographes
analogues à ceux qui servent aux réductions, on pourra
faire en sorte qu'une pointe suive les contours du dessin
et que l'autre entame la matière à modeler en y retraçant
des lignes identiques à celles de la photographie. Ces
dessins convenablement rapprochés et combinés finiront
par conduire au relief plastique de l'image primitive, à
la statue elle-même.

Il y a là une idée qui certainement pourra amener de bons résultats.

Les services rendus par la photographie s'étendront évidemment de jour en jour.

Mais pour qu'elle prêtât un concours utile à l'industrie et à la science, il fallait qu'elle devint un instrument docile et commode que pût manier le premier venu ; il fallait qu'on lui donnât le cachet pratique qui lui manquait et qu'on la mit sans restriction à la portée de tous.

C'est en cela surtout que l'œuvre de M. Titus Albitès est louable. S'il reste bien encore quelques petites choses à faire, il a du moins hardiment montré le chemin, et nous devions lui tenir compte de ses efforts.

Terminons en publiant quelques données curieuses qu'a fait connaître M. Broca après s'être livré à l'étude comparative du poids de 347 cerveaux.

On se demande où M. Broca a été chercher tous ces cerveaux-là.

Il a constaté que le cerveau de la femme est proportionnellement au poids du corps moins lourd que celui de l'homme.

Quelques personnes affirment que c'est là de l'histoire ancienne ; nous nous garderons bien de faire comme elles.. par pure galanterie.

Nous rappellerons seulement la vieille boutade latine :

*Quid levius pluma! pulvis ; — quid pulvere? ventus — quid vento? mulier ; — quid muliere? nihil.*

Quoi de plus léger que la plume? la poussière ; — que la poussière? le vent ; — que le vent? la femme ; — que la femme? rien.

En tout cas, s'il y a des femmes bien légères, il y a des

hommes bien lourds, comme ripostait un jour madame de Staël à un ennuyeux interlocuteur. Je reviens aux cerveaux de M. Broca.

Chez un même individu, le poids du cerveau augmente jusque vers la quarantième année, reste stationnaire de quarante à cinquante, et diminue ensuite. C'est de dix à vingt ans que le cerveau pèse le plus proportionnellement au poids du corps.

Les cerveaux d'hommes illustres étudiés sous ce rapport nous montrent en première ligne celui de Byron, pesant 2,238 grammes, le poids moyen étant de 1,450 grammes ; viennent ensuite : Cromwell, 2,231 grammes ; Cuvier, 1,800 grammes, etc.

La race teutonique a le poids moyen le plus considérable, 1,500 gr.; l'Irlandais, 1,400 gr.; les Fellahs, 1,306 gr.; les Australiens, 1,208.

On voit, d'après ces chiffres, qu'on ne saurait, en somme, rien conclure du poids du cerveau en faveur du développement intellectuel. Il est évident que ce n'est pas de dix à vingt ans que l'intelligence atteint son apogée; que Byron, malgré toute notre admiration pour lui, n'est pas le premier des hommes, que Cromwell n'en est pas le second et que la race teutonique n'est pas non plus précisément la crème du genre humain.

M. Broca voit ailleurs avec raison l'indice de la supériorité intellectuelle. Il la trouve dans la richesse du cerveau en circonvolutions, en d'autres termes, dans le plus grand développement superficiel de la masse cérébrale.

Les résultats de M. Broca contrarieront peut-être ceux qui jugent des choses au poids, mais rassureront certainement la plus belle moitié du genre humain.

N'est-ce pas tout ce qu'il faut? On serait bien mal venu, en vérité, d'en demander davantage au savant anatomiste.

2 juin.

# XII



Au moment où le projet préfectoral met à l'ordre du jour tout ce qui touche de près ou de loin à la question si complexe des eaux de Paris, il ne sera sans doute pas sans intérêt d'aborder un sujet dont l'importance a déjà préoccupé plusieurs fois une partie de la population parisienne : nous voulons parler des inondations souterraines qui ont envahi, à plusieurs reprises, les principaux quartiers du nord de la ville.

Nous trouverons ainsi l'occasion de faire disparaître pour l'avenir des craintes chimériques et nous pourrons en même temps éclairer l'opinion sur un phénomène attribué jusqu'ici à une cause complétement erronée.

Plusieurs fois déjà, les eaux ont envahi tout à coup les caves d'un certain nombre de quartiers de la rive droite. L'année 1856, funeste déjà par les désastres qu'amena la crue extraordinaire de la Loire, a vu les inondations souterraines se produire sur une large échelle et l'irruption des eaux gagner peu à peu l'ouest de Paris.

Voici brièvement comment le phénomène se manifesta :

Au commencement du mois de mars, le niveau de l'eau dans le puits de la maison n° 30, boulevard du Combat, qui ordinairement se trouve à la cote $32^m27$, s'éleva en quelques heures à la cote $40^m40$ et se maintint à cette hauteur jusqu'à la fin d'août. Au milieu du mois de mars, dans la rue Bichat, au n° 21, l'eau du puits s'éleva en trois semaines de $2^m50$, et finit par monter de $5^m$. Le 15 avril, l'eau parut dans les caves de la rue Grange-aux-Belles ; à la fin d'avril, elle se montra rue des Marais et sur plusieurs points de la rue Paradis-Poissonnière. Pendant le mois de mai, elle envahit les rues de la Fidélité et du Faubourg-Saint-Denis, les rues Martel, Hauteville, de Provence et Drouot. En juin, tout en s'élevant sur tout son parcours primitif, elle s'étendit dans les rues de Paradis-Poissonnière, des Petites-Écuries, Faubourg-Poissonnière, Bleue, de Trévise, Faubourg-Montmartre, Grange-Batelière, la Victoire. Elle finit par atteindre les rues Papillon, Montholon, des Messageries et la caserne de la Nouvelle-France, qui, plus élevées, avaient échappé aux inondations précédentes.

En juillet et août, elle continua à monter partout et s'étendit dans l'ouest jusqu'au delà de la rue Caumartin.

Le 15 août 1856, la rive droite de Paris était inondée

sur une surface d'environ 1,275,000 mètres carrés. Les
caves des maisons étaient envahies par l'eau qui avait atteint une moyenne générale de 0ᵐ 56 de hauteur. Quelques-unes d'entre elles avaient seulement 0ᵐ10, 0ᵐ 12,
0ᵐ 20 d'eau, comme les rues Grange-Batelière et Drouot,
mais d'autres en avaient 0ᵐ 80, 1ᵐ 00, et même 1ᵐ 40,
comme dans les rues Paradis-Poissonnière, Faubourg-
Poissonnière, Papillon, Montholon et Martel.

L'administration s'émut à juste titre d'une inondation
qui prenait tout à coup de si vastes proportions.

Les plaintes des nombreux propriétaires, lésés dans
leurs intérêts, se multipliaient de jour en jour; l'action de
l'eau sur les fondations des maisons pouvait donner lieu
à des affouillements et compromettre la solidité des constructions.

Aussi, à tous les points de vue, il devenait urgent de
rechercher la cause de cette irruption soudaine des eaux
d'infiltration; il fallait trouver au plus vite un remède
efficace à un pareil état de choses.

L'administration confia ce travail difficile à trois ingénieurs qui font autorité en pareille matière ; nous nom-
merons MM. Delesse, Beaulieu et Yvert.

Ces ingénieurs ont consacré plusieurs années à cette
étude minutieuse ; ils ont examiné avec le plus grand soin
les inondations antérieures à celle de 1856 ; ils ont rassem-
blé tous les indices qui pouvaient les guider vers la vérité ;
ils ont suivi de l'œil après coup, pour ainsi dire, les progrès de l'inondation de 1856 et ils ont déterminé sa marche avec exactitude. En coordonnant toutes leurs recherches, ils ont été conduits à expliquer le phénomène dans

toute sa généralité; ils l'ont rapporté à une cause qui nous paraît être la plus rationnelle.

Nous donnerons donc un aperçu rapide du remarquable travail de MM. Delesse, Beaulieu et Yvert.

L'inondation de 1856 avait été précédée à diverses reprises d'irruptions de même nature, qui avaient déjà atteint l'attention des hommes spéciaux. En cent dix-sept ans, on a compté dix-sept inondations.

Des hommes de science très-éminents, MM. Arago et Élie de Beaumont eux-mêmes, avaient rapporté le phénomène à l'action de pluies abondantes. D'autres l'attribuèrent à des épanchements anormaux dans les égouts, à des fuites dans les conduites de distribution d'eau. On alla jusqu'à en rejeter la cause sur le grand égout de ceinture, qui agissant comme une digue, arrêtait les eaux de pluie à travers le sol et les accumulait dans les quartiers bas de la ville. Aussi, ne vit-on pas sans crainte exécuter le nouvel égout d'Asnières. Quelques personnes s'imaginèrent qu'on allait ainsi doubler les chances d'inondation.

Il y avait erreur complète de ce côté, et les travaux souterrains qui ont été effectués récemment dans la zone d'irruption des eaux ne pourront à l'avenir qu'y opposer un obstacle permanent.

Examinons rapidement les principales hypothèses émises pour rendre compte des inondations du sous-sol parisien.

Et d'abord, peuvent-elles provenir, comme on l'a cru longtemps, de pluies persistantes?

Tout le monde sait qu'il existe partout, au-dessous de Paris, une nappe d'eau souterraine qui descend en pente douce vers la Seine ; c'est celle qui alimente nos puits. Elle a été répandue à sa surface par divers phénomènes météorologiques : la pluie, la neige, la rosée, etc. L'eau s'est infiltrée lentement dans les terres et elle est descendue jusqu'à ce qu'elle rencontre une couche imperméable.

On s'est demandé si des pluies abondantes, en versant des torrents d'eau sur la terre, ne pouvaient pas, par suite d'infiltrations progressives, déterminer un gonflement dans la nappe souterraine et surélever le niveau des eaux. C'était, jusqu'à présent, la manière de voir la plus générale.

Il est facile de montrer, surtout en observant la marche de l'inondation de 1856, que les pluies sont insuffisantes pour expliquer l'irruption des eaux.

Si l'inondation de 1856 avait dû provenir de l'eau du ciel, évidemment les quartiers les plus rapprochés des coteaux auraient d'abord été submergés, l'eau aurait dû se montrer dans les rues Saint-Lazare et Caumartin, qui sont les points bas les plus voisins des coteaux de Batignolles et de Montmartre, avant d'apparaitre dans les rues des Marais et du Château-d'Eau, qui sont plus éloignés des coteaux de Belleville et de Ménilmontant. Mais le phénomène a suivi une marche directement opposée ; l'eau a paru en avril rue des Marais, et en août seulement rue Caumartin.

En outre, depuis 1806, pendant quinze années, il est tombé plus d'eau qu'en 1856 ; néanmoins, il ne s'est produit aucune inondation pendant douze de ces années, et il y en a eu pendant sept autres, bien que la quantité d'eau tombée fût moindre.

La moyenne de l'eau tombée pendant les cinquante et une dernières années a été de $0^m$ 575,25. La hauteur totale d'eau tombée en 1851 a été de $0^m$ 635,62. Il y a eu par conséquent excédant sur la moyenne, mais il nous faut ajouter que cet excédant provenait uniquement de la quantité d'eau tombée en mai. Or, l'inondation a commencé dès le mois d'avril, alors qu'on venait de traverser les mois de janvier, février et mars qui ont donné très-peu d'eau.

Le mois de juin 1854 a fourni $0^m$ 195 d'eau ; le mois de juillet, $0^m$ 104,33 ; les deux mois consécutifs réunis, $0^m$ 300, quantité considérable ; il ne s'est cependant manifesté aucune irruption d'eau dans les caves de Paris en 1854.

On voit donc que, quelle que soit la manière d'envisager la quantité d'eau tombée à Paris en 1856, il est difficile de lui attribuer l'importance des inondations souterraines qui se sont produites pendant l'année.

Comme on pourrait voir quelques rapports entre l'irruption des eaux en 1856 dans les caves de la rive droite à Paris et les débordements de la Loire, du Rhône, etc., dont le souvenir est encore présent à toutes les mémoires, il importe de faire tomber toute incertitude et de détruire toute fausse opinion.

Dans l'ouest et dans le midi de la France, la crue maximum de la Loire eut lieu vers le 10 juin, et celle du Rhône quelques jours après ; le niveau de la Seine s'éleva jusqu'à $5^m$ 70 le 17 mai, pour redescendre en juin et août. L'inondation souterraine, au contraire, se propagea d'avril en août. L'eau de la Loire, du Rhône, de la Seine, baissa donc rapidement en suivant une marche inverse de celle de l'irruption souterraine qui pendant ce temps croissait en hauteur et en étendue. Les deux phénomènes étaient complétement indépendants.

Enfin, il est une observation importante à faire : les crues de la nappe qui s'étend sous Paris sont périodiques et assez régulières ; elles atteignent leur maximum au printemps et leur minimum à l'automne. Si les inondations souterraines étaient uniquement produites par les crues de la nappe sous Paris, elles devraient également être périodiques et atteindre leur maximum au printemps.

Nous avons déjà dit que l'inondation, après s'être déclarée en avril, avait été en augmentant jusqu'au mois d'août.

On voit donc, en somme, et sans qu'il soit besoin d'insister davantage, que, contrairement à l'opinion généralement répandue, on ne peut rapporter d'une manière absolue les inondations du nord de Paris à une surélévation dans le niveau de la nappe souterraine, produite par l'infiltration des eaux de pluie. On prévoit de suite la nécessité d'une cause plus puissante et moins régulière.

On a beaucoup parlé de l'égout de ceinture. On a prétendu que cet égout venait d'être construit et terminé, quand, en 1740, on a remarqué les premières inondations souterraines. Les murs de l'égout auraient fait digue et auraient arrêté l'écoulement des eaux.

Cette raison est sans valeur, car l'inondation ayant lieu simultanément des deux côtés de l'égout, on ne saurait admettre qu'il ait opposé un obstacle de quelque importance à l'écoulement des eaux souterraines. D'ailleurs, cet égout, situé en contre-bas de la rue Richer, n'a pu retenir les eaux de manière à inonder à 1ᵐ 50 de hauteur les caves des rues Montholon et des Messageries qui sont à 3ᵐ 20 et 5ᵐ 50 au-dessus de la rue Richer.

Les nouveaux égouts, aussi bien que toutes les constructions souterraines entreprises récemment par l'administration, n'atteignent pas la limite inférieure du terrain de transport dans lequel filtre la nappe d'eau ; par conséquent, bien que les fondations puissent y être plus ou moins plongées, elles n'y forment pas un véritable barrage.

Quand on examine comment varie la fréquence des inondations, on s'aperçoit facilement que leur nombre a été en augmentant constamment. Et cependant l'exhaussement du sol parisien, la grande extension des constructions, n'ont fait qu'opposer des obstacles à l'infiltration des eaux dans le sol. On trouve encore là des résultats tout contraires à ceux qu'on devrait obtenir si les inondations étaient réellement dues à la pluie.

Ainsi, de 1740 à 1808, on ne compte que trois inondations en soixante-sept ans. C'est une tous les vingt-deux ans. Mais, de 1808 à 1856, depuis l'ouverture du bassin de la Villette, il en est survenu onze en quarante-neuf ans, soit une tous les cinq ans, et de 1826 à 1856, depuis l'ouverture du canal Saint-Martin, on en a observé neuf en trente et un ans, par conséquent une tous les trois ans.

Cette coïncidence entre la construction des grands réservoirs d'eau et le nombre de plus en plus considérable des inondations ne pouvait manquer d'attirer l'attention. Aussi, en 1856, quelques personnes attribuèrent l'irruption des eaux dans les caves à des avaries dans la cuvette du bassin de la Villette ou du canal Saint-Martin. Les eaux se seraient infiltrées dans le sol en grande quantité et auraient surélevé le niveau de la couche souterraine.

Il est incontestable que le bassin de la Villette laisse filtrer dans le sol des quantités d'eau considérables. Mais sont-elles cependant suffisantes pour amener des inondations? Telle est la dernière question à résoudre.

Les pertes d'eau du bassin de la Villette sont normales et accidentelles. Les unes s'opèrent en tout temps par ses parois et surtout par son fond, qui n'est pas maçonné; les autres, exceptionnelles, se produisent par suite d'avaries dans le plafond du bassin, quand il s'est formé des conduites souterraines par lesquelles l'eau s'échappe en abondance. En 1858, lorsqu'on mit à sec, pour la réparer, l'une des gares construites pour recevoir les bateaux, il fut facile de se rendre compte des déperditions d'eau : des éboulements considérables avaient eu lieu, et on apercevait des entonnoirs de plusieurs mètres.

Cependant nous ne pensons pas, et nous sommes en cela complétement de l'avis des rapporteurs, que l'eau qui s'est infiltrée en 1856 dans les terres au-dessous du bassin de la Villette puisse jamais être considérée sérieusement comme la cause d'une inondation quelconque.

Nous en trouvons la raison dans la profondeur de la nappe souterraine au-dessous du sol. Elle est de 16 mètres sous le bassin de la Villette; il n'est pas possible que les déperditions aient élevé assez le niveau de l'eau inférieure pour qu'elle ait atteint les maisons. Les caves inondées se trouvent toutes à une assez grande distance du réservoir de la Villette; et si l'irruption des eaux fût provenue de ce bassin, les maisons les plus voisines eussent été les premières à en ressentir les effets; d'ailleurs les pertes normales sont les plus importantes et sont à peu près les mêmes dans tous les temps; les inondations souterraines sont au contraire essentiellement temporaires. Enfin les pertes exceptionnelles de l'automne 1858, assez considérables pour donner lieu à des éboulements, n'ont produit aucune inondation dans les caves de Paris. Nous concluons de là que le bassin de la Villette éprouve des pertes d'eau qui peuvent bien faire monter le niveau de la couche souterraine dans l'intérieur de Paris, mais qui sont complétement insuffisantes pour élever l'eau jusque dans les caves des maisons environnantes. .

Il nous reste à examiner maintenant l'influence perturbatrice du canal Saint-Martin.

· Le bassin de Pantin du canal Saint-Martin a son plafond à quelques mètres seulement de la nappe souterraine; les objections mises en avant pour le bassin de la Villette n'existent donc plus ici; les pertes de prime abord pouvaient être regardées comme suffisantes pour submerger les caves.

Des faits bien simples éclairent du reste la question d'une vive lumière et font disparaître jusqu'à l'ombre d'un doute.

Quand l'inondation se produisit en 1856, il s'était déclaré des avaries dans le radier du bassin de Pantin dès le mois de mars. Il y a déjà là une coïncidence assez remarquable, car l'irruption des eaux commença en avril, précisément après le temps nécessaire pour que les eaux,

points plus élevés que le plan d'eau de ce bassin, ni sur la rive gauche de la Seine.

Tous ces faits parlent évidemment d'eux-mêmes, et nous paraissent significatifs.

L'inondation de 1856 concorde de tous points avec les pertes d'eau du canal. Elle a suivi, au contraire, une marche inverse de tous les phénomènes naturels dus à la pluie. Quand elle s'étendait, la Seine baissait; le niveau des sources d'Arcueil, de Belleville, de Ménilmontant et des Prés-Saint-Gervais diminuait. Les mêmes faits se sont encore produits avec plus de netteté pendant l'inondation de 1857, alors qu'on ne pouvait plus mettre en avant la nappe d'eau souterraine; ils ont été rigoureusement vérifiés par les ingénieurs de service. Il serait donc difficile de vouloir absolument rapporter, comme on l'a si long-temps prétendu, les inondations souterraines de la rive droite à de simples infiltrations pluviales. Pour que les théories aient de la valeur, il faut qu'elles s'appuient toujours sur des observations irrécusables, il faut que l'expérience et la pratique viennent sanctionner les vues de la science. Or tel n'est pas le cas pour l'hypothèse des inondations causées par les eaux de pluie.

Toutefois, quelques personnes nous opposeront, avec raison, qu'il n'y a pas eu d'inondations souterraines qu'en 1857, en 1856; l'irruption des eaux s'est manifestée à plusieurs reprises avant la construction du canal Saint-Martin, avant l'existence du bassin de la Villette.

Il est facile de serrer la question de plus près encore et de répondre à ces objections.

Avant l'ouverture du bassin de la Villette, en 1808, il

s'est produit seulement trois inondations ; ce sont celles de 1740, 1788 et 1802. Examinons-les succinctement.

La première a été, avant tout, une inondation superficielle. La Seine avait débordé sur la rive droite et sur la rive gauche. Les eaux avaient envahi les quais, les Champs-Élysées et s'étendaient jusqu'à la rue d'Angoulème et la rue de la Pépinière. Toute la rive droite depuis l'emplacement actuel de la Madeleine, les boulevards et la portion submergée depuis en 1856, n'avaient pas été inondés. En même temps, l'eau s'infiltrait inférieurement de manière à mouiller une bande de terrain plus grande que celle qui était couverte par la rivière débordée. Le sol occupé aujourd'hui par les quartiers du nord était alors divisé en jardins potagers dans lesquels l'eau de pluie pénétrait facilement. Cette eau d'infiltration fut arrêtée dans son parcours ordinaire par les parties basses inondées, se rassembla et causa à son tour une irruption souterraine qui s'étendit sous les Tuileries, sous la rue de Rivoli et gagna les quartiers de la Bastille. Il n'y a, en somme, aucune analogie entre l'inondation de 1740 et celle de 1856 ; elle a été exceptionnelle.

En 1788, le phénomène s'est produit à peu près comme en 1856 et dans les mêmes quartiers, mais seulement dans les points bas. L'eau est apparue tout autour de l'égout de ceinture et ne s'en est éloignée qu'un peu entre les rues Saint-Martin et du Temple.

MM. Delesse, Beaulieu et Yvert ont compulsé avec soin les mémoires de l'époque, et ils se sont convaincus que l'inondation avait été causée par les fuites de la conduite d'eau principale de la compagnie Périer, qui longeait le grand égout. Cette conduite en bois, posée depuis de longues années, était en très-mauvais état et résistait mal à la pression que lui imposaient les réservoirs de Chaillot.

Comme en 1856, on avait attribué l'irruption des eaux à la pluie et l'on pensait que l'inondation disparaîtrait pendant l'été; mais elle ne fit que s'accroître au contraire. Les plaintes des propriétaires devinrent si nombreuses, que la municipalité nomma une commission composée d'un échevin, des fontainiers et des architectes de la ville, pour en rechercher la cause. La commission reconnut bien vite que la pluie était insuffisante pour expliquer le phénomène et le rapporta complétement aux pertes aussi nombreuses que fréquentes des conduites d'eau en bois. Il y a une véritable analogie, comme on voit, entre l'inondation de 1788 et celle de 1856.

Quant à celle de 1802, il résulte d'un rapport du citoyen Bralle et de la carte jointe à l'appui, qu'elle fut uniquement superficielle. Les eaux de la nappe souterraine, s'écoulant difficilement par suite de la crue de la Seine, se gonflèrent et envahirent les caves de quelques quartiers.

Ainsi, on peut assigner aux inondations qui survinrent avant 1808 des causes bien déterminées : d'une part, rupture des conduites alimentées par l'établissement de Chaillot; d'autre part, gonflement de la nappe souterraine par suite de débordement de la Seine.

Depuis 1808, on ne trouve plus aucun éclaircissement sur les inondations postérieures à cette date. Dans l'incertitude, les hommes d'art les rapportèrent indistinctement aux infiltrations fluviales.

Il est à remarquer que, de 1788 à 1825, il n'y eut que

deux inondations, en 1817 et en 1818. Le bassin de la Villette existait seul alors. Il est assez vraisemblable que les événements de 1815 firent négliger les réparations annuelles de son radier et que les eaux se frayèrent un chemin souterrain. Il se produisit sans doute des infiltrations considérables et continues qui finirent par donner lieu à l'inondation d'ailleurs peu importante de l'époque.

En 1825, on construisit le bassin de Pantin. Les irruptions de l'eau se multiplièrent aussitôt, et elles apparurent en 1826, 1828, 1830, 1832, 1837, 1845, 1846, 1855. Elles coïncidèrent constamment avec les réparations importantes faites dans les bassins supérieurs du canal.

Cette progression continue offre un véritable argument en faveur des pertes d'eau éprouvées par les grands bassins d'eau du nord de Paris.

Il nous semble, après ce qui précède, qu'il ne peut plus y avoir un instant incertitude sur les résultats, incertitude sur la cause des inondations souterraines.

Nous n'hésitons plus à trouver la raison de cet envahissement graduel des eaux, non pas, comme on l'avait prétendu à tort, dans les infiltrations pluviales, mais bien dans les pertes du bassin de Pantin.

Nous sommes en cela complétement d'accord avec deux des auteurs du beau rapport dont nous n'avons malheureusement pu donner qu'un résumé succinct.

L'un d'eux, M. Beaulieu, n'est pas aussi absolu dans ses conclusions. Il voit des différences dans la disposition géologique des buttes Montmartre, Batignolles, et des buttes de Ménilmontant et Belleville ; il tire cette conséquence, que les eaux pluviales peuvent être amenées de fort loin dans la nappe souterraine et en assez grande abondance pour produire les inondations observées.

Nous n'admettons en aucune façon les vues de M. Beaulieu. L'inclinaison des couches du terrain parisien se dirige au contraire vers le nord, et éloigne forcément de Paris toutes les eaux qui se rassemblent dans la formation tertiaire. D'ailleurs, la constitution géologique du sous-sol de Paris et de ses environs est toujours restée invariable. Les inondations souterraines, au contraire, ont été en augmentant successivement d'intensité et de nombre. M. Beaulieu reconnaîtra avec nous que la distribution inférieure des terrains n'a rien à voir dans la question.

Nous sommes heureux que la rigueur des faits nous ait conduit tout naturellement à trouver la véritable cause des inondations souterraines dans les pertes d'eau des bassins supérieurs du canal Saint-Martin.

Dans ces conditions, en effet, les craintes que l'on aurait pu avoir pour l'avenir tombent d'elles-mêmes. Nous sommes maîtres du phénomène, au lieu d'être dominés par lui. Les irruptions produites par l'abondance des pluies échappaient complétement à nos moyens d'action. L'ingénieur pourra toujours opposer une digue à l'envahissement des eaux causé par de simples avaries dans le radier d'un bassin. Il connaîtra l'origine du mal, il saura toujours apporter le remède.

Nous n'aurions pas tant insisté sur un sujet qui, de prime abord, ne semble avoir qu'un intérêt local, s'il n'avait pas aussi son importance théorique. Les considérations précédentes, en effet, trouveront ailleurs de nombreuses applications et éclaireront sans doute des questions du même ordre. En outre, il n'échappera à personne que la belle étude entreprise par MM. Delesse, Beaulieu et Yvert sous les auspices de l'administration, a jeté une vive lumière sur des phénomènes jusqu'ici mal définis; les observations ont guidé les observateurs et la vérité a fini par percer au milieu des erreurs accumulées depuis des siècles.

Nous ne pouvions donc laisser passer sans le mentionner un travail qui n'est, en définitive, que sous une de ses nombreuses formes, la manifestation du progrès scientifique.

17 août.

# XIII



Il y a bien peu de personnes qui se rendent un compte
exact des difficultés que présente la construction d'un
pont.

Nous avons entendu un grand nombre d'architectes
parler de la construction d'un pont absolument comme
s'il s'agissait d'une maison ou d'un édifice public d'une
importance secondaire. Un pont, disent ces messieurs,
mais c'est la moindre des choses à établir ; quoi de
plus simple ? deux culées, quelques piles, un tablier, des
pierres à poser les unes sur les autres ; mais c'est là l'affaire du maçon, et le premier venu ferait sans difficulté
le travail dont se targuent si haut les ingénieurs.

Il vaut mieux avoir confiance en soi que de n'en pas avoir du tout, mais l'excès en toutes choses est nuisible. Malgré la bonne opinion que nous avons du talent des architectes, jamais, au grand jamais, nous ne nous aviserons de leur confier la construction d'un pont. Le fond l'emporte ici sur la forme; il ne suffit plus de savoir tracer avec élégance des lignes et des frontispices, il faut encore ce que l'habileté de la main ne donnera jamais, les fortes et puissantes études, l'expérience consommée qui constituent le moindre bagage scientifique de l'ingénieur.

Donc, entre nous, messieurs, laissons à chacun le mérite de ses œuvres, et n'oublions pas que pour juger d'une chose, il faut en avoir le droit.

Le point capital dans la construction d'un pont, la pierre d'achoppement, en un mot, ce sont les fondations. Une fois les fondations bien réussies, le travail avance rapidement.

On comprendra facilement toute l'importance des fondations. Là résidera en effet toute la solidité de la construction. C'est la base, l'assiette sur laquelle devra s'appuyer tout le travail. Que la fondation soit mal établie, qu'elle vienne à céder, et le pont s'écroulera inévitablement.

Quelquefois, les fondations se font sans aucunes difficultés, et ici les architectes auraient raison jusqu'à un certain point, s'il n'y avait encore certains calculs de résistance et d'établissement des arches, qui ne laisseraient pas que de les gêner considérablement. Mais, enfin, le problème est de ceux qu'on peut résoudre. C'est

le cas, où le plafond de la rivière ou du fleuve est complétement solide, où aucun affouillement ne peut se produire.
La fondation, une fois bien posée, n'est pas sollicitée à
glisser; elle se maintient et supporte parfaitement la construction supérieure.

Il n'en est plus ainsi, quand le sol sur lequel on va
avoir à construire est mobile et formé de sable, de gravier, de vase, ou de terrains affouillables. Les fondations
directement établies sur le plafond de la rivière ne man-
queraient pas de glisser, et la stabilité générale ne saurait
jamais exister.

C'est alors qu'il faut avoir recours à une série d'artifices, variables suivant les circonstances, pour rendre au sol
la consistance, la stabilité qui lui manquent. Il faut remplacer le plafond mobile de la rivière par un fond immua-
ble, capable de résister aux affouillements, à l'action
érosive des eaux.

Là commence la difficulté. Les architectes travaillent
en terre ferme; ils seraient beaucoup moins dédaigneux
s'ils travaillaient quelque peu sous l'eau, au milieu d'un
fleuve qui ne demande qu'à défaire le lendemain ce qu'on
a fait la veille.

On établit les fondations d'une pile de pont d'après des
méthodes variables et qui doivent être choisies avec le
plus grand discernement. Ce n'est pas ici le lieu d'entrer
dans des détails techniques qui n'intéressent en général
que les hommes spéciaux. Qu'il nous suffise de dire que
souvent on a recours à d'énormes pieux qu'on enfonce à
coups de mouton dans le terrain, et qui, une fois suffisam-
ment enfouis dans le sol, sont recouverts par un plancher

destiné à devenir le support stable de la maçonnerie. Ces
pieux sont tellement bien scellés dans le terrain qu'ils
constituent dans leur ensemble une base parfaitement solide. Dans ces derniers temps, on a employé des pieux à
vis avec succès sur la ligne de l'Ouest. Cette idée, due à
MM. Brunel, Cubitt, et Stephenson, est bonne assurément,
puisqu'elle fixe encore mieux le pieu aux terres environnantes. Quelquefois on s'est servi de caissons de diverses natures qu'on coulait au fond de l'eau et qu'on emplis-
sait de béton et de maçonnerie. Les procédés sont très-
variables, et leur application n'est certes pas exempte de
difficultés, comme on voudrait le faire croire.

Sans y insister davantage, nous nous occuperons tout
spécialement des fondations du pont de Kehl, qui ont attiré
à juste raison l'attention publique cette année ; en décri-
vant la nouvelle méthode employée, nous aurons fait connaître tout ce qu'a présenté de neuf et de curieux la construction du pont du Rhin. Nous l'avons déjà dit, la grande
difficulté à vaincre, ce sont les fondations : et, ici comme
ailleurs, ces travaux préliminaires ont seuls réclamé tout
le soin, tout le talent, toute l'habileté des ingénieurs.

Le lit du Rhin, aux abords de Kehl, point choisi pour
réunir la rive badoise à la rive française, est formé d'un
fond de gravier mobile presque indéfini. Ce gravier se déplace à chaque crue, et l'on a reconnu que les sables, dans
certains cas, s'affouillent jusqu'à des profondeurs de 14 à
15 mètres au-dessous de l'étiage.

Il n'eût pas été commode d'enfoncer des pieux dans un
pareil terrain ; il eût été complétement impossible d'essayer des épuisements ; quelle qu'eût été d'ailleurs la lar-

geur des empatements établis, on ne se mettait pas en
garde d'une manière absolue contre les chances d'affouillement. Il devenait nécessaire d'avoir recours à d'autres
moyens plus efficaces et plus puissants.

M. Fleur-Saint-Denis, ingénieur principal des chemins
de fer de l'Est, guidé par M. Vuigner, ingénieur en chef,
résolut d'appliquer au pont du Rhin une méthode déjà
éprouvée en plusieurs circonstances et qui ne laisse pas
que d'être fort originale.

Elle permet d'écarter l'eau du fleuve à peu près comme
Moïse écartait les eaux de la mer Rouge pour faire passer
les Hébreux ; les ouvriers travaillent alors à sec, creusent
le plafond de la rivière jusqu'à ce qu'on atteigne une profondeur assez grande pour ne plus craindre les affouillements. Quant au mode d'action employé, s'il ne ressemble
en rien à celui de Moïse, pour n'être point un prodige, il
n'en est pas moins parfaitement efficace et réussit toujours
à merveille. On chasse tout bonnement l'eau de la partie
consacrée au travail à l'aide de l'air comprimé.

Prenez un tube en verre, plongez-le dans un verre plein
d'eau ; l'eau montera dans le tube au même niveau que
dans le vase : soufflez maintenant dans le tube de verre, la
colonne liquide se déprimera et l'eau finira par s'échapper
en totalité par la partie inférieure du tube en la laissant à
sec.

C'est là le principe de la méthode employée à Kehl. Sur
le plafond de la rivière où devaient s'établir les fondations,
on descendit de grands caissons qui s'emplirent d'eau. Des
machines y refoulèrent de l'air comprimé. Le liquide fut
expulsé et les ouvriers purent travailler à sec.

Le moyen est simple, on le voit, mais encore fallait-il le trouver. Puis ce qui théoriquement semble aller de soi, suscite bien souvent des difficultés dans la pratique. Il en fut là comme ailleurs, et il ne fallut pas moins de toute l'habileté des ingénieurs pour mener à bonne fin cette gigantesque entreprise.

Nous avons fait comprendre le principe. Entrons maintenant dans les détails.

La pénétration d'un sol mouillé à de grandes profondeurs, au moyen de la compression de l'air, est un procédé tout français. Hâtons-nous de le dire. Il est bon que l'honneur ne nous en échappe pas, comme il est déjà arrivé si souvent. L'invention et l'idée première sont entièrement dues à M. Triger, ingénieur distingué et savant géologue.

Papin, dans un mémoire qui remonte en 1691, sur la manière de conserver la flamme sous l'eau, avait bien pensé que l'on pourrait bâtir sous l'eau, au moyen d'une cloche de laquelle on chasserait l'eau pour la remplacer par de l'air comprimé. Mais il est certain qu'il y a loin de cette citation au procédé complétement pratique de M. Triger. Si M. Triger est considéré par tout le monde comme l'inventeur du système de fondation par l'air comprimé, c'est assurément à juste titre et à bon droit.

Voici, du reste, dans quelle circonstance il imagina le procédé qui portera son nom à la postérité.

En 1840, il s'agissait d'atteindre, au pied du coteau de la Loire, dit la *Haie-Longue*, les terrains anthraxifères qui se découvrent sous une alluvion de vingt mètres d'épaisseur. M. Triger, qui dirigeait les travaux, eut la pensée de renverser la méthode ordinaire et de creuser des puits en refoulant les eaux au lieu de les épuiser. On avait constaté sous le lit de la Loire, la prolongation de couches de houille exploitées près du coteau. C'est dans le lit même du fleuve que M. Triger fit enfoncer à coups de mouton, d'un poids de 2,000 kilogrammes, un cylindre en tôle de 1$^m$.80 de diamètre. Le couvercle de ce cylindre était traversé par deux tubes: l'un, qui refoulait l'air au moyen d'une pompe; l'autre, en communication avec l'air extérieur, recevait l'eau, qui ne pouvait s'écouler par les ouvertures du fond, au contact imparfait du tube et du terrain solide. Les ouvriers étaient introduits dans le cylindre par de grands couvercles qui donnaient accès à une sorte de vestibule d'entrée muni de soupapes. Quand un ouvrier devait descendre travailler, une soupape empêchait toute communication du vestibule d'entrée avec le cylindre, et le couvercle supérieur, n'étant plus appliqué contre la paroi par la pression de l'air, pouvait s'ouvrir sans exiger aucune fatigue. Une fois entré, l'ouvrier refermait le couvercle, la soupape se relevait, la pression s'équilibrait, et à l'aide d'une échelle, l'ouvrier descendait jusqu'au fond de la rivière. Il creusait le sol et mettait la terre dans des bannes qu'une grue remontait dans le vestibule d'entrée, d'où elle était envoyée au dehors.

Le travail put s'effectuer ainsi, et M. Triger atteignit la profondeur voulue.

Il est à noter qu'il se présenta cependant un inconvénient qu'on parviendra sans doute à faire disparaître en partie. C'est la gêne très-grande qu'éprouvent les ouvriers pour se mouvoir et travailler au sein de l'air comprimé. Ils se fatiguent beaucoup. On a reconnu que, lorsque la hauteur d'eau jointe à la hauteur de la fondation dans le sol dépassait 25 mètres, la compression devenait telle que les ouvriers étaient incapables de résister.

La méthode de M. Triger, pour enfoncer les puits de Chalonnes, sur la Loire, a été employée, dans un grand nombre de circonstances, pour des fondations de ponts, au moyen de colonnes de maçonnerie coulées dans des tubes de 1ᵐ.50 à 3 mètres de diamètre. Elle a été mise en usage à Rochester, en Angleterre, sur la Thesis ; en Autriche ; en Égypte, pour le pont de Benha, sur le Nil (chemin de fer d'Alexandrie au Caire) ; près de Plymouth, au grand pont de Saltash, qui traverse un bras de mer ; tout dernièrement, à Bordeaux, pour le viaduc de jonction du chemin de fer d'Orléans avec le chemin de fer du Midi.

Cependant il survint dans tous ces travaux une difficulté. On ne pouvait asseoir le corps des piles que sur des colonnes de maçonnerie plus ou moins rapprochées, condition gênante et nécessitant une grande perte de temps. Il eût fallu recourir de suite à de larges empatements ; mais, la surface de fondation augmentant, les vestibules d'entrée de chaque cylindre n'eussent plus suffi à l'enlèvement des déblais. Il y eut toujours là un point défectueux qui empêcha peut-être la méthode Triger de prendre toute l'extension dont un perfectionnement récent l'a rendue susceptible.

M. Fleur-Saint-Denis vit du premier coup d'œil le défaut du procédé. Il résolut de vaincre la difficulté et de plier la nouvelle méthode aux exigences de la question.

La construction du pont du Rhin est venue démontrer

l'excellence de ses prévisions et généraliser à l'avenir les fondations par l'air comprimé.

M. Saint-Denis eut l'heureuse idée de substituer aux tubes de M. Triger une caisse en tôle, ou plusieurs caisses liées entre elles et en communication, sur lesquelles la maçonnerie pouvait s'élever au fur et à mesure de leur enfoncement, et songea en outre, et c'est là le point capital, à faire évacuer les déblais du fleuve, non plus par les vestibules d'entrée, beaucoup trop étroits, mais par un tube qui, plongeant dans l'eau refoulée, reparaissait à la surface. Dans ce tube, assez large pour y placer une noria, les déblais poussés dans le trou où plongeaient successivement les godets de la noria, reparaissaient à la surface après avoir traversé la colonne d'eau.

On conçoit que cette ingénieuse idée de l'extraction directe des déblais résoud complétement le problème de l'application de l'air comprimé à la fondation de larges surfaces pour de grandes masses de maçonnerie.

C'est ce système qui a été suivi de tous points au pont du Rhin.

M. Fleur-Saint-Denis employa de grands caissons en tôle, ouverts par leur partie inférieure, hermétiquement fermés par leur partie supérieure. Ces caissons avaient 7 mètres de longueur sur 3$^m$40 de largeur; on en accolait quatre pour les piles culées, et trois seulement pour les piles en rivière. Une fois fortement reliés par des boulons, ils étaient descendus sur l'emplacement des piles à l'aide de verrières.

Hâtons d'ajouter maintenant, pour être exact, que la paroi supérieure, parfaitement close, de chaque caisson,

était percée de trois ouvertures circulaires, deux trous latéraux ayant chacun 1 mètre de diamètre, un trou central
de 1$^m$50. Deux grandes cheminées latérales s'engageaient
dans les trous latéraux et atteignaient une hauteur telle
que, une fois les caissons plongés dans l'eau, elles s'éle-
vaient toujours au-dessus du niveau du fleuve. Elles étaient
surmontées chacune d'une chambre à air munie de soupapes pour l'introduction des ouvriers.

L'ouverture du milieu donnait passage à un troisième
tuyau ou cheminée centrale ouverte aux deux bouts, qui
descendait à travers le caisson jusqu'au fond de la rivière.

Au commencement de l'opération, quand les caissons
venaient d'être descendus dans le fleuve, l'eau s'élevait
dans les cheminées au même niveau que dans chacune
des caisses. Mais bientôt une machine à vapeur extérieure
refoula de l'air dans les deux cheminées latérales, qui se
vidèrent. L'air afflua partout dans les caissons et chassa
l'eau par les cheminées centrales. Chaque caisson se trouva
ainsi rapidement à sec. Des ouvriers furent introduits par
les chambres à air, véritables petites écluses, et descen-
dirent dans les caissons, où ils furent à même de défoncer
le sol.

Une seconde machine à vapeur mettait en mouvement
une noria logée dans la cheminée centrale, pleine d'eau.
On sait qu'une noria est composée d'une chaîne sans fin
passant sur deux roues et à laquelle sont fixés des godets.
C'est, en un mot, l'appareil que l'on voit sur les bateaux
dragueurs de la Seine pour nettoyer ou approfondir les
rivières. Les godets, entraînés par la machine, montaient
de la partie inférieure de la cheminée à la partie supé-

rieure, se chargeaient de gravier que les ouvriers enlevaient, avec leurs outils, tout autour de la caisse sur les bords et repoussaient vers la cheminée centrale, et ils se vidaient à la partie supérieure dans un conduit incliné en bois, par lequel le gravier glissait dans un bateau où on le recueillait.

Quand les caissons furent descendus assez profondément, on maçonna leur intérieur, on enleva les cheminées, qu'on remplit avec de la maçonnerie, et l'on eut ainsi une base de pile compacte, maçonnerie et tôle, assez solide pour défier la durée des siècles.

Pour le fonçage de la première pile, on avait élevé au-dessus des parois du caisson en tôle une caisse en bois dans laquelle on coula du béton. Pour les trois dernières, on supprima le caisson en bois et on éleva sur les caisses en tôle, au fur et à mesure de leur descente, un massif continu de maçonnerie parementée en libage ou en moellons smillés. On prit soin aussi de réunir d'une manière invariable les caissons d'une même pile et d'établir des communications entre eux à l'aide d'ouvertures pratiquées dans les parois latérales. Ces dernières modifications eurent pour résultat une économie notable et diminuèrent de beaucoup la durée des travaux.

On descendit les caissons jusqu'à 20 mètres au-dessous de l'étiage, à travers le gravier. C'est la profondeur des fondations de chaque pile. L'air nécessaire au refoulement de l'eau fut fourni aux caisses par une machine soufflante actionnée par une machine à vapeur de la force de vingt-cinq chevaux, à deux cylindres oscillants, du système Cavé. L'effet utile de cette machine était de 355 mètres cubes d'air par heure. On l'avait installée sur un bateau amarré près de la pile en fondations.

Pour régulariser la descente des caissons, quatre ouvriers travaillaient dans leur intérieur. Choisis parmi les plus robustes, ils dégageaient les parois verticales et rejetaient le gravier dans le puisard formé par la drague. Ils travaillaient huit heures par jour, en deux postes de quatre heures, séparés par un intervalle d'égale durée.

Les gravures, jointes au texte sont extraites de l'excellent *Traité des chemins de fer* de M. Perdonnet, administrateur des chemins de fer de l'Est, montrent la disposition générale des caissons et font parfaitement comprendre la méthode ingénieuse de fondation par l'air comprimé.

Un système nouveau, comme celui que nous décrivons rapidement, est toujours longuement et vivement discuté par les ingénieurs qui prennent une part directe ou indirecte à l'ensemble des travaux. C'est ainsi que l'opinion qui prévalut, contrairement à celle de l'ingénieur dont la responsabilité était la plus fortement engagée, fut de diviser le travail. M. Fleur-Saint-Denis s'était proposé d'enfoncer un seul caisson de très-grande dimension pour chaque pile ; on s'imagina qu'il serait difficile, sinon impossible, de manœuvrer une caisse de vingt-huit mètres de longueur sur cinq mètres de largeur. Il serait beaucoup plus commode, disait-on, de rectifier avec quatre caissons indépendants les déplacements verticaux ou latéraux que des obstacles improvisés pourraient occasionner dans la descente.

Les systèmes préconçus sont exclusifs de leur nature ; la séparation était devenue, pour ainsi dire, une question internationale, résolue d'ailleurs d'un commun accord.

Cependant l'expérience a prouvé qu'il eût été tout aussi simple de fonder chaque pile avec un seul caisson, comme l'avait décidé, dès le principe, l'ingénieur principal, M. Fleur-Saint-Denis. Car, en somme, on a été conduit à faire que les quatre caissons équivalaient à un seul, tant la liaison était solide, tant les ouvertures des parois juxta-posées étaient larges, pour communiquer d'un caisson à l'autre.

Le pont du Rhin comprend quatre piles en rivière, sé-parées entre elles par un espace de 56 mètres. Au delà des deux piles extrêmes, se trouvent deux travées de 26 mètres chacune, occupées par deux ponts tournants, de telle sorte que le débouché des eaux du Rhin est de 220 mètres.

La longueur totale entre les parements des culées de rive est de 255 mètres et de 309 mètres entre les terre-pleins, qui ferment les extrémités du pont. Seules, les quatre piles sont fondées par l'emploi de l'air comprimé. Quant aux culées, après avoir dragué plusieurs milliers de mètres cubes de gravier, on a fait glisser dans chaque excavation un immense caisson pouvant contenir tout le béton de la fondation.

La superstructure du pont se compose de trois fermes, en treillis de 6 mètres de hauteur, entre lesquelles sont placées les deux voies de fer. Ces fermes, de 180 mètres de longueur entre les piles-culées, ont été amenées sur place au moyen d'un rouleau et d'une série de treuils. On a eu ainsi à remuer 2,000,000 de kilogrammes de tôle.

Avant de commencer la fondation des piles, on dut re-

lier entre elles les deux rives du Rhin par un pont de
service. Une fois ces installations préparées, on passa
immédiatement à l'immersion des caissons.

Nous donnerons une idée de la rapidité avec laquelle
les travaux furent poussés, quand nous aurons dit que les
fondations des quatre piles, commencées en mars 1859,
étaient complétement achevées à la fin de décembre de
la même année.

C'est le 6 avril 1861 qu'a eu lieu l'inauguration du
pont du Rhin. On a donc mis à peine deux ans à mener
à bonne fin un travail aussi gigantesque. Il y a quelque
vingtaine d'années, il eût fallu presque toute une géné-
ration d'hommes pour ériger un pont de cette importance.
Invincible puissance du progrès! ayons confiance dans
l'avenir. Il n'est point de difficulté qui ne puisse être
vaincue par la science.

La construction du pont du Rhin a été partagée en deux
lots entre la compagnie française du chemin de fer de
l'Est et le gouvernement grand-ducal badois.

La compagnie de l'Est confia à MM. Castor et Joquelot
les travaux de dragage et d'enfoncement des piles. Les
caissons furent construits à l'usine de Graffenstadt, près
de Strasbourg. MM. Venter et Vurzer furent chargés des
travaux de maçonnerie.

Le gouvernement badois construisit toute la superstructure du pont. Après avoir provoqué les offres des
industriels allemands et français, il accorda le pont fixe
à M. Benhiser, de Pforzhein (Bade), et les deux ponts tournants à l'usine de Graffenstadt (France), que dirige avec
tant d'habileté M. Mesmer.

Voici les résultats des divers essais auxquels le pont de
Kehl a été soumis. Nous les donnons, après avoir cité le
nom des entrepreneurs qui ont participé à l'érection du
pont, car ils leur font honneur, et témoignent hautement
de la bonne exécution des travaux.

On a reconnu que deux hommes pouvaient suffire à la
manœuvre de chaque pont tournant, dont le poids n'est
pas moindre de 350,000 kilogrammes.

On a constaté que, par suite du passage sur la voie et
du stationnement d'un premier train composé de cinq
locomotives avec leurs tenders d'un poids chacun de
35,000 kilogrammes, soit, ensemble, de 175,000 kilo-
gammes, la première travée fixe de la rive française a
supporté 3,400 kilogrammes par mètre courant de voie.

Un autre train, composé d'une locomotive et de quinze
wagons remplis de pierrailles, et donnant une charge de
1,700 kilogrammes par mètre courant, s'est engagé sur la
voie, et est venu stationner sur la travée du milieu de la
voie nord. Ces deux trains se sont ensuite rapprochés, et
ont stationné ensemble sur chacune des travées fixes.

Deux trains, composés de cinq locomotives chacun, ont
passé également sur chacune des voies du pont tournant
et du pont fixe, en marchant de front, et ont stationné
successivement sur chacun des ponts tournants et sur
chacune des travées.

La charge totale, alors de 350,000 kilogrammes, était
de 6,000 kilogrammes par mètre courant du pont.

Ces deux trains ont encore passé à toute vitesse, en se
croisant sur le pont.

Pendant ces différents essais, les flexions n'ont été, en

moyenne, que de 8 à 10 millimètres ; la plus forte flexion a été de 20 millimètres. Le tablier s'est relevé de 13 millimètres après l'expérience, en sorte que, finalement, il est resté en dépression de 7 millimètres.

Si, comme nous le disions précédemment, ces résultats témoignent de la parfaite exécution des travaux, ils prouvent d'une manière non moins éclalante la parfaite exactitude des calculs qui ont servi de base au projet. C'est la juste récompense du talent et de l'habileté des deux ingénieurs qui ont conçu et dirigé l'érection de ce pont monumental. Les noms de MM. Vuigner et Fleur-Saint-Denis resteront éternellement attachés à cette œuvre grandiose.

Le mérite est de tous les pays ; nous devons nommer aussi l'ingénieur chargé de la direction des travaux de la section badoise du pont du Rhin, M. le baron de Kageneck. Il porte maintenant le cordon de la Légion d'honneur.

Le pont du Rhin a été inauguré en grande pompe, le 6 avril dernier, au milieu des représentants les plus éminents de la science, de l'industrie et de la presse. Des fêtes splendides données à Strasbourg, par la Compagnie de l'Est, et à Bade, par le gouvernement grand-ducal, ont consacré la fin des travaux et la jonction de la rive française à la rive badoise.

Nous ne saurions mieux terminer cette étude qu'en rapportant ici les heureuses paroles prononcées à cette occasion par M. Perdonnet, l'éloquent représentant de la Compagnie de l'Est, et par M. Weizel, ministre des travaux publics du gouvernement grand-ducal.

Après avoir développé, dans une improvisation pleine de verve et de vigueur, les précieux avantages que l'établissement du pont fixe amènera pour les deux pays, M. Perdonnet souleva, avec le plus grand à-propos, la question des ponts tournants qu'une idée de méfiance a fait construire aux deux extrémités du pont fixe.]

« Ce matin, ajouta-t-il en finissant, nous avons ouvert un des ponts tournants pour en examiner le mouvement ; espérons que ce sera la première fois et la dernière fois que nous aurons exécuté cette manœuvre. »

Le ministre badois, M. Weizel, prit la parole à son tour, et remercia M. Perdonnet des sentiments généreux qu'il venait d'exprimer à l'égard de l'Allemagne.

« Ce pont, a-t-il dit, que nous avons construit avec du fer, ne reliera pas seulement la France au grand-duché de Bade, mais à la patrie allemande tout entière ; car à l'époque où nous sommes, le fer ne doit plus servir à forger des glaives, mais à souder des liens pacifiques et indissolubles entre toutes les nations. »

On ne pouvait mieux dire et de pareilles paroles ne doivent pas passer inaperçues.

4 mai.

# XIV



Les accidents récents qui viennent de se produire sur deux des plus grandes lignes de France et d'Angleterre mettent de nouveau à l'ordre du jour une question d'un intérêt universel ; nous voulons parler de la sécurité des transports sur les voies ferrées.

Est-il, oui ou non, possible de garantir les voyageurs contre les périls qui peuvent tout à coup surgir sur les chemins de fer? Existe-t-il des moyens efficaces de prévenir les accidents?

Si jamais vous posez pareille demande à des directeurs d'exploitation, à des chefs du mouvement de nos principales lignes, on ne manquera pas de vous répondre sournoisement *oui* et *non*.

Oui, dira-t-on, il est possible d'éviter les accidents à l'aide d'un service bien entendu, au moyen d'une police bien faite. C'est là le seul point qu'il faille prendre en considération sérieuse, et toute bonne exploitation correspond à une sécurité parfaite.

Quant à des procédés mécaniques, quant à des appareils, quels qu'ils soient, destinés à prévenir les collisions des convois, ajoutent ces messieurs du métier, il n'en existe aucun d'efficace ou de pratique ; la question prise sous ce point de vue n'est plus digne d'attention ; on ne peut que plaindre ceux qui passent leur temps à chercher de pareilles chimères.

Tel est, ou à peu près, le langage de ceux qui ont pour mission de veiller à la sûreté de nos transports et de perfectionner nos grandes voies ferrées. Parce qu'ils ont vieilli sur le ballast et que leur visage a été bronzé depuis des années par la fumée des locomotives, toute innovation apportée par un étranger à leur service spécial leur semble impraticable et dépourvue de tout intérêt.

Faites-vous graisseur, garde-frein, chauffeur, tout ce que vous voudrez, en un mot, cher monsieur, disent-ils d'un ton goguenard à l'inventeur ahuri, mais ne nous parlez de perfectionnement à introduire dans le service que lorsque vous aurez passé avec nous quelques dizaines d'années. Hors du sanctuaire, pas de salut !

Quand vous aurez graissé les locomotives six ans, appuyé sur les aiguilles cinq ans, empilé de la houille sur le tender trois nouvelles grandes années, puis roussi vos cheveux au foyer de la chaudière quelques lustres en sus, alors venez, vous commencerez à ne plus bégayer, et l'on daignera faire quelque attention à vos paroles.

Grand merci! messieurs, de l'explication; s'il nous arrive jamais d'avoir le malheur de trouver quelque bonne idée qui puisse vous enrichir, vous et les vôtres, nous nous empresserons de la garder pour nous. Nous en ferons profiter nos arrière-petits-neveux, si jamais les chemins de fer ont leur âge d'or.

Pourquoi vous occupez-vous de ce qui se passe sur nos lignes? nous crie-t-on à tue-tête. Est-ce que cela vous regarde?

— Mais vous tuez notre prochain. Cela nous émeut, que diable!

— Qu'avez-vous à dire, puisque nous tuons beaucoup moins de monde que les diligences? Il y a progrès : donc nous sommes méritants.

D'accord; mais vous devenez coupables s'il est démontré que les personnes que vous tuez pourraient se porter encore à merveille et que vous les supprimez de la société en pure perte et sans profit pour personne!

Voilà le point délicat, messieurs, et il vaut bien la peine qu'on y insiste, ce nous semble. C'est pourquoi nous nous occupons de ce qui ne nous regarde pas d'après les gens du métier, de ce qui, par conséquent, concerne l'humanité tout entière.

D'abord, est-il vrai, est-il admissible qu'un service, aussi bien organisé que possible, soit suffisant pour prévenir les accidents comme on le crie par-dessus les toits?

Cela peut paraître évident aux gens du métier; mais nous avouons humblement que le contraire nous paraîtrait bien plus évident. Voyons, entre nous, messieurs,

est-ce que nous sommes infaillibles? est-ce qu'une faute
ne peut échapper à un employé une vie durant? les Ro-
mains, que nous cherchons à imiter, disaient bien, malgré leur orgueil : *Errare humanum est*. En toute conscience, et bien que les temps soient changés, nous ne
pouvons pas dire : *Non errare humanum est*.

Qui nous différencierait donc de la divinité ? On nous
prendrait pour des athées, malgré toutes nos bonnes qualités et notre excellent caractère. Non, en vérité, cela ne
se peut. Donc, un jour ou l'autre, un train passant à toute
vapeur nous trouvera en défaut, et les voyageurs ébré-
chés, les wagons brisés seront là pour en faire foi.

Nous savons bien que personne ne sera fautif, mais
chacun, à part soi, se promettra bien de faire plus attention une autre fois; en attendant, le mal sera fait et sera
irréparable.

Quelques-uns, d'un naturel excellent et philosophes par
tempérament, s'écrieront : Eh bien, un peu plus tôt,
un peu plus tard, il eût bien fallu en venir là; et d'ailleurs les diligences causaient bien d'autres dégâts! En
somme, tout est pour le mieux.

Quoi qu'il en soit, il est bien certain que tant qu'on
s'en reposera uniquement sur l'attention d'hommes de service, d'ailleurs, fort mal rétribués, pour éviter les sinis-
tres sur les voies ferrées, on ne sera jamais en droit d'affirmer qu'on aura tout fait pour éviter les accidents.

Ce qu'il faut, au contraire, ce qui réellement augmentera les chances de sécurité, ce sont des appareils
automatiques agissant mécaniquement pour éviter toute
rencontre. Ce que les gens du métier condamnent comme

mauvais en principe, nous ne pouvons nous empêcher de le prôner et de le considérer comme le seul système dmissible dans un avenir prochain.

La machine obéit toujours ; elle agit constamment. Mille causes diverses peuvent influencer un employé et lui faire oublier son devoir au moment le plus important.

Nous pensons donc, n'en déplaise à l'opinion généralement exprimée, que la question de la sécurité des transports est entièrement subordonnée à l'invention d'appareils automateurs convenables agissant mécaniquement pour prévenir les accidents. Nous irons plus loin, nous avancerons qu'il existe depuis longtemps déjà des systèmes excellents et qui répondraient à toutes les exigences du service. Seulement on n'a pas daigné y consacrer la moindre attention, parce qu'ils touchent de près à l'exploitation, parce qu'ils exigeraient quelques frais, parce qu'enfin, ici comme ailleurs, il y a la force d'inertie qui fait tout graviter dans le même cercle sans qu'on ose jamais sortir de la règle commune.

On aime mieux se plaindre, gémir sur le malheur des autres, mais suivre toujours le même chemin, parce que d'autres l'ont suivi et qu'il faut faire comme les autres.

Nous savons bien que les ingénieurs de talent qui sont à la tête de nos compagnies ont à plusieurs reprises tenté des améliorations; mais, préoccupés par des considérations d'un autre ordre, ils ne peuvent s'arrêter sur des essais qui ne les concernent pas directement. Les ingénieurs des travaux n'ont rien à démêler avec les services de l'exploitation et du mouvement.

Après avoir montré que la sécurité sur nos grandes

lignes n'est nullement subordonnée à une organisation administrative plus ou moins excellente, mais bien à l'action directe d'appareils automoteurs, il nous reste à donner une idée des procédés qui pourraient être employés pour faire passer le problème de l'ordre spéculatif dans le domaine pratique.

Nous avons dit que déjà depuis longtemps on avait imaginé un grand nombre d'appareils automoteurs propres à éviter les accidents. S'il nous fallait les décrire tous, nous serions dans la nécessité de consacrer plusieurs mois à ce travail spécial. Les uns sont très-ingénieux, mais impraticables ; les autres compliqueraient outre mesure le service ; d'autres encore n'offriraient pas dans la pratique les chances de sécurité désirable, en sorte que leur nombre réel se trouve réduit de beaucoup.

On peut citer, parmi les systèmes réellement susceptibles d'heureuses applications, ceux de M. le vicomte Th. du Moncel, ingénieur électricien, de M. Bonelli, de M. Achard, ingénieur civil, de M. Guillard, capitaine du génie, de M. de Castro, ingénieur au corps royal des mines d'Espagne, etc. Il est certain que leurs appareils, employés séparément ou combinés entre eux, ne pourraient donner que de bons résultats.

Nous en décrirons un aujourd'hui, qui nous parait être l'un des plus simples et l'un des plus pratiques ; il a, en outre, pour nous l'avantage d'être compréhensible pour tous et de faire parfaitement concevoir comment il serait possible de diminuer considérablement les chances d'accidents sur nos chemins de fer.

Que penserait le public, si on venait lui dire qu'à l'aide

d'appareils aussi simples que pratiques, il est impossible que deux trains s'approchent trop près l'un de l'autre sans s'arrêter? que penserait-il surtout, s'il réfléchissait que le système a été proposé, approuvé, et qu'il ne fonctionne encore nulle part?

Le fait est cependant là dans toute son importance et sa simplicité brutale.

Que deux convois s'approchent outre mesure par suite de circonstances imprévues, que la collision devienne imminente, peu importe, par le fait même de leur rapprochement trop considérable, le système que nous allons indiquer les oblige à s'arrêter d'eux-mêmes.

Ainsi, de ce côté, plus de danger ; deux trains ne s'apercevant pas à cause du brouillard ou par suite de toute autre circonstance viennent-ils à toute vapeur à la rencontre l'un de l'autre, quand ils ne seront plus qu'à deux kilomètres de distance ils s'arrêteront forcément, sans le concours des mécaniciens et automatiquement. Le mécanicien est-il ivre, a-t-il été jeté sur la voie, peu importe, les locomotives s'arrêteront comme par enchantement, comme au coup de baguette d'une fée protectrice.

Que les trains se suivent de trop près au lieu d'aller à la rencontre l'un de l'autre, le même effet se produira de lui-même. Les convois ne pourront poursuivre leur route. Les collisions près d'embranchements avec la voie principale seront également évitées avec la même simplicité et la même sûreté.

Mais il ne suffisait pas qu'en cas de danger les trains fussent forcés de s'arrêter eux-mêmes, il fallait encore que chaque convoi en particulier pût connaître la nature de l'obstacle qui lui barrait la voie; il devenait nécessaire d'établir une correspondance suivie entre les conducteurs des deux trains menacés. C'est ce qu'on peut parfaitement bien faire à l'aide de petits tronçons de lignes télégraphiques inhérentes au système proprement dit. En outre et au besoin, un train en détresse pourra toujours demander le long de la ligne des secours à la station la plus voisine.

On le voit, les avantages sont assez marqués pour qu'on puisse s'arrêter un peu sur ce système. Nous entrerons donc à son sujet dans quelques détails.

C'est à l'électricité que nous avons recours pour résoudre le problème de la parfaite sécurité sur nos voies de fer. L'électricité bien employée constitue en effet une force pliable à beaucoup d'usage et apte à rendre de grands services dans certaines circonstances particulières.

Quand un courant électrique passe à travers de nombreux fils contournés en hélice sur un morceau de fer doux replié en forme de fer à cheval, il communique à ce morceau de fer toutes les propriétés d'un aimant; le fer perd immédiatement ses propriétés quand le courant électrique ne passe plus. Cet effet, bien connu des physiciens, est devenu le point de départ du télégraphe électrique.

Un simple courant électrique peut ainsi produire une force assez considérable qui dépend du nombre des fils enroulés sur le morceau de fer nommé dans la science *électro-aimant*. Qu'on établisse et qu'on interrompe successivement le passage du courant, et évidemment on aura un morceau de fer susceptible d'opérer une série d'attractions sur un autre morceau de fer, et par suite donnant lieu à un mouvement mécanique continu.

Si, au lieu de faire passer un seul courant électrique dans les fils, on en faisait passer deux, la force d'attraction de l'électro-aimant serait doublée, et le morceau de fer d'un poids supérieur qui, dans le premier cas, n'eût pu être soulevé, le serait maintenant sans difficulté.

C'est sur cette remarque qu'est fondé tout le système sur lequel nous appelons l'attention. Entrons dans sa description.

Nous établissons tout le long de la voie, entre les deux rails, deux fils de fer espacés seulement de quelques millimètres. Ces fils sont interrompus tous les quatre kilomètres, et chaque interruption est située au milieu de la distance qui sépare les solutions de continuité de l'autre; ces fils sont d'ailleurs très-solidement supportés par des isolateurs en porcelaine et constituent de parfaits conducteurs de l'électricité communiquant avec le sol tous les quatre kilomètres.

Ceci dit, imaginez sur chaque locomotive une pile électrique mise en rapport avec les conducteurs de la voie à l'aide d'un frotteur-brosse métallique assujetti à se mouvoir sur les fils d'une manière constante.

On ne pourra pas dire jusqu'ici que cette disposition soit bien difficile à obtenir dans la pratique; on ne pourra pas dire non plus qu'elle sera bien coûteuse. Le premier ouvrier venu saura toujours poser des fils et construire un frotteur. Quand on réparera la voie, ce qui arrive assez souvent, les fils ne seront pas bien gênants; on les enlèvera dans la portion du travail, et tout sera dit; le reste

de la voie n'en sera pas moins pour cela complétement
à couvert, comme on le verra dans quelques instants.

On fait ainsi descendre par cette disposition de chaque
locomotive un courant électrique qui parcourt seulement
une longueur de quatre kilomètres pour aller se perdre
dans le sol, aux deux extrémités du tronçon de conducteur. Ce courant n'a donc d'action que dans un réseau
d'une lieue.

Il est mis en communication avec un électro-aimant
placé sur la locomotive même. A l'aide d'un mécanisme
très-simple, quand l'électro-aimant acquiert une force
suffisante, il agit sur un déclic qui fait partir immédiatement une sonnerie persistante destinée à prévenir le mécanicien ; en même temps, le même mécanisme ouvre
l'échappement de vapeur, et la machine s'arrête bientôt.

Mais, et c'est là le point important, cet effet ne peut se
produire que lorsque l'électro-aimant est soumis à l'action
d'un courant plus puissant, presque double de celui qui
lui est fourni par la pile de la locomotive. Sinon, le rôle
de l'électro-aimant reste complétement nul.

Il résulte de là que lorsqu'une *seule* locomotive parcourt un tronçon de deux fils métalliques accouplés, un
seul courant passe et l'appareil ne fonctionne pas; mais
aussitôt qu'une *seconde* locomotive survient sur le même
tronçon, à une distance qui ne peut pas être moindre de
*deux kilomètres*, par suite de la disposition même des solutions de continuité des fils, elle lance un nouveau courant
électrique qui vient dans chacune des locomotives ajouter
son action à celle qui existait déjà : la puissance de l'électro-aimant est doublée; l'appareil fonctionne, la vapeur

s'échappe et les deux convois épuisent leur vitesse acquise avant d'avoir pu se rencontrer. En outre, deux petits appareils télégraphiques placés sous la main des mécaciens leur permettent de correspondre aussitôt entre eux.

Il n'y a rien là d'impraticable, et c'est, comme tout le monde peut en juger, l'application nouvelle des faits scientifiques bien connus et vérifiés déjà en maintes occasions.

C'est cependant la solution d'un problème qui, de prime abord, paraît insoluble : obliger deux trains à s'arrêter, par le seul fait de leur présence trop rapprochée ; ce résultat tient de la magie, et cependant, on vient de le voir, il peut être obtenu et bien facilement.

Le danger des collisions évité, il restait encore à prévenir les accidents produits par des éboulements ou par des obstacles imprévus.

On y parvient avec la plus grande facilité en mettant entre les mains de tous les cantonniers de la ligne une simple tige métallique très-légère, mais assez longue pour pourvoir être suspendue à l'occasion aux fils télégraphiques de la ligne. Aussitôt qu'un obstacle quelconque empêchera la circulation, il suffira à un cantonnier de joindre les conducteurs électriques aux fils télégraphiques pour que les convois qui approcheront et les stations les plus voisines soient prévenus de l'encombrement de la voie.

Tout convoi, en effet, qui parviendra sur la portion du conducteur mise en communication avec les fils télégraphiques, fera passer un courant dans ces fils. Ce courant préviendra les stations, qui, à leur tour, feront passer sitôt   un nouveau courant électrique assez puissant

pour mettre en mouvement l'appareil automoteur de la
locomotive. Celle-ci s'arrêtera donc avant d'être parvenue
jusqu'à l'obstacle signalé.

Par des dispositions non moins simples, les stations
et les garde-barrières seront toujours prévenus à temps
et automatiquement de l'arrivée d'un train. On évitera
encore de ce côté des accidents malheureusement trop
fréquents.

Quant au bon fonctionnement de l'appareil, il est jugé
d'avance, puisqu'il ne diffère pas des instruments télégraphiques employés depuis des années. A tous les points
de vue donc l'invention semble efficace et mériterait bien
les honneurs d'un essai.

Il n'est pas inutile de faire remarquer que chaque portion de la ligne se trouvant, par la disposition même des
fils, complétement indépendante, quand une réparation
de la voie devient nécessaire, le système n'en fonctionne
pas moins régulièrement le long de toute la ligne; la ré-
gion où s'effectue le travail est la seule qui ne soit pas
sauvegardée dans un circuit de quelques mètres. C'est
là un point important et qui différencie ce système de
tous ceux qui ont été proposés. On arrivait bien, en effet,
jusqu'ici, à couvrir la voie dans l'exploitation normale,
mais, en cas de réparation, elle se trouvait complétement
à découvert et exposée à tous les accidents ordinaires.

Nous le répétons en terminant, il est possible, sinon
d'éviter complétement, du moins de diminuer considérablement les chances d'accidents sur les chemins de fer,
en ayant recours à des appareils mécaniques. Bien qu'ils
aient été décriés, nous maintenons qu'eux seuls résou-

dront la question dans toute sa généralité. Sans eux, jamais de sécurité véritable. Nous en avons décrit un ; il en existe encore bien d'autres qui, eux aussi, ont leur valeur.

Qu'on se donne donc la peine de les examiner, de les essayer, et ceux qui auront pris cette noble initiative auront certainement rendu un grand service à la société tout entière.

# XV



On a tant loué le nouveau moteur de M. Lenoir, on en a
tant médit, on a écrit tant d'articles contraires, on a été
si enthousiaste et si sévère, on a, en un mot, si fatigué le
public de la nouvelle machine par des opinions radicalement opposées, que nous nous garderions bien à notre
tour de hasarder la moindre ligne, si nous ne jugions utile
de donner au moins à nos lecteurs une idée nette et
exacte sur une invention qui restera toujours une des plus
importantes applications de la science contemporaine.

Il ne s'agit donc pas ici de rappeler les différentes théories plus ou moins exactes qu'on a émises sur la machine Lenoir. Il en a plu et il en pleut encore. Il ne s'agit pas non plus de passer en revue les tentatives qui ont conduit au moteur à gaz ; nous ne ferons pas d'histoire ; nous voulons être court[1].

Mais, pour être court, soyons cependant logique, et donnons une idée générale des moteurs.

Qu'est-ce d'abord qu'une machine à vapeur?

On a si souvent le talent d'embrouiller les choses les plus simples, qu'à l'époque où nous vivons, il y a encore beaucoup de personnes qui n'ont aucune idée du principe sur lequel reposent les moteurs à vapeur. On s'imagine que tout ce qui est machine est tellement compliqué, tellement hors la portée des masses, que d'y consacrer quelques moments d'attention, en passant, est peine superflue.

Cependant, qu'est-ce qu'un moteur à vapeur, sinon un cylindre, un gros tube, dans lequel peut se mouvoir à frottement doux un piston? Rien n'est plus simple, rien n'est plus compréhensible.

Ne croyez donc jamais ceux-là qui crient par-dessus les toits que la science est un rébus impossible à déchiffrer, que les machines, pour être comprises, exigent des années d'études spéciales; tout ici-bas est simple, accessible à tous, à tous sans exception. Si les lois immuables de la nature, si les phénomènes que nous sommes à même

---

[1] Ceux que la question intéresserait tout spécialement trouveront des détails dans les comptes rendus de la Société des ingénieurs civils, dans la *Presse scientifique des Deux Mondes*, dans le *Cosmos*, dans les *Annales du Conservatoire* et dans un article que nous avons publié au *Constitutionnel*, le 27 août 1860.

d'observer tous les jours, si toutes les applications de la physique et de la chimie ne sont pas comprises du premier jet par tout le monde, la faute n'en est pas à la science, mais à son faible interprète. Qu'on blâme l'écrivain, mais jamais l'aridité de son sujet. Le peintre peut être inhabile et l'œuvre rester sublime!

Une machine à vapeur, que beaucoup de personnes regardent comme un type de complication, nous l'avons dit, ce n'est simplement qu'un cylindre dans lequel se meut un piston. Les organes qu'on y remarque encore, ont assurément leur utilité spéciale, mais ne sont en définitive que des accessoires.

Voulez-vous la mettre en mouvement? Faites arriver successivement de la vapeur au-dessous et au-dessus du piston. En vertu de sa force expansive, elle poussera alternativement le piston d'un côté et de l'autre, et vous aurez ainsi un mouvement de va-et-vient que chacun saura toujours transformer en mouvement circulaire.

Il serait, on en conviendra, fort incommode de distribuer ainsi la vapeur tantôt en bas, tantôt en haut dans le cylindre. Aussi, une disposition toute naturelle remédie à cet inconvénient et oblige la force à n'agir qu'alternativement. Le cylindre est muni de ce que les mécaniciens nomment *un tiroir*, espèce de petite chambre communiquant avec la chaudière à vapeur et percée de deux conduits donnant accès, l'un à la partie inférieure, l'autre à la partie supérieure du cylindre. La machine ferme et ouvre elle-même à tour de rôle chacune de ces ouvertures et oblige ainsi la vapeur à se distribuer convenablement.

Voilà en quelques lignes la description de toutes les machines à vapeur.

Remplacez la vapeur par de l'eau ; supposez que ce soit la pression de l'eau qui fasse monter et descendre le piston, vous aurez l'idée des machines à colonnes d'eau employées à la place des moteurs à vapeur dans certaines usines et en particulier dans l'exploitation des mines.

Substituez à la vapeur d'eau tout à la fois de la vapeur d'eau et de la vapeur d'éther ou de chloroforme, et vous saurez ce qu'on doit entendre par machines à vapeur combinées de MM. du Tremblay, Lafond, etc.

Employez au lieu de vapeur un gaz dont la force d'expansion soit considérable, de l'acide carbonique, de l'ammoniaque, et vous aurez des notions parfaitement exactes sur les moteurs proposés il y a quelques années.

Ayez recours non plus à de la vapeur ou à du gaz, mais simplement à du fulmi-coton qui s'enflammera au-dessus et au-dessous du cylindre, vous arriverez ainsi à des tentatives ingénieuses, mais dénuées de succès pratique, qui ont attiré en leur temps l'attention des mécaniciens.

Enfin, laissez de côté la vapeur, les gaz, le fulmi-coton ou la poudre, utilisez tout bonnement la force de dilatation de l'air. Chauffez de l'air que vous ferez agir sur le piston d'un cylindre, vous serez conduit aux machines américaines Ériccon et à toute cette série de machines à air chaud dont on a fait si grand bruit dans ces dernières années.

Même principe, même moyen.

De là, au moteur Lenoir, il n'y a qu'un pas. C'est une machine à air chaud comme les précédentes. Toujours le cylindre, toujours le piston, toujours les tiroirs.

Seulement, jusqu'ici, on chauffait l'air avec un foyer. M. Lenoir a trouvé plus original d'employer un autre mode de chauffage ; voilà tout.

Il nous devient nécessaire ici de faire une courte digression pour la complète intelligence de ce qui suivra. Nous ne craignons pas d'être élémentaire.

Tout le monde sait maintenant que l'air que nous respirons est un mélange en parties inégales de deux gaz l'un nommé *oxygène*, l'autre appelé *azote*, avec quantités appréciables de vapeur d'eau. L'eau elle-même résulte de la combinaison du gaz oxygène avec un autre gaz bien connu, puisqu'il entre dans la composition du gaz d'éclairage, l'*hydrogène*.

Prenez de l'hydrogène, deux parties en volume, de l'oxygène une partie en volume. Allumez le mélange renfermé dans un flacon épais et enveloppé dans un linge.

Aussitôt une forte détonation se fera entendre, et les deux gaz disparaîtront. Il vous sera facile de constater qu'une métamorphose se sera produite. Les gaz se seront transformés en eau. En brûlant l'hydrogène, vous aurez fait de l'eau.

On peut obtenir la combinaison de l'hydrogène et de l'oxygène non pas seulement en approchant du mélange un corps enflammé, mais encore en faisant passer au milieu des gaz une étincelle électrique. Immédiatement la détonation a lieu.

Quant à la détonation en elle-même, elle s'explique

sans difficulté. L'eau, qui s'est formée dans cette circonstance s'est produite à une température énorme, s'est par suite réduite en vapeur et a occupé un volume considérable en chassant devant elle l'air du flacon. De là ce bruit; puis cette vapeur, rencontrant les parois froides du flacon, s'est liquéfiée pour ne plus occuper qu'un petit volume. De là, rentrée subite de l'air. Second bruit. Ces deux détonations sont si rapprochées, que généralement l'oreille n'en perçoit qu'une.

Il résulte de ce que nous venons de dire, que, chaque fois que de l'hydrogène et de l'oxygène se trouveront en proportions suffisantes dans une même enceinte, si l'on vient à faire passer à travers le mélange une étincelle électrique, il se produira nécessairement une violente détonation et d'une température très-élevée.

Il est manifeste aussi que si l'on a soin de ne mettre en présence qu'une quantité d'hydrogène insignifiante pour un volume d'air donné, l'explosion ne sera elle-même que très-faible, mais la combustion des deux gaz n'en donnera pas moins lieu à une température encore très-élevée qui chauffera l'air et le dilatera considérablement.

Ces préliminaires posés, le jeu de la machine Lenoir deviendra clair pour tout le monde.

En effet, comment opère M. Lenoir? Il fait arriver tout simplement, au milieu d'air introduit sous le piston du cylindre, un filet d'hydrogène qu'il enflamme au passage à l'aide de l'étincelle d'induction de la bobine de Ruhmkorff. La combustion de l'hydrogène donne lieu à une série de petites détonations successives, et élève dans des proportions énormes la température du mélange ga-

zeux. On le voit, M. Lenoir parvient à chauffer ainsi sans
foyer l'air placé sous le piston et à le dilater.

Les gaz enfermés dans le cylindre sous l'action de la
grande chaleur produite par la combinaison de l'oxygène
et de l'hydrogène, tendent à augmenter de volume et
poussent le piston.

Ce qui s'est fait à l'une des l'extrémités du cylindre, se
reproduit à l'autre, et le piston prend bientôt un mouvement de va-et-vient qu'on transforme par les moyens ha-
bituels en mouvement circulaire.

Il est important de faire remarquer que la machine est
ainsi à l'abri des explosions. Le mélange des deux gaz est
fait dans des proportions telles, qu'il ne saurait se produire aucune détonation dangereuse. Déjà, on avait imaginé des machines analogues à celles de M. Lenoir, mais
entièrement fondées sur l'emploi de mélanges explosifs ;
les moteurs eux-mêmes, en admettant qu'ils eussent été
susceptibles d'application, auraient toujours présenté des
chances d'accident. Dans la machine Lenoir, le mélange
a lieu dans l'intérieur du cylindre et sans détonation violente. L'inventeur y introduit le gaz combustible, l'hydrogène, absolument comme Ériccon charge son foyer
de houille et de coke, avec la pensée unique de chauffer
l'air et de créer ainsi une force propulsive,

S'il en était autrement, et si M. Lenoir enfermait sous
le piston un mélange explosif proprement dit, comme on
l'avait déjà essayé ailleurs, la force résultante serait bri-
sante et aurait tous les inconvénients de la force brusque
que produit l'inflammation de la poudre.

Les veines de gaz que M. Lenoir introduit dans le cy-

semblance avec la machine à vapeur horizontale du
système Flaud.

En arrière et solidement fixé à un massif de maçonnerie, le cylindre horizontal, bielle à glissières conduisant
la manivelle ; à droite en avant, le volant ; à gauche et
vis-à-vis, la poulie motrice ;—des deux côtés de la bielle,
la tige commandant les tiroirs ; telle est en bloc la disposition du nouveau moteur.

L'analogie avec les machines à vapeur cesse aux tiroirs.
Jusque-là les organes et leur rôle restaient les mêmes.

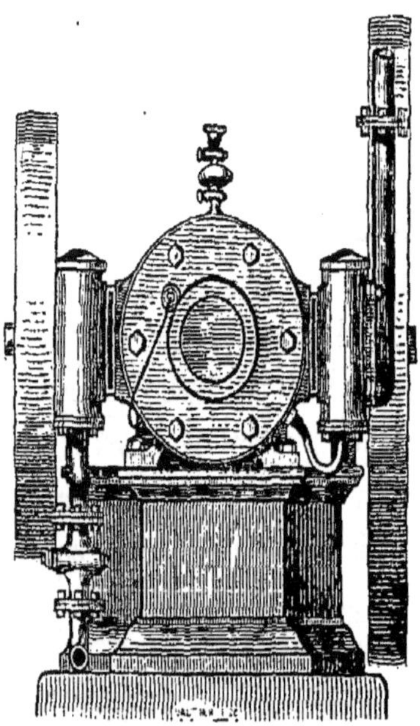

Fig. 45. — Moteur Lenoir. Vue d'arrière.

Le moteur à gaz possède deux tiroirs au lieu d'un, et
leur jeu est essentiellement différent. Chacun d'eux
a une fonction qui lui est propre ; l'un est destiné à
l'introduction séparé du gaz et de l'air atmosphérique,

l'autre sert à l'échappement des produits de la combustion.

Supposons le piston amené à un point convenable de
sa course dans le cylindre: l'air et le gaz entrent par
l'un des tiroirs qui se ferme aussitôt et coupe toute communication avec l'extérieur. En même temps, à l'aide
d'une disposition fort ingénieuse, un appareil de Ruhmkorff envoie une étincelle d'induction qui enflamme l'hydrogène. La dilatation de l'air et des gaz résultant de la
combustion se produit tout aussitôt et pousse le piston
dont la tige va imprimer le mouvement à l'arbre moteur.
Quand le piston est arrivé à l'extrémité de sa course, les
produits de la combustion s'échappent au dehors par le
second tiroir. Le volant, ayant dépassé le point mort, le
vide se produit de nouveau et la série des mêmes faits
recommence.

La machine est en mouvement.

Les parois du cylindre atteindraient bientôt une température élevée, si l'on n'avait soin de l'entourer d'un
manchon dans lequel circule continuellement un courant
d'eau froide.

L'invention décrite, il nous reste à examiner ses avantages.

On a beaucoup vanté l'économie qu'allait apporter le
moteur à gaz ; nous n'en croyons pas un mot.

On a prétendu qu'une machine Lenoir, sortie des ateliers du constructeur M. Marinoni, dépensait par heure et
par force de cheval, un mètre cube de gaz d'éclairage,
soit 0 fr. 30 centimes. Une bonne machine à vapeur dépense par heure et force de cheval,  à peine quatre kilo-

grammes de houille, soit un peu plus de 0 fr. 15 centimes. La différence serait donc déjà de presque moitié [1].

Mais elle est en réalité bien plus grande. Il résulte, en effet, d'expériences faites avec le plus grand
soin par M. Tresca, ingénieur, sous-directeur du Conservatoire des arts et métiers, que le moteur Lenoir dépense
*six* fois plus qu'une machine à vapeur. Il coûte environ
1 fr. par heure et par force de cheval.

Un industriel qui aura besoin d'une force de 5 chevaux
et qui emploiera un moteur à gaz, aura consommé à la
fin de sa journée de 10 heures, environ 50 francs de gaz.
L'industriel qui aura eu recours à une machine à vapeur
de la même force, aura brûlé au maximum 9 fr. de
houille.

Où donc se trouve l'économie, s'il vous plaît?

On nous répondra : Mais vous vous servez de gaz à
0 fr. 30 centimes et nous comptons employer bientôt du
*gaz à l'eau* qui reviendra à 0 fr. 2 centimes.

Cela peut être ; mais cela n'est pas. Nous ne reconnais-
sons donc à personne le droit d'affirmer que le moteur
Lenoir apporte une économie journalière dans l'état
actuel des choses. Quant au gaz à l'eau, nous ne pensons
pas qu'il soit bien facile de l'obtenir économiquement.
Nous voudrions avec tout le monde que les essais tentés
jusqu'ici aient abouti à quelque résultat heureux ; mais,

---

[1] Prix à Paris de la houille pour machines, rendue à domicile, par
1,000 kilogrammes :

Tout venant. Charleroy. . . . . . . . . . 38 fr.
    —       Mons. . . . . . . . . . . . 59
Fine.       —      52

ils ont été complétement infructueux ; donc, au point de vue économique, le nouveau moteur ne saurait encore lutter avec les machines à vapeur.

Mais, hâtons-nous de le dire, s'il y a infériorité de ce côté, il se présente, d'autre part, de bien grands avantages qui sont de nature à prédire, dès maintenant, un bel avenir à l'invention de M. Lenoir.

Une machine à vapeur exige un foyer, une chaudière encombrante. Le moteur à gaz ne nécessite aucun foyer, aucun générateur, aucun accessoire.

Une machine à vapeur exige un emplacement considérable, une cheminée élevée, toutes constructions dispendieuses, et lance dans l'air des torrents de fumée qui en font craindre et souvent refuser le voisinage.

Le moteur à gaz ne réclame qu'une place très-restreinte et n'a besoin d'aucunes constructions complémentaires. C'est à ce point de vue qu'il devient économique ; il ne lance pas dans l'air trace de fumée et résout ainsi d'une manière complète quoique détournée, le problème de la fumivorité. Avec lui, les industriels n'ont pas à s'inquiéter de brûler leur fumée.

Une machine à vapeur a pour conséquence un emmagasinement de combustible.

Le moteur à gaz n'a que faire de la houille ou du coke. Une dérivation embranchée sur la conduite de la rue, lui fournit tout le combustible nécessaire à sa consommation.

Une machine à vapeur exige un mécanicien, un chauffeur, des hommes de peine ; le premier ouvrier venu suffira pour surveiller un moteur à gaz.

Une machine à vapeur ne peut fonctionner immédiatement; il faut un certain temps pour mettre la chaudière
en pression. Pendant le repos des ouvriers, il n'en faut
pas moins brûler du combustible pour être prêt à reprendre le travail; d'où une dépense inutile.

Avec le moteur à gaz, la mise en marche est instantanée. En un tour de main, tout un atelier est en mouvement. Vous n'avez plus besoin de force motrice, une seconde suffit pour arrêter la machine. A tout instant, à
votre volonté, la machine reprendra sa marche ou restera inactive. Ouvrez ou fermez un robinet, voilà toute la
manœuvre.

Sans insister davantage, il est évident pour tous que le
nouveau moteur présente, au premier coup d'œil, l'idéal
rêvé par les inventeurs. Il devient un dispensateur de
force usuelle, une source de travail merveilleuse. Il est
bon cependant de ne pas trop s'illusionner sur son
compte; il ne faut pas non plus lui attribuer une importance exagérée, tout au moins dans le présent. Nous ne
doutons pas qu'un jour ou l'autre les moteurs à gaz ne
tiennent tout ce qu'ils promettent, et même qu'ils jouent
prochainement un rôle considérable dans l'industrie.
Mais leur emploi ne se généralisera que peu à peu, au
fur et à mesure des perfectionnements nombreux dont ils
ont besoin, et surtout à partir du jour où l'on pourra obtenir du gaz en abondance en tous lieux et à bon compte.

Dans l'état actuel des choses, le moteur à gaz consomme beaucoup trop; son fonctionnement est encore ir-
régulier; il fait beaucoup de bruit; il est susceptible de
dérangements et de détériorations rapides; le piston vient

frapper à chaque tour de rotation le fond du cylindre, et produit des chocs, des vibrations nuisibles.

C'est, en un mot, un moteur à étudier, mais qui assurément atteindra la perfection le jour où des ingénieurs de talent se donneront la peine d'y consacrer leur savoir et leur expérience.

On s'est beaucoup demandé si l'invention de M. Lenoir deviendrait applicable à de grandes forces.

Jusqu'ici le moteur à gaz peut être parfaitement utilisé dans les petites industries : il résout complétement le problème de la force motrice à domicile.

Les machines les plus employées varient entre les limites de 4 à 12 et 15 chevaux. Il est évident qu'en supposant même qu'il n'y ait point profit à dépasser ce maximum avec les moteurs à gaz, la nouvelle invention rendrait déjà des services considérables, et supplanterait les machines à vapeur dans le plus grand nombre de cas. Maintenant, son usage s'étendra-t-il à des forces de 20, 60, 100 chevaux, et davantage? C'est ce qu'en réalité personne ne saurait dire encore. L'expérience, en pareille matière est et restera toujours le meilleur juge.

On peut se poser assurément à ce sujet beaucoup de questions; on peut craindre, entre autres difficultés, que la dépense en combustible gazeux ne croisse en proportions beaucoup plus grandes que la force obtenue; de là une raison de proscription majeure; mais, en définitive, tout ce qu'on est à même de dire aujourd'hui n'est qu'hypothétique, et, en conséquence, ne mérite pas qu'on s'y arrête plus longtemps.

Nous nous rangeons entièrement, sous ce rapport, du

côté de ceux qui disent : Un peu moins de science sur le papier et de meilleurs résultats pratiques. Attendons donc, et ne portons aucun jugement prématuré.

Dès maintenant, la machine Lenoir, telle qu'elle fonctionne dans l'industrie, telle que nous l'avons vue dans plusieurs établissements, est une invention capitale. Elle ne saurait, à coup sûr, supplanter déjà les puissants moteurs de nos usines de premier ordre, mais elle conduira vraisemblablement à un moteur mieux entendu qui, cette fois, entrera en concurrence sérieuse avec nos machines à vapeur.

L'invention de M. Lenoir constitue un véritable progrès. Nous l'avions saluée comme telle au moment de son apparition, et nos prévisions se sont réalisées de tout point. Nous ne saurions donc trop répéter, en terminant, malgré les négations formelles de quelques pessimistes, malgré les critiques les plus envenimées et les plus injustes, que le moteur à gaz restera l'une des créations pratiques les plus importantes de l'époque.

Nous compléterons cette rapide esquisse sur la machine Lenoir en reproduisant ici les lignes suivantes, que nous empruntons à un recueil populaire, la *Science pour tous*, et qui sont dues à la plume d'un jeune ingénieur de mérite, M. G. Jouanne.

PREMIÈRE APPLICATION DE LA MACHINE LENOIR A LA NAVIGATION.

M. Lenoir a mis à l'eau, le 14 août 1861, un petit canot en fer de 6ᵐ,40 de longueur sur 1ᵐ,20 de largeur, dans lequel se trouve installé un moteur à air dilaté de son système, de la

sance motrice, le nouveau moteur ne supprimera pas totale-
ment le foyer, mais il le réduira probablement des huit dixièmes;
il remplacera l'énorme provision de houille par une minime
quantité de coke, qui n'aura pas les inconvénients précédemment signalés ; à l'ensemble encombrant des appareils nécessités pour la production et l'utilisation de la vapeur, il substi-
tuera un générateur de gaz dont les dimensions réduites seront
à peine à compter dans l'aménagement d'un navire. La facilité
de la mise en marche et de l'arrêt sera un autre avantage qui se
joindra à la surveillance plus facile, à l'entretien beaucoup
moins dispendieux, au personnel moins nombreux. Nos prévisions nous portent à croire que l'économie totale sera considérable, et nous espérons d'ailleurs être bientôt à même de la
préciser d'une manière plus certaine.

En annonçant à nos lecteurs la première application de la
machine Lenoir aux bateaux, et les résultats que nous avons
pu constater nous-même en remontant et descendant la Seine
dans le petit canot d'essai que M. Lenoir a fait construire,
nous disons, avec la conviction de n'être pas démenti par l'avenir, que la solution pratique est bien près d'être définitive.
Lorsqu'une machine de bateau sera établie dans les conditions
voulues, son fonctionnement ne laissera rien à désirer, et la
navigation y trouvera certainement un agent moteur utile et
commode.

# XVI



Il est un problème industriel très-important et dont jusqu'à présent on s'est beaucoup trop peu préoccupé; nous voulons parler de l'utilisation rationnelle des forces perdues dans la nature.

Les progrès rapides des machines à vapeur; leur emploi, qui s'est répandu si universellement dans ces dernières années, ont trop fait oublier les moteurs gratuits. Si le plus souvent l'usage de la vapeur offre une supériorité incontestable, il n'en est pas moins vrai que, dans beaucoup de cas, tous les avantages restent aux forces qui nous sont données par la nature avec tant de libéralité.

Un cours d'eau, si modeste qu'il soit, représente une force dont l'homme peut toujours tirer parti : un grand courant atmosphérique qui sillonne une contrée, ne fût-ce même que par intermittences, est pour elle une véritable source de richesse. Partout l'homme n'a qu'à se baisser pour ramasser, et presque partout il laisse passer inaperçues les ressources innombrables que lui offre la nature.

Exagérons-nous les choses en nous exprimant ainsi?

Citons quelques chiffres, qui répondront pour nous; les chiffres ont aussi leur éloquence.

Si l'on cherche à évaluer en bloc pour la France le travail annuel que pourraient effectuer les forces hydrauliques, les seules qui offrent quelque prise à un calcul approximatif, on trouve qu'il correspondrait au moins à celui que feraient *trois cents millions* d'hommes, travaillant, pendant l'année, leur journée normale de dix heures.

Trois cents millions d'hommes, c'est plus de sept fois la population de la France; c'est cinq cents fois le contingent de l'armée française! On perd donc ainsi bénévolement, chaque année, un travail infiniment plus considérable que celui qu'effectuent les ouvriers et les moteurs de toutes nos usines réunies. Il n'est cependant pas d'année que les industriels, les agriculteurs surtout, ne se plaignent que les bras manquent.

Les agriculteurs ont tort; les bras ne manquent pas, mais il faut savoir les trouver.

Tout bassin hydrographique renferme des cours d'eau importants, des rivières et des ruisseaux. Il est sillonné par des vents d'intensité variable et plus ou moins continus. Il possède donc deux forces productives; eau et vent combinés, tels peuvent être les deux éléments de prospérité d'une contrée tout entière.

On reproche aux forces naturelles d'être variables et non transportables. On objecte qu'une usine ne peut choisir son emplacement et qu'il se trouve fixé à l'avance par des considérations locales ou économiques. Cette infériorité relative des moteurs gratuits n'est qu'apparente. Il est du domaine de l'ingénieur de la faire tomber d'elle-même.

Le plus généralement, un établissement industriel trouve de nombreux avantages à se placer sur les rives d'un cours d'eau. Quand des conditions spéciales l'en éloignent forcément, la question ne change pas de nature ; elle se complique simplement d'un problème de transmission de mouvement. Il faut aller chercher la force motrice et l'emmagasiner pour répandre ensuite le travail dans les différents ateliers de l'usine. La distance qui sépare la source de travail de l'établissement, voilà la seule donnée qui doit faire préférer ou rejeter la force gratuite. Mais, dans tous les cas, à l'aide d'artifices ingénieux, la puissance motrice offerte par la nature pourra toujours être mise en jeu et suffire aux besoins de l'usine.

Jusqu'à présent l'industrie n'a guère utilisé les cours d'eau que sur place par la création d'une dérivation et d'une chute ou, plus directement encore, dans des cas exceptionnels, par l'emploi du courant lui-même. Les industriels n'ont point songé à considérer un cours d'eau comme une véritable source de travail et à venir y puiser la force qui leur était nécessaire pour la transporter ensuite au milieu de leurs fabriques ; ils n'ont pas eu la pensée, en un mot, d'établir une transmission de force, comme ils le font chaque jour, sur une petite échelle dans chacun de leurs ateliers. L'idée est cependant fertile et renferme en elle-même une première solution de l'utilisation des forces naturelles.

Un jeune capitaine d'artillerie, déjà bien connu dans la science, M. le prince de Polignac, l'a exprimée pour la première fois et exposée avec une grande netteté dans un mémoire lu à l'Académie des sciences, il y a quelques années. M. A. de Polignac transmet la force au moyen d'un simple circuit réunissant le cours d'eau à l'usine. On emmagasine la force motrice à l'une des extrémités, on l'utilise à l'autre. Une machine à colonne d'eau fait mouvoir une pompe qui refoule le liquide dans une conduite, et lui donne une vitesse moyenne qui ne dépasse jamais 1 mètre à 1$^m$.50. La pression se transmet au point d'arrivée et agit sur une seconde machine à colonne d'eau dont la fonction est de donner le mouvement aux différents organes mécaniques de la fabrique. Le système proposé peut s'appliquer dans tous les cas possibles, quelle que soit d'ailleurs la situation de l'usine. Dans le cas, en effet, où l'usine se trouverait au-dessus du niveau du cours d'eau, le circuit entièrement fermé auquel a recours M. de Polignac permet de compenser le travail de l'élévation de l'eau par celui qui résulte du retour du liquide à son niveau primitif. Le travail dans un sens est annulé par le travail dans l'autre, et l'effet utile n'en reste pas moins celui qu'on eût obtenu si la conduite eût été horizontale.

Souvent même, sans machine auxiliaire et sans double

circuit, la force due à la chute d'eau permettra de transmettre le mouvement directement à des points situés au-
dessus du niveau général. Quand l'usine sera en contre-
bas de la rivière, le travail de la descente due à la pente
de la conduite compense souvent et au delà même le travail perdu par le frottement de l'eau dans les tuyaux.

Ces dispositions ingénieuses, imaginées par M. de Polignac, laissent toute indépendance à la position de l'u-
sine, et deviennent par cela même un puissant moyen
de généralisation pour l'emploi des transmissions hydrauliques.

Il peut arriver encore dans les pays de montagnes que
le récepteur destiné à donner à l'eau sa pression au point
de départ, devienne complétement inutile. Il suffira d'une
simple machine à colonne d'eau pour utiliser la force au
point d'arrivée. En effet, partout où l'eau tombera d'une
grande hauteur, ne fût-ce qu'en petite quantité, rien
n'empêchera de la diriger dans une grande cheminée cylindrique qui deviendra un véritable magasin de force
usuelle où l'on pourra venir puiser de la puissance motrice dans toutes les directions. L'approvisionnement de
force dépendra uniquement de la hauteur d'eau dans la
cheminée et de la section inférieure de cette dernière.
On ouvrira à la base de la cheminée une série de conduites qui feront rayonner de toutes parts la puissance motrice nécessaire aux fabriques et aux usines des environs.
On verra ainsi le travail non-seulement de la cheminée
centrale, mais encore, s'il était plus commode, d'usine à
usine. La force motrice parvenue dans l'une peut parfaitement se transmettre dans l'autre à l'aide d'une con-

duite réunissant les deux établissements. Il résulte de là, comme le fait remarquer avec raison M. de Polignac, que cette méthode de transmission s'applique également aux cas où la force productive ne serait pas hydraulique. Dans les usines à vapeur, la transmission du mouvement à l'aide de la pression de l'eau peut souvent trouver des applications non moins avantageuses. Un moteur à vapeur unique mettrait ainsi en mouvement avec la plus grande facilité un très-grand nombre d'ateliers et d'usines situés dans un réseau plus ou moins circonscrit. Le système proposé par M. de Polignac est assurément la solution la plus pratique et la plus générale du problème difficile de la propagation de la force à distance.

Beaucoup de petites industries n'ont besoin que de forces très-restreintes, qui excluent l'emploi des moteurs à vapeur. Elles sont obligées de faire effectuer le travail à bras d'hommes, ce qui augmente le prix de revient des objets fabriqués et occupe des ouvriers qui se rendraient plus utiles ailleurs. Il serait du plus grand intérêt pour elles de pouvoir acheter de la force à domicile, suivant les besoins du moment.

Les moyens de transmission de force proposés par M. de Polignac permettent de répandre la puissance motrice dans les grands centres industriels et de la vendre à bas prix à domicile, comme on vend du gaz pour l'éclairage des magasins et des maisons particulières. On pourrait établir, comme l'a parfaitement expliqué M. Grimaud, de Caux, dans les rues de Paris, par exemple, des conduites souterraines qui rayonneraient d'un point central dans tous les quartiers de la ville et y enverraient la force motrice nécessaire à la consommation. Une simple dérivation apporterait à chaque atelier une force suffisante à ses besoins. Un compteur, analogue aux compteurs à gaz actuels, mesurerait le travail effectué et la quantité de force vendue.

Ce projet très-pratique serait d'une utilité incontestable. Bien que les nouveaux moteurs à gaz de M. Lenoir comblent une lacune regrettable et permettent dès maintenant à certains ateliers de remplacer le travail de l'homme par le travail moins coûteux et plus productif des machines, il n'en reste pas moins avéré que beaucoup de petits fabricants reculeront encore devant les frais d'achat d'un moteur, si économique qu'il puisse être. La propagation d'une force hydraulique, établie dans de bonnes conditions, sera toujours plus commode et plus engageante pour les industriels. On voit, dès maintenant, combien les forces, que nous laissons perdre journellement, joueraient un rôle considérable et apporteraient la vie et la richesse dans toute la petite industrie parisienne.

Maintenant surtout que l'on est parvenu à construire des tuyaux à base d'ardoise résistant à une pression de douze atmosphères et présentant une économie moyenne de 40 pour 100 sur les anciennes conduites de fonte ou de tôle bitumée, il n'y a plus de raisons pour que l'emploi des transmissions à grande distance ne se généralise pas, et pour que les usines hydrauliques ne se multiplient pas comme les usines à vapeur.

Il existe en France beaucoup d'établissements industriels qui ont cru nécessaire d'avoir recours aux machines à vapeur, lorsqu'ils auraient pu s'éviter des dépenses considérables, s'ils avaient su utiliser la force motrice qui se perd inutilement dans leurs environs. Ils auraient eu avantage au point de vue économique, avantage au point de vue de la commodité générale de l'exploitation. Car, qu'on ne s'abuse pas, une force hydraulique sera toujours plus facile à manier que la vapeur. On pourra toujours, à un moment voulu, disperser son travail dans telle partie de l'usine qu'on le désirera, ou le centraliser là où les besoins se feront momentanément sentir. La vapeur donne un travail nécessairement localisé; l'eau, au contraire, devient un dispensateur de force usuelle sur tout le parcours de la conduite. L'action de la puissance hydraulique peut se faire sentir instantanément; il faut une heure et plus, pour mettre une chaudière en pression et utiliser le travail de la vapeur. Nous pourrions multiplier les exemples et montrer facilement que tous les avantages ne sont pas, comme on le suppose trop générale-ment, du côté des moteurs à vapeur.

En Allemagne, du reste, on a parfaitement compris la question. Plusieurs usines fonctionnent déjà à l'aide de petites machines à colonne d'eau, dont les dimensions sont assez réduites et la marche assez régulière, pour qu'elle n'ait rien à envier aux moteurs à vapeur. Les nou-velles machines employées ne sont plus ces gigantesques appareils, du reste parfaitement adaptés à la circonstance, que l'un de nos plus habiles constructeurs, M. Juncker, a établis en Bretagne dans les mines d'Huëlgoat. Ce sont des moteurs tenant peu de place, d'une grande commodité et pouvant être mis en marche instantanément.

On pourrait encore, dans ces établissements, utiliser la force perdue pendant les heures de repos et les nuits, en l'appliquant à des organes de compression, à des presses hydrauliques. On tirerait ainsi parti, dans une plus large mesure encore, de la force gratuite dont on dispose.

Il ne serait rien de si remarquable qu'une pareille usine hydraulique. Entrez-y alors que tous les appareils sont en repos, que les machines ne fonctionnent pas et que les ateliers sont déserts. Tout à coup la cloche sonne, les ouvriers apparaissent de tous côtés, se pressent sous les arcades et sous la coupole de l'édifice. Un coup de sifflet strident déchire l'air et se répercute sous la voûte. On dirait qu'il vient de réveiller les machines endormies. Les moteurs, tout à l'heure immobiles, dressent aussitôt leurs grands bras dans l'espace et lancent dans l'air un ronflement sonore qui indique la reprise du travail. Tout se meut par enchantement. On cherche en vain des yeux la cause de ce mouvement général. Et cependant, qu'un contre-maître vienne à ouvrir ou fermer un robinet, et tous les ateliers s'arrêteront ou fonctionneront de nouveau comme au coup de baguette d'une fée bienfaisante. Une presse hydraulique est en repos au milieu de l'usine, un enfant vient-il à presser un ressort, et l'action d'un simple filet d'eau, multipliée par un artifice ingénieux, permettra à l'instrument docile d'écraser à volonté des blocs de pierre ou de casser délicatement l'enveloppe d'une noix sans même toucher à l'amande. Commandez, commandez partout, et la matière brute obéira. Une usine n'est qu'une armée qu'il faut savoir bien discipliner et bien diriger.

On semble, en vérité, beaucoup trop ignorer la facilité, la simplicité avec laquelle on peut plier à tous les usages les forces productrices de la nature.

Jusqu'à présent, nous avons supposé que la source où nous allions puiser le travail était un cours d'eau important, un fleuve ou une rivière. Est-ce à dire pour cela que nous devrons laisser de côté et comme non utilisables les ruisseaux, les torrents, les lacs et les étangs? On ne saurait conserver aucun doute à cet égard. Tout a sa raison d'être, dans la nature. Il se rencontre dans les Vosges, sur le penchant des Pyrénées, une multitude de petits ruisseaux ou de torrents dont on tirerait assurément un grand parti. Ces petits cours d'eau peuvent être employés, soit pour transmettre du mouvement à distance, soit aussi pour faire marcher sur place des roues à cuve ou à cuiller. Ces récepteurs offrent, il est vrai, un rendement peu considérable, mais ils sont si simples d'installation qu'ils peuvent être multipliés facilement et qu'on gagnera toujours par le nombre ce que l'on perdra par la simplicité primitive de l'appareil. On mettra ainsi en mouvement directement une meule courante dont l'effet sera suffisant pour rendre dans beaucoup de cas de véritables services. Au milieu des plaines, une prise d'eau bien combinée amènera la vie et la végétation dans les champs brûlés par le soleil ; elle pourra faire fonctionner beaucoup de machines agricoles qui sont mues encore maintenant à bras d'hommes. Beaucoup d'agriculteurs y trouveraient souvent la force qu'ils empruntent à grands frais à des locomobiles. Beaucoup de fermiers, qui craignen d'avoir recours à ces moteurs par peur des incendies y

puiseraient souvent, à bas prix, toute la puissance motrice nécessaire.

Quand les établissements industriels ou agricoles n'ont
dans leur voisinage que des lacs et des étangs, ils n'en
possèdent pas moins encore une force gratuite utilisable.
Si l'usine ou la ferme est à un niveau inférieur à celui des
eaux, rien n'empêche d'établir une dérivation et de ramener la puissance motrice au point même où le besoin s'en
fait sentir. Si le travail doit s'effectuer au-dessus du niveau
des eaux, un artifice ingénieux pourra remédier, dans
certaine mesure, à la difficulté qui se présente. Il mérite
la peine d'être indiqué sommairement.

Nous n'avons pas parlé jusqu'ici de la force empruntée
aux courants atmosphériques. Tout le monde connaît les
avantages et les inconvénients des moulins à vent. Ici cependant nous devons les faire intervenir, car la question
change de face lorsqu'à l'action du vent on combine celle
de l'eau. L'infériorité des moteurs à vent réside dans l'in-
termittence de leur action. Là, c'est la nature qui com-
mande et le moteur qui obéit. Mais il est facile d'inter-
vertir les rôles et de montrer qu'avec les deux forces,
vent et eau, combinées, on peut obtenir un travail permanent.

Que l'on imagine une série de moteurs à vent éche-
lonnés sur les bords d'un lac ou d'un étang. Supposons
que ces moteurs mettent en mouvement des pompes élé-
vatoires amenant les eaux dans des réservoirs. Si tout le
système est organisé de manière que chaque pompe suive
fidèlement l'action du vent, élève beaucoup d'eau quand
le vent est fort, peu d'eau quand le vent mollit, mais

cas seul où l'air sera parfaitement calme, les moteurs à vent ne fonctionneront plus. Mais comme il se trouve emmagasiné à l'avance dans les réservoirs une somme de travail de beaucoup supérieure à celle qui peut être utilisée dans l'usine, il suffira dès lors de dépenser pendant le temps d'arrêt la puissance motrice qu'on tient en réserve; dans ces conditions, il arrivera bien rarement que l'on soit à dépourvu de force productive.

Ainsi, emmagasiner pendant des semaines entières le travail dont on pourra avoir besoin, puis le dépenser au moment voulu, tel est le résultat fécond produit par l'emploi simultané de l'eau et du vent. C'est pour nous un des plus puissants moyens d'utilisation des forces perdues de la nature que l'on puisse trouver, et c'est un de ceux qui sont applicables dans la plus grande partie des cas.

Quant au moteur à vent qui jouirait du privilège de proportionner le travail effectué à l'intensité du vent d'une manière permanente, qui serait apte de lui-même à travailler beaucoup quand le vent est fort, à travailler peu quand le vent faiblit, il n'est plus à trouver, il existe depuis plusieurs années, et M. Bernard, de Lyon, en a donné un modèle perfectionné que nous avons décrit dans un de nos bulletins hebdomadaires de l'Académie des sciences. Sous le côté pratique, l'idée est donc parfaitement réalisable, et n'attend plus qu'une noble initiative pour progresser. Il existe ainsi beaucoup de lacs ou d'étangs qui, délaissés aujourd'hui, pourraient devenir demain une source de richesse inépuisable pour les pays avoisinants.

Nous sommes loin d'avoir cité dans cet exposé rapide

l'ensemble des moyens propres à utiliser les forces gratuites. Quelques exemples, pris au hasard, suffiront pour
montrer encore la multiplicité des services que peuvent
nous rendre les moteurs naturels.

Les usines tirent parti des cours d'eau pour effectuer
un travail local. Mais la force d'un courant agissant en
un point quelconque de son parcours devient également
une source de travail parfaitement applicable tout le long
du cours d'eau. D'où la pensée d'employer le courant
d'un fleuve, d'une rivière, pour lui faire remonter des
bateaux jusqu'au point de départ. C'est ainsi qu'à l'aide
de bateaux toueurs et d'une simple roue hydraulique en-
roulant une chaîne sur un tambour, on peut éviter dans
quelques cas particuliers la dépense considérable qu'entraînent les moteurs à vapeur. Cette idée, généralisée, a
également été appliquée à un chemin de fer. Il a suffi
de modifier un peu le chemin de halage ordinaire pour
permettre de remorquer des wagons à l'aide de la force
développée par le courant lui-même.

Nous pourrions rappeler également les tentatives qui
ont été faites pour utiliser la force du flux et du reflux de
la mer. Un jour viendra peut-être où cette puissance motrice, aujourd'hui complètement perdue, rendra, à son
tour, de grands services à certaines industries.

Mais il nous faut limiter ici ces considérations générales
déjà trop longues. Qu'il nous suffise, dans ce résumé,
d'avoir attiré l'attention des hommes spéciaux sur un
sujet d'étude plein d'intérêt et malheureusement beaucoup trop délaissé de nos jours.

La vapeur a rendu de grands services et elle en rendra

encore jusqu'à ce qu'elle soit détrônée par un moteur
plus économique. Les forces productrices de la nature,
au contraire, sont loin d'avoir été utilisées, et leur emploi semble diminuer chaque jour. Qu'on ne l'oublie pas
cependant, habilement mises en jeu, les forces gratuites
pourraient, dans beaucoup de cas, devenir le pivot naturel autour duquel graviteraient toutes les grandes questions industrielles et économiques.

Rien dans la nature ne doit rester inutilisé; servons-
nous donc de tout ce qu'elle met à notre disposition pour
le bonheur et le bien-être de tous.

4 février.

# XVII



A plusieurs reprises déjà, quand nous avons traité la question des pronostics du temps, nous nous sommes arrêté sur l'importance des indications fournies par le baromètre; nous avons montré que, convenablement interprétées et combinées à la direction du vent inférieur régnant dans l'atmosphère, les variations pouvaient conduire à des résultats généralement certains; nous avons appuyé sur la nécessité d'examiner avec soin la marche de la colonne de mercure : la manière dont se produit l'oscillation éclaire effectivement plus l'observateur que la variation proprement dite.

Le baromètre est un instrument assez délicat et d'un prix relativement élevé; il ne peut pas se trouver dans la main de tous les agriculteurs. Dans une des dernières séances de l'Académie des sciences, M. Poey a déposé sur le bureau un petit instrument appelé *pronostiqueur du temps*, et qui peut jusqu'à un certain point suppléer au baromètre. Nous le décrirons donc avec détails pour que chacun puisse en construire et l'utiliser pour prévoir les variations atmosphériques, sans avoir recours aux indications du baromètre, exactes d'ailleurs, mais difficiles à toujours bien interpréter.

Le *pronostiqueur du temps* n'est certes pas un instrument nouveau. En cherchant bien, on verrait qu'il ne diffère en rien des petits appareils imaginés dans le même but par un Italien nommé Malacredi; mais, pour une cause ou pour une autre, il avait été délaissé et à peu près complétement oublié. Il peut cependant rendre de véritables services.

L'amiral anglais, Fitz-Roy, directeur du bureau des observations météorologiques, l'a renouvelé ou réhabilité depuis quelque temps, et l'instrument commence à se répandre en grande quantité en Angleterre. Il est si simple et si peu coûteux, qu'il suffit de le faire connaître pour que chacun s'empresse de s'en procurer.

Voici en quoi consiste ce petit instrument indicateur du temps.

C'est un simple tube en verre de 30 centimètres de hauteur sur 8 centimètres de circonférence, rempli presque entièrement d'un liquide ainsi composé :

Deux parties de camphre, une partie de nitrate de potasse et une partie de sel ammoniac ; le tout dissous dans de l'esprit-de-vin pur et précipité partiellement avec de l'eau distillée. L'extrémité du tube peut être, à volonté, ouverte ou hermétiquement soudée.

On fixe ce tube verticalement contre un mur et on le maintient immobile.

M. Poey énumère comme il suit les indications fournies par l'instrument, et qui lui ont été garanties par le contre-amiral Fitz-Roy et par les constructeurs MM. Negretti et Zambra, de Londres :

1° Si le temps doit être beau, la composition de la substance du tube reposera complétement au fond, et le liquide supérieur sera parfaitement clair et transparent ;

2° Avant le changement de temps pour tourner à la pluie, la composition montera par degrés et l'on verra de petites cristallisations comme des étoiles se mouvoir dans le liquide ;

3° Avant une tempête ou un coup de vent, la composition atteindra en partie le haut du tube, affectant la forme d'une feuille ou d'un rameau de cristaux ; le liquide paraîtra alors en fermentation. Cette indication est souvent fournie *vingt-quatre heures* avant que le changement de temps ait lieu ;

4° L'endroit d'où le vent ou la tempête soufflera est aussi pronostiqué par la direction et l'élévation de la cristallisation de la substance. La cristallisation naîtra toujours du côté d'où viendra la tempête ;

5° En hiver, la composition se maintiendra plutôt haute dans le tube. Les temps neigeux et de gelée sont aussi annoncés par les particules et la substance qui flottent sous la forme d'une cristallisation étoilée ;

6° En été, le temps étant très-chaud et sec, la substance restera très-basse dans le tube et le liquide se maintiendra limpide ;

7° Enfin le nombre de particules cristallisées que l'on verra flotter dans le liquide, comme indice certain d'un changement de beau ou de mauvais temps, dépendra entièrement de l'intensité même de la perturbation à venir, qui influe à l'avance et énergiquement sur la composition de la substance du tube.

On comprend de suite tout le parti qu'on pourra tirer de ces petits pronostiqueurs. Si leurs indications sont réellement à l'abri de l'erreur, ils seront d'une grande ressource pour les industries et les agriculteurs ; rien n'empêchera même de les utiliser scientifiquement, pour contrôler les instruments de précision et généraliser les observations appliquées à la navigation, à l'hygiène et à l'agriculture.

Avant et depuis le traité de commerce avec l'Angleterre, les chiffons ont soulevé chez nous une question qui, sous la forme industrielle, intéressait au plus haut degré la civilisation et la société tout entière.

Déjà, sous la Convention, nos pères, émus de la rareté des chiffons, dont l'insuffisance menaçait les besoins et la liberté de la presse, avaient appelé au secours de la Révolution la science des hommes les plus capables de découvrir, apprécier et recueillir toutes les ressources végétales qui pourraient, par leur nature filamenteuse, se prêter le mieux à la confection du papier.

Le travail de cette commission fut poursuivi avec énergie et vigueur, et le résultat de ses longues et précieuses études fut publié dans un rapport très-développé et dans un volume qui ne fut tiré qu'au nombre de quelques exemplaires seulement : c'était une collection de tous les spécimens de papier produits avec chaque végétal soumis à l'expérimentation.

Là, figuraient les papiers de foin, d'algue marine, de paille d'ortie, de tiges de haricots ou d'artichaut, de genêt, etc., et tous ces papiers que s'attribue l'invention moderne, mais qui ne sont, pour la plupart, que des reproductions d'essais sur lesquels depuis longtemps la science et la pratique se sont prononcées.

De tous les échantillons recueillis dans le précieux ouvrage dont nous venons de parler, celui qui présentait plus spécialement toutes les conditions d'un bon papier, c'était le papier de bois.

Le bois a pour lui la force naturelle de sa composition, sa facilité de désagrégation en filaments, un plus grand degré de force pour résister à la puissance des agents chimiques et conserver, après sa conversion en pâte, la densité du feutrage nécessaire pour un papier solide et durable.

Employé seul, sans addition de chiffons, le bois suffit à faire d'excellent papier.

Les autres matières, telles que le foin, la paille, l'algue marine, etc., ne donnent qu'un papier faible, transparent, cassant et réclamant, comme auxiliaire, l'adjonction du chiffon.

En outre, la paille et le foin particulièrement ne peuvent être qu'une ressource illusoire pour nos papeteries : d'un côté ces matières subissent un déchet très=

considérable, exigent un traitement fort coûteux et ne
donnent qu'un papier cassant, sans solidité ni consistance ;
mais de son côté, l'agriculture, réduite déjà à chercher
des engrais factices, ne se laissera point appauvrir encore
au profit d'une autre industrie : le bois, au contraire,
couvre nos landes, nos montagnes, nos plaines ; dans
certaines contrées, comme le Midi, il est à peine employé
au chauffage ; nos fleuves et nos rivières peuvent d'ailleurs
nous l'apporter à peu de frais : il assure donc bien plus
solidement l'avenir de nos fabriques de papier.

Ajoutons que ce nouvel emploi du bois est appelé à
favoriser le reboisement de la France ; combien de terres
aujourd'hui improductives, se couvriront de plantations
et commenceront à donner à leurs propriétaires un
revenu inespéré !

Donc, le véritable, le seul succédané sérieux du chiffon,
*c'est le bois.*

Que les papetiers qui en feront usage ne craignent pas
l'épuisement dans les contrées où se trouveront leurs
fabriques. Nous connaissons un département où, depuis
trente années, plus de vingt usines fabriquent de gros
papiers d'emballage avec un mélange de chiffons, de
paille et de bois ; les propriétaires s'y sont empressés de
se mettre en mesure de satisfaire au développement des
besoins de cette fabrication, à tel point que le bois blanc
y est à meilleur marché que partout ailleurs.

Jusqu'à présent nos industriels n'avaient réussi à faire
avec le bois que des cartons, des papiers de couleur, de
pliage, ou un mélange d'une espèce de sciure de bois
blanc râpé, sans consistance ni fibres, nécessitant l'ad-

jonction des chiffons les plus chers dans une proportion considérable, et conservant pendant quelque temps seulement une blancheur apparente, grâce à un très-fort collage, etc.

Il restait à trouver les moyens d'en faire une application plus étendue, en donnant satisfaction aux besoins de l'impression.

Pour arriver à ce résultat, il fallait deux conditions :

1° Blanchir la pâte de bois ;

2° Pouvoir la donner à un prix qui n'excédât pas celui de la pâte de chiffons.

Il a été fait de longs et nombreux efforts pour obtenir le blanchiment de la pâte de bois. On s'attacha d'abord *aux bois blancs*, comme le peuplier, le tremble, etc., et on se figura qu'au moyen d'un traitement léger et peu dispendieux, le bois converti en papier conserverait sa blancheur naturelle. Mais les parties incrustantes et colorantes mises en contact et sous l'action de l'air ne tardaient pas à colorer le papier en rouge, jaune ou rose. Quelques fabricants, encore aujourd'hui, conservent cette illusion de pouvoir faire du *papier blanc* avec du *bois blanc*, sans un traitement chimique très-énergique : c'est une erreur dont les consommateurs les feront bien vite revenir.

D'autres inventeurs ont réellement blanchi le bois : mais leur pâte de bois leur revenait à eux-mêmes presque au double du prix de revient de la pâte de chiffons.

Aujourd'hui le problème nous parait résolu, et, disons-le bien vite, cet important résultat est dû à une dame, à madame Cauzique, d'Auray.

Ceci donne un démenti formel aux mauvaises langues

qui prétendent que le domaine scientifique a toujours été fermé aux femmes. Au reste, chacun a pu voir à l'exposition des Arts industriels, sous le n° 1, les remarquables produits de madame Cauzique.

L'inventeur a cru devoir s'attaquer tout d'abord au pin maritime. Triompher des difficultés de décoloration qu'oppose ce bois, par sa nature essentiellement résineuse, c'était en effet, s'assurer un succès facile sur les autres essences. La réussite a couronné de tous points les premières tentatives.

Aussi dans les départements de l'Allier et de Vaucluse, où des démonstrations importantes ont eu lieu, la réussite du parfait blanchiment du bois est désormais hors de doute.

Le papier l'*Alreen* (d'Auray) nous offre toutes les conditions d'un excellent papier d'écriture, d'impression, de dessin, de lithographie, etc.

La blancheur des spécimens de pâtes de bois qu'on vit à l'Exposition, rendue fixe et inaltérable, étonne; mais ce qui n'est pas moins admirable, c'est cette véritable *filasse, charpie de bois*, qui ressemble à du bois effiloché, et se prête ainsi parfaitement à l'action du traitement chimique: ce qui, à nos yeux et à un autre titre, lui donne surtout une supériorité incontestable sur tous les autres produits de même nature, c'est la différence de prix de revient entre la pâte de chiffons (prix moyen) et la pâte de bois blanchi : l'une coûte 65 francs., l'autre 50 fr. les 100 kilogrammes.

Le nouveau papier présente, en outre, un avantage considérable qu'il convient de ne pas passer sous silence.

Sa fabrication n'exige qu'un outillage très-restreint et ne réclame que très-peu de force motrice. C'est là un point important, car la nouvelle industrie se trouve par cela même à la portée d'un grand nombre de travailleurs. Il y a donc, dans le résultat obtenu par madame Cauzique, outre la solution d'un grand problème, son heureuse application à une idée éminemment utilitaire.

Dorénavant, dans les moments de chômage, lorsque les ardeurs et les sécheresses de l'été enlèveront les trois quarts des forces fournies par les cours d'eau, de nombreux ouvriers trouveront dans les nouveaux procédés des ressources certaines et un travail assuré.

Nous ne saurions donc trop féliciter ici l'inventeur du progrès qu'il a amené dans l'une de nos principales fabrications. Il fait tomber dès aujourd'hui les inquiétudes qu'on avait pu concevoir sur l'avenir de la papeterie française.

Tous ceux que la fête du 15 août a attirés sur la place de la Concorde ont été à même d'admirer les fontaines monumentales récemment restaurées par le cuivrage galvanique.

Les constructions en fonte abandonnées au contact de l'air et de l'eau finissent par s'altérer et s'oxyder : aussi a-t-on soin de les recouvrir d'un vernis ou enduit protecteur. Mais, quel que soit ce vernis, il ne résiste jamais à l'influence destructive des agents atmosphériques ; il faut le remplacer sans cesse et à grands frais. Le cuivrage galvanique évite tous ces inconvénients. Le cuivre déposé à l'aide de l'électricité sur les statues et les objets en fonte, les préserve de la poussière, de la boue, des dépôts calcaires, des plantes cryptogamiques; le moindre coup de brosse suffit pour faire cesser l'adhérence.

Aussi depuis quelques années on s'est préoccupé de trouver les moyens propres à enduire par les procédés galvaniques les objets en fonte. Un industriel de mérite, M. Oudry, a resolu le problème de la manière la plus heureuse et la plus complète.

Tout le monde sera de notre avis, quand nous aurons dit que les belles fontaines de la place de la Concorde ont été restaurées par lui en moins de quatre mois ; il nous faut ajouter, pour que chacun comprenne bien tout l'intérêt que présente ce travail si rapidement exécuté, que les diverses pièces de ces fontaines composaient un total de 190,000 kilogrammes de fonte et que la quantité de cuivre qui les recouvre sur une épaisseur de 1 millimètre, ne s'élève pas à moins de 16,000 kilogrammes.

Les essais tentés jusqu'à M. Oudry pour recouvrir la fonte de cuivre n'avaient amené aucune solution réellement industrielle : en se guidant sur les opérations galvanoplastiques, on commença par frotter les pièces avec de la plombagine, puis on les plongea dans un bain de sulfate de cuivre. Le résultat ne fut pas heureux.

Sous l'influence du courant électrique, le dépôt cuivreux se produisit bien, mais l'acide sulfurique mis en liberté se combina à la fonte, et les objets déposés finirent par se dissoudre lentement.

On essaya ensuite de cuivrer la fonte par simple immersion après décapage dans un bain de cyanure de cuivre. Il y a dans ce cas dépôt réel de cuivre, mais avec une épaisseur tellement insuffisante, que l'adhérence sur la

Il a supprimé le décapage préalable de la fonte, l'immersion au bain de cyanure, et il a trouvé le moyen d'empêcher toute action galvanique destructive résultant du contact des métaux. Il est parvenu à revêtir la fonte d'une couche de cuivre aussi épaisse qu'il le veut et dont l'action préservatrice peut se prolonger indéfiniment. Les objets traités par la méthode de M. Oudry rivalisent pour l'aspect et la solidité avec le bronze de fusion.

Voici brièvement comment M. Oudry atteint ce beau résultat.

Il recouvre les pièces de fonte, avant leur immersion dans le bain, d'un enduit particulier qui, à lui tout seul, constitue le point capital de la nouvelle méthode. Cet enduit est doué en effet de propriétés remarquables : épais dans le vase qui le contient, il ne s'étale pas moins avec facilité à l'aide du pinceau à froid, et sans épaisseur sensible ; il est tellement siccatif qu'il devient solide quelques minutes après son application ; il est imperméable à l'eau même acidulée, et constitue un véritable isolant.

Il résulte de là qu'une fois déposé sur la fonte, il la préserve complétement de toute action chimique des liquides dans lesquels elle pourra être plongée. Qu'on recouvre donc les pièces enduites de cet isolant de plombagine, qu'on les plonge dans le bain ordinaire de sulfate de cuivre, et il se formera un dépôt d'une uniformité complète et d'une adhérence certaine.

Ce procédé est d'une application évidente et produit des résultats durables. M. Oudry n'a pas craint d'offrir à la Ville trente années de garantie.

Au surplus, on jugera encore mieux de l'état pratique

auquel est arrivée la question, quand nous aurons dit que d'ici à trois ans l'usine électro-métallurgique d'Auteuil doit fournir à la ville de Paris dix à douze mille candélabres en fonte bronzée. Ce travail exigera une production journalière d'environ vingt candélabres, et il faudra entretenir en marche plus de deux cents bains et plus de quatre mille éléments galvaniques.

Le procédé de M. Oudry apporte-t-il une économie notable sur les anciennes méthodes? Il est facile de s'en convaincre par l'aperçu suivant :

Le cuivrage des fontaines de la Concorde a coûté 1 fr. par kilogramme, et les candélabres qui seront désormais fournis à la ville reviendront, mis en place, à 218 francs. Ils pèsent 250 kilogrammes. Le prix du kilogramme de fonte cuivrée est donc de 87 centimes. — Or, ils ont l'aspect et la solidité du bronze; et cependant, s'ils étaient en bronze pur, ils coûteraient environ 1,000 fr. chacun, soit près de cinq fois plus cher. Ce résultat est significatif.

La route est tracée. L'électro-métallurgie, complétement régénérée par M. Oudry, ne s'appliquera plus seulement aux fontaines monumentales, aux candélabres : tous les ornements en fonte, les grilles des squares, les vases, les statues, les balcons, etc., pourront, à l'aide de ces procédés ingénieux, être complétement mis à l'abri de l'action destructive des agents atmosphériques. C'est une industrie nouvelle, encore au berceau, mais qui certainement prendra bientôt un développement considérable.

24 août.

# XVIII



On n'eût pas manqué de crier au miracle si, il y a quelques dizaines d'années, quelqu'un se fût avisé d'avancer que, dans un avenir prochain, deux personnes s'entretiendraient entre elles des extrémités de l'Europe, aussi facilement que dans un salon.

Ce qui eût paru extraordinaire alors ne semble plus maintenant que fort simple, tant la science nous a habitués à des progrès de toute nature. Les bonnes gens sans malice, qui riaient naïvement des *Contes* de Perrault, devront peu à peu se faire à l'idée de retrouver ses fantaisies fantastiques au nombre des réalités.

La science a remplacé les fées qui gratifiaient leurs filleuls du don d'entendre à distance à travers les murs et les palais enchantés. Encore quelques années, et il nous sera facile de nous faire entendre d'un bout à l'autre du globe entier. Bientôt il n'y aura plus de distance, l'espace sera annulé. L'électricité peut, dès aujourd'hui, entraîner nos paroles au delà des mers et leur faire parcourir le monde entier en quelques secondes. Résultat assurément grandiose et qui surpasse par ses conséquences fécondes tout ce que l'homme a jamais pu rêver.

Nous nous habituons du reste si bien aux merveilles sans nombre qui se produisent chaque jour sous nos yeux, que c'est à peine si nous saluons au passage, d'un regard indifférent, les créations nouvelles qui sont appelées à devenir pour nous des sources de richesse et de bien-être général. La comparaison seule du présent avec le passé nous permet de juger du chemin ascendant que nous avons parcouru; alors seulement se peint devant nous avec netteté le progrès accompli.

Il y a à peine trente ans, il existait à quelques centaines de lieues de nous, au delà de la Méditerranée, un pays que nous connaissions à peine, il fallait quelquefois plusieurs jours pour y parvenir, et encore n'y parvenait pas qui voulait. L'Algérie n'était qu'un repaire de brigandage et de piraterie.

En 1861, l'Algérie est sauvegardée par le drapeau de la France. Une des contrées les plus riches et les plus fertiles du monde est devenue française. Sous une impulsion aussi puissante qu'habile, les idées nationales y ont peu à peu pénétré et s'y sont fait jour; après l'œuvre de la guerre s'est accomplie l'œuvre de la paix; l'industrie et le commerce ont trouvé secours et protection, et se développent chaque jour de plus en plus. Nous pouvons désormais compter sur des richesses incalculables qu'on nous envie déjà.

En même temps qu'une administration prévoyante ouvrait de tous côtés les voies à la civilisation, la science suivait le mouvement général.

L'Algérie était loin de nous; le progrès scientifique effaça la distance. L'Algérie est maintenant à la porte de la France.

Nous avons même le droit de dire qu'elle est aux portes de Paris, puisque quelques secondes suffiront dorénavant pour transporter la parole souterraine des palais impériaux au cœur de l'Algérie. Il n'y a plus de Méditerranée.

Depuis quelques jours, en effet, une ligne télégraphique sous-marine relie directement la France à l'Algérie. Un nouveau progrès s'est accompli.

C'est là, ce nous semble, un fait qui ne manque pas d'importance à tous les points de vue, et il convient de ne pas le passer sous silence. La presse scientifique a aussi ses devoirs, et le premier de tous, assurément, c'est de ne pas laisser ignorer ce qui se fait de beau, d'utile et de grand dans son pays.

Nous nous arrêterons donc un peu sur la nouvelle ligne sous-marine de la Méditerranée.

Il y a déjà plusieurs années qu'on avait conçu le projet d'une communication directe entre la France et l'Algérie. Au moment où s'achevait la pose du câble de Sardaigue, l'administration se préoccupait déjà de faire rechercher le parcours le plus favorable à l'établissement de la nouvelle ligne.

On confia les travaux de sondage à un ingénieur hydrographe d'un mérite éprouvé, M. Ch. Ploix; la corvette *le Colbert* fut mise à la disposition de cet ingénieur pendant toute la durée des études.

La première question qu'il importait de résoudre, c'était de trouver à proximité d'Alger un point d'atterrage convenable. M. Ploix porta son attention successivement sur les caps Caxim, Matifou et Mola. La préférence fut accordée au dernier, en raison des faibles profondeurs d'eau qui l'environnent, même assez loin des côtes. Par le travers, en effet, et à l'est du cap Mola, il faut aller à six milles de terre pour rencontrer des fonds de 1,500 brasses (240 mètres).

On conçoit facilement quel rôle joue en pareille ma_tière la profondeur de la mer. Plus il y a de longueur de câble suspendue entre le navire qui opère la pose et le fond de l'eau, plus évidemment il y a des chances de rupture. Le câble peut finir par se rompre sous son propre poids quand la profondeur est suffisante. MM. Philippe Breton et Beau de Rochas, auxquels on doit de très-belles études sur la télégraphie sous-marine, ont établi que vers 3,000 mètres de profondeur tous les fils de fer du câble se rompraient par leur poids, même en ne tenant pas compte des tiraillements et des secousses occasionnées par l'agitation de la mer.

Il n'y aurait pas avantage, comme quelques personnes pourraient le supposer tout d'abord, à augmenter la grosseur des fils de fer qui entourent le câble. On le consolide bien, en effet, par ce moyen, mais on le rend plus pesant, et l'on perd d'un côté ce que l'on gagne de l'autre. La difficulté est, sous ce point de vue, insurmontable; il fallait la tourner et reprendre le problème autrement. C'est ce qu'on a déjà fait dans ces derniers temps en songeant à alléger le poids du câble à mesure qu'il s'immerge dans la mer.

M. Ploix s'arrêta au cap Sicié pour l'atterrage du câble du côté de la France; seulement, il constata des profondeurs assez considérables en pleine mer, en suivant le trajet direct de Toulon à Alger. La sonde n'atteignit souvent le fond qu'à 2,000 mètres.

Le projet direct fut néanmoins préféré, et on résolut de tenter l'opération. Un traité fut passé en date du 19 avril 1860, avec la compagnie Glass-Elliot, pour la fabrication et la pose d'un câble électrique à travers la Méditerranée. Le 25 août de la même année, le câble était terminé et chargé à bord du *William-Cory*. Les opérations de pose commencèrent par Alger, le 9 septembre.

L'expédition passa au large des Baléares, et quand le navire fut parvenu en face du cap Mola, on crut prudent d'abandonner une bouée par 140 mètres de profondeur. Cette précaution ne devait malheureusement pas être inutile. On avait parcouru sans accident les neuf dixièmes de la distance totale. Toulon n'était plus qu'à quarante milles, lorsqu'un violent coup de mer survint. Le câble ne put résister et se rompit. Le *William-Cory* et *le Colbert* durent se réfugier à Marseille.

Cette première tentative ne fut cependant pas sans résultats fructueux, comme on pourrait le croire. On releva la bouée qu'on avait laissée en face le cap Mola, et on y fit atterrir le câble. On le réunit ensuite à la ligne de Mahon à Barcelone et à tout le réseau d'Espagne. Des communications télégraphiques purent ainsi être établies, malgré l'insuccès de la pose, d'Algérie en France.

Mais l'œuvre principale n'avait pas encore été accomplie; un nouveau câble fut commandé, et, dès le 14 décembre, le *William-Cory* recommençait l'opération de pose en partant cette fois des côtes de France. La seconde tentative devait encore échouer. Le lendemain même de son départ de Toulon, le *William-Cory* était abordé par *le Gomer*, qui avait mission de l'escorter.

Le navire anglais reçut des avaries assez graves pour être forcé de suspendre l'opération. On avait déjà posé 95 kilomètres de câble; il en restait encore 248 à dérouler. On prit le sage parti de fixer le câble à une bouée qui fut surveillée par l'aviso *le Caton*, et le *William-Cory* rentra à Toulon.

A la fin de janvier, il reprenait la mer; il s'agissait cette fois de relever le câble et de continuer la pose jusqu'à Alger. Mais, pendant le travail, la corde qui retenait l'extrémité du câble à la bouée se rompit tout à coup, et l'on ne put conserver aucun espoir de continuer l'opération.

C'était le second câble qu'on perdait en moins de quatre mois; ces deux insuccès portèrent conseil. On renonça au premier tracé qui traversait des profondeurs trop grandes, et on se décida à faire un crochet et à partir de Port-Vendres pour aller atterrir à Mahon. Les deux lignes de terre de Mahon à Alger et de Port-Vendres à Toulon compléteraient le circuit télégraphique et permettraient une correspondance directe entre la France et l'Algérie,

C'est ce second projet qui a été mis dernièrement à exécution et dont nous sommes heureux de pouvoir annoncer aujourd'hui le succès complet.

Le nouveau câble avait été chargé sur *le Berwick*, au mois d'août 1861, et la pose avait commencé, à Mahon, le 31 du même mois. Le 2 septembre, les communications étaient établies d'une manière permanente entre la France et l'Algérie. Depuis quelques jours, la ligne sous-marine est ouverte au public.

Complétons maintenant ce rapide exposé historique par quelques détails sur l'opération en elle-même et la nature des câbles télégraphiques sous-marins.

Il n'est pas aussi facile qu'on le suppose généralement d'établir au fond de la mer une ligne télégraphique. Le travail serait assurément très-commode, s'il suffisait de laisser filer le câble comme les marins laissent filer le loch ou une sonde. Malheureusement, il n'en est pas ainsi : le poids considérable de la longueur du câble sur laquelle on agit oblige l'ingénieur à prendre des précautions les plus minutieuses. Il faut absolument que le câble file dans la mer avec une extrême lenteur ; il importe beaucoup qu'à un moment donné il puisse être arrêté immédiatement dans sa chute, sans choc et progressivement. De là des difficultés considérables dans l'exécution et qui ne peuvent être convenablement vaincues qu'à l'aide d'appareils mécaniques d'une grande puissance. Nous indiquerons rapidement et en bloc la disposition de l'appareil installé sur *le Bervick* au moment de la dernière pose

Les dimensions de cet appareil n'étaient pas moindres de 78 mètres de longueur sur 6 mètres de largeur. Il consistait simplement en une série de grandes roues à gorges toutes situées sur le même plan. Le câble, après s'être engagé entre trois roues guides, entraînées elles-mêmes par de petites roues supérieures, parvenait sur une grande bobine de cinq mètres de rayon, où il s'enroulait trois fois. La vitesse de cette bobine était maintenue à l'aide de freins puissants, mis en mouvement eux-mêmes par de forts leviers commandés par la roue du gouvernail. Le câble passait ensuite dans la gorge d'une nouvelle roue pour se rendre sous un tendeur muni d'échelles destinées à mesurer sa tension; il s'engageait enfin sur une sixième et dernière roue de 3 mètres 50 de rayon, placée à l'arrière du bâtiment, au-dessus des flots; elle servait à guider le câble dans sa chute.

On voit qu'au moyen de cette disposition, compliquée il est vrai, mais efficace, on était entièrement maître de la vitesse à donner au câble.

La pose s'effectuerait donc dans ces conditions toujours avec succès, puisqu'il n'y aurait plus qu'à faire suivre au navire le trajet choisi par les études préliminaires, si d'autres éléments n'intervenaient dans la question : l'état de la mer, par exemple, et surtout ses profondeurs. La moindre bourrasque, en agissant brusquement sur le câble, peut le briser; des abîmes trop profonds peuvent occasionner sa rupture, comme nous l'avons déjà expliqué.

Un câble sous-marin se compose toujours d'un conduc-teur central formé par des fils ou des cordes de cuivre ; d'une enveloppe isolante de gutta-percha et d'une seconde enveloppe extérieure, dont la composition est d'ailleurs assez variable.

Le câble qui vient d'être jeté à travers la Méditerranée, est formé de trois parties distinctes, l'une destinée aux eaux profondes, l'autre aux bas-fonds, et la troisième aux atterrissements.

On a formé l'enveloppe du câble employé pour les eaux profondes de dix cordes de chanvre imbibées de goudron et soutenues par un fil d'acier de 2 millimètres. Le câbe entier a 2 centimètres de diamètre. La corde de cuivre centrale, composée de sept fils, à 2 millimètres, est entourée de cinq couches de gutta-percha, ayant une épaisseur de 3 millimètres.

Le câble des bas-fonds est garni de dix fils de fer ayant chacun 5 millimètres de diamètre. Cette gaîne mé-tallique repose sur un chanvre goudronné placé lui-même sur la gutta-percha. Son diamètre total est de 25 milli-mètres.

Enfin, pour le câble des côtes, l'enveloppe est formée de fils de fer ayant neuf millimètres de diamètre. Son diamètre total est de 36 millimètres.

Sur les 850 kilomètres qu'on avait à poser, on a em-ployé 130 kilomètres de câble moyen et 15 kilomètres seulement de câble d'atterrissement.

On s'explique facilement les différences de construction du conducteur électrique sous-marin en se reportant aux dangers de rupture que nous avons signalés pour les grandes profondeurs. Il n'y a qu'avantage à augmenter la résistance du câble, qui doit reposer sur des bas-fonds ou le long des côtes, en le garnissant de fils de fer ; il y a danger, au contraire, quand il s'agit des câbles destinés aux eaux profondes, car en augmentant la solidité, on augmente son poids. Aussi tend-on de plus en plus à alléger, dans ces circonstances, le conducteur électrique en remplaçant les fils de fer par des cordes de chanvre. La densité du dernier câble méditerranéen ne dépasse pas 1.25 ; à volume égal, il ne pèse donc pas beaucoup plus que l'eau dans lequel il est plongé. Il se trouvait, par conséquent, dans des conditions excellentes pour éviter de grandes tensions, et, par suite, d'inévitables ruptures.

Il y a déjà quelque temps, du reste, qu'on a été conduit à abandonner, pour les grandes profondeurs, les anciens câbles, dont la construction était essentiellement mauvaise. On se rendra facilement compte des graves incon_vénients qu'ils présentaient, quand on se rappellera que le faisceau intérieur était entouré par des fils de fer contournés en hélice.

Nous avons déjà eu occasion de dire que la tension causée par une grande longueur de câble donne lieu à des efforts bien différents pour le faisceau central et pour les fils de fer cordés. Ceux-ci cèdent à l'allongement par une simple diminution de courbure des spires, sans que pour cela la longueur réelle de chaque courbe soit altérée ; les fils du faisceau, au contraire, ne peuvent s'allonger qu'autant que la substance même du métal cède à l'effort produit. De là résulte que lorsqu'on tire

Espérons maintenant que la pose du câble méditerranéen ne sera que le prélude d'une œuvre grandiose à tous les titres, qui suffirait à elle seule pour faire la gloire d'un siècle, la réunion par une ligne sous-marine de l'ancien et du nouveau monde.

12 octobre.

# XIX



L'étude des phenomènes qui se rattachent à l'aciération ne présente pas seulement un grand intérêt au point de vue industriel, elle soulève aussi des questions scientifiques d'une importance incontestable. On comprend donc que les travaux oubliés dans ces derniers temps sur l'aciération, aient excité à un haut degré l'attention des savants et des industriels.

La théorie de l'aciération admise jusqu'à présent est de la plus grande simplicité: l'acier est considéré comme un carbure de fer, moins carburé que la fonte. Dans cette hypothèse l'aciération s'explique bien facilement : il suffit, en effet pour produire de l'acier, soit de décarburer incomplétement la fonte par un puddlage spécial, soit de donner du carbure au fer par la cémentation.

Malheureusement cette théorie se trouva en désaccord avec une foule de faits constatés par la pratique ; des analyses et des expériences de laboratoire viennent également montrer toute son insuffisance ; elle n'a fait réaliser aucun progrès à la fabrication de l'acier, et a laissé cette belle industrie exposée aux préjugés et à l'empirisme.

On comprend que les pays qui ont le privilége de fabriquer des aciers de première marque aient intérêt à soutenir une théorie qui laisse croire que les fers de Suède et de Russie conviennent seuls à la fabrication d'un bon acier.

Mais il est temps de rechercher enfin pourquoi la France, qui possède des combustibles et des minerais de fer excellents, ne produit jusqu'à présent que des aciers peu estimés.

M. Fremy a pensé que la chimie pouvait résoudre cette question importante : si la qualité de l'acier est due à la pureté de tel ou tel métal étranger, nos maîtres de forges sont assez habiles pour amener leur fer à un état de purification convenable ; si l'aciération dépend de la présence d'un corps spécial, c'est la chimie qui doit signaler ce composé ; il sera facile alors de l'introduire dans le fer que l'on veut aciérer.

Le privilége de la fabrication de l'acier, qui appartient encore à quelques pays, doit donc tomber devant des travaux sérieux entrepris sur l'aciération.

Telles sont les idées qui ont guidé M. Fremy dans ses

recherches sur l'aciération. Les principaux résultats auxquels il est parvenu ont été consignés dans six mémoires qu'il a successivement présentés à l'Académie.

M. Fremy a voulu démontrer que si la fabrication de l'acier est restée dans l'enfance; c'est que la composition de ce corps n'a pas été jusqu'à présent nettement établie. Pour fabriquer un bon acier, il faut, avant tout, connaître la nature des corps qui déterminent ou qui empêchent l'aciération.

Les expériences de M. Fremy ont eu pour but de résoudre ces différentes questions, et les observations qui servent de base à la nouvelle théorie de l'aciération, peuvent être résumées de la manière suivante :

1° L'acier n'est pas un carbure de fer; c'est un composé métallique dans lequel les propriétés du fer sont modifiées par du carbone et de l'azote ou par des corps qui leur ressemblent.

2° En soumettant à l'analyse les aciers du commerce les plus estimés, M. Fremy a reconnu qu'ils n'étaient jamais formés exclusivement de fer et de carbone, mais qu'ils contenaient toujours de l'azote, du silicium et du phosphore; lorsqu'on traite l'acier par un acide, on dégage des gaz qui entraînent du silicium ou du phosphore, et on obtient un charbon qui est toujours fortement azoté. Ainsi l'analyse démontre que l'acier n'est pas un simple carbure de fer.

3° Les expériences synthétiques faites en si grand nombre par M. Fremy conduisent aux mêmes conclusions. Il a reconnu que l'aciération n'est jamais produite par l'action d'un seul corps sur le fer : le carbone, l'azote;

le phosphore, le soufre, l'arsenic, le silicium, agissant isolément sur le métal, tendent toujours à produire des composés fusibles, cristallisant en larges lames, sans élasticité, ne se prêtant pas aux opérations de l'étirage, ressemblant, par conséquent, *aux fontes du commerce*.

Lorsqu'au contraire il a fait agir sur le fer deux corps comme le carbone et l'azote ou des éléments qui jouent le même rôle, l'aciération se manifeste immédiatement : un de ces éléments vient-il à être éliminé par une réaction chimique, l'aciération disparaît aussitôt.

4° De tous les corps pouvant produire l'aciération en présence du carbone, il n'en est pas de plus actif que l'ammoniaque. Ce gaz fournit d'abord l'azote utile à l'aciération; mais, en outre, il apporte de l'hydrogène qui enlève les traces de soufre et l'excès d'azote contenus dans le fer : l'hydrogène de l'ammoniaque épure ainsi le métal, le rend poreux et facilite la cémentation : l'ammoniaque joue dans la cémentation un double rôle à la fois chimique et mécanique.

5° Il est certains corps qui, comme le titane et le tungstène, paraissent faciliter l'aciération ; M. Fremy démontre que ces métaux ont précisément une grande affinité pour l'azote ; leur rôle serait donc d'*emmagasiner* l'azote et de fournir ensuite cet élément utile à l'aciération.

Si d'autres corps simples, comme le soufre et l'arsenic, s'opposent à l'aciération, c'est que ces éléments ont, comme l'a reconnu M. Fremy, par rapport à la combinaison avec le fer, des *droits de préséance* sur les autres corps simples; ils *sont dominateurs* ; quand ils sont combinés au fer, ils empêchent l'aciération de se manifester.

C'est cette observation importante qui explique toutes les difficultés que présente la fabrication de l'acier : aussi M. Fremy n'hésite-t-il pas à dire à nos fabricants d'acier : « Ne croyez pas qu'il existe des minerais d'acier, appartenant à certains pays privilégiés : tous les bons minerais de fer, comme ceux que nous possédons en France, produiront des aciers excellents, lorsque par une épuration suffisante on saura en éliminer le soufre et le silicium qui s'opposent à l'aciération.

« Au lieu d'acheter à l'étranger du fer propre à l'aciération, qui nous est vendu à un prix très-élevé, perfectionnons nos procédés d'affinage, et nous pourrons faire aussi en France des aciers de première marque. »

Ces paroles du savant chimiste de l'Institut, ont, dans sa bouche, une portée qui ne saurait échapper. C'est, nous n'en doutons pas, la prédiction d'une révolution radicale dans l'industrie des aciers.

Les minerais de fer manganésifère, qui, comme on le sait, conviennent à l'aciération, sont sans doute estimés, parce qu'ils contiennent un oxyde qui est un épurateur très-énergique.

6° M. Fremy s'est assuré que presque toutes les fontes contiennent les éléments de l'aciération, qui se trouvent dissimulés par la présence d'un excès de carbone, de soufre, de phosphore ou de silicium ; ces corps donnent au composé métallique les caractères spéciaux de la fonte.

Le problème à résoudre dans la fabrication de l'acier puddlé est donc inverse de celui qui se présente dans la cémentation.

Lorsqu'on cémente du fer, on se propose de donner au fer les éléments aciérants, qui sont le carbone et l'azote. Dans la fabrication de l'acier puddlé, on a pour but d'enlever les corps nuisibles, en conservant au métal les éléments réellement aciérants.

7° Enfin, M. Fremy s'est appliqué à retrouver, dans les publications scientifiques et dans les observations pratiques, une foule de faits qui peuvent appuyer sa nouvelle théorie de l'aciération, et démontrer que l'acier n'est pas un simple carbure de fer.

Il a rappelé d'abord les beaux travaux publiés en Angleterre par MM. Saunderson et Bincks, qui démontrent que l'acier ne se forme que dans les circonstances où l'azote peut se combiner au fer.

Il prouve ensuite que tous les corps qui sont employés depuis si longtemps pour produire une aciération rapide, connue sous le nom de *trempe en paquets*, tels que le ferrocyanure de potassium, les sels ammoniacaux, la suie, le charbon animal, etc., sont précisément des composés azotés.

Tel est le résumé des travaux de M. Fremy sur l'aciération.

Lorsque le savant chimiste est venu émettre devant l'Académie des propositions qui renversent les idées admises depuis si longtemps, qui soulèvent des questions de priorité ou d'amour-propre, qui touchent à des intérêts considérables et qui divulguent, au profit de tout le monde, des recettes que l'on avait intérêt à exploiter secrètement, il devait s'attendre aux critiques qui s'adressent à tous ceux qui travaillent ; on devait dire que ses assertions n'étaient pas exactes et que ses découvertes n'étaient pas nouvelles.

M. le capitaine Caron, qui cependant s'est occupé de la cémentation du fer au moyen du cyanure de barium et qui dans ses essais emploie, par conséquent, un corps fortement azoté, a particulièrement critiqué les travaux du savant professeur de l'École polytechnique, et soutenu l'ancienne théorie de l'aciération.

Dans ses dernières publications, M. le capitaine Caron revient à une théorie, émise pour la première fois par M. Jullien, dans laquelle l'acier serait une simple dissolution de carbone dans le fer.

M. Caron soutient que l'acier peut être produit par du charbon pur ou par la réaction de l'hydrogène protocarburé sur le fer : dans ce cas, l'azote n'intervient pas et l'aciération ne peut être attribuée qu'à l'influence du carbone.

Quant à l'utilité des composés azotés que M. Caron ne peut pas mettre en doute, il l'attribue à la fixité des corps cyanurés qui ne se décomposeraient qu'au moment où le carbone peut se combiner au fer et qui présenteraient ainsi au métal le corps aciérant à l'état naissant, c'est-à-dire sous une forme éminemment propre à la combinaison.

M. Fremy opposa les réponses suivantes aux critiques de M. le capitaine Caron et à celles des partisans de l'ancienne théorie de l'aciération.

1° Si l'acier était un carbure de fer, dit M. Fremy, les aciers les plus estimés ne devraient contenir que du carbone et du fer, ou du moins se rapprocher beaucoup d'une combinaison simple de carbone et de fer. Or, M. Fremy

n'a jamais trouvé un acier formé uniquement de carbone
et de fer : les aciers qui, dans l'industrie, ont le plus de
valeur, sont ceux qui, comme les aciers Krupp, contiennent la plus forte proportion d'azote ;

2° Si l'acier était un carbure de fer, sous l'influence
des acides, il devrait donner un résidu de charbon pur ;
M. Fremy a montré que, par l'action des acides, l'acier
laisse un charbon fortement azoté ;

3° Si le charbon seul était l'agent de l'aciération, on
devrait aciérer avec d'autant plus de facilité que le charbon est plus pur : or M. Fremy a reconnu que le charbon pur ne *cémente jamais le fer* ;

4° M. Fremy a prouvé que les charbons de bois qui cé-
mentent si facilement le fer sont fortement azotés : il a
ôté au charbon de bois la propriété de cémenter en le
désazotant au moyen de l'hydrogène. Ce charbon de bois
*désazoté*, qui n'acière plus, reprend sa vertu première
lorsqu'on lui rend de l'azote ;

5° Si l'azote, comme on l'a prétendu, ne jouait aucun
rôle dans la cémentation, pourquoi toutes les substances
organiques seraient-elles les seules qui eussent la propriété d'aciérer instantanément le fer.

Si l'aciération était une simple carburation du fer, une
lame de fer portée au rouge devrait s'aciérer immédiatement quand on la frotte avec un morceau de sucre ou
de résine, comme elle s'acière par le contact du ferrocyanure de potassium. Or tout le monde sait que les
substances organiques non azotées n'agissent pas au
rouge sur le fer.

6° Les observateurs, qui ont cru opérer des aciérations

sous l'influence seule du carbone, ont commis des méprises qu'il est bien facile d'expliquer.

Les uns ont produit à la surface du fer une légère couche de fonte qui a été prise à tort pour de l'acier, qui peut se durcir par la trempe, comme l'acier, mais qui diffère de ce corps par des caractères incontestables.

Les autres n'ont pas tenu compte de l'azote contenu dans les charbons, ou des substances azotées qui existent dans des gaz carburés que l'on croyait purs.

Quelques expérimentateurs enfin ont négligé la présence de l'azote et du phosphore dans les fers du commerce : il est évident que, dans ce cas, l'aciération devient une *opération complémentaire*.

M. Fremy a prouvé, en effet, qu'un fer azoté et phosphoré peut s'aciérer par la seule action du carbone ; et, réciproquement, qu'une influence purement azotante, comme celle de l'ammoniaque, suffit pour aciérer un fer qui contient du carbone ou du silicium.

Un récent mémoire de M. Boussingault, publié dans le numéro du 9 novembre des *Annales de Chimie*, vient de donner encore une nouvelle et éclatante confirmation à la théorie de M. Fremy. En employant le remarquable procédé d'analyse qui lui est dû, M. Boussingault a trouvé dans les fers les quantités d'azote suivantes :

|  | AZOTE. |
|---|---|
| Fer pur préparé chimiquement. | 0 |
| Fer du commerce. | 4 |
| Acier commun. | 7 |
| Aciers Krupp et allemands. | 22 |
| Acier fondu anglais première qualité. | 42 |

Il serait assez difficile, en présence de ces résultats analytiques, de dire encore que l'acier n'est pas azoté. On remarquera également que l'analyse vient démontrer que la proportion d'azote croît avec la qualité de l'acier.

Les partisans de l'ancienne théorie seront bien forcés désormais de le reconnaître eux-mêmes. L'acier est bien un azote-carbure et non pas un carbure de fer.

La fabrication de l'acier est donc à la veille de réaliser des progrès considérables : les industriels qui voudront s'engager dans la voie qui a été ouverte par M. Fremy, qui purifieront assez leur fer pour que l'aciération soit facile et permanente, ceux qui feront intervenir dans leurs opérations des influences azotantes énergiques, pourront produire, avec des fers français, des aciers comparables à ceux que nous achetons aujourd'hui à l'étranger.

On le voit, en résumé, malgré leur caractère technique, nous ne pouvions laisser passer, sans les mettre en évidence dans ce recueil, les belles recherches de M. Fremy. Nous tenions à les saluer au passage comme une nouvelle victoire de la science sur la routine et le préjugé.

M. Fremy aura doté l'industrie d'une nouvelle conquête. Dès aujourd'hui, elle lui doit des éloges et des remerciments.

20 novembre.

# XX



Le 24 septembre, à midi et demi, une foule nombreuse bordait le parapet et les abords du pont Royal, attirée par l'attrait d'un spectacle nouveau; une société d'élite était réunie par invitations, à bord de la frégate des bains de mer, et la musique du 7ᵉ chasseurs exécutait sur le gaillard d'avant, avec l'entrain qu'on lui sait, l'ouverture de *Zampa*, *Macbeth*, *Rêve de bonheur*, etc.

On expérimentait, pour la seconde fois, devant les juges les plus compétents, et en pleine Seine, l'ingénieux bateau inchavirable et insubmersible de M. Mouë.

Avant de rendre compte des expériences qui ont eu

lieu et de décrire le nouvel appareil de sauvetage, nous
ne saurions trop louer l'idée qui a présidé à cette véritable
fête scientifique. Nous serons toujours heureux d'applaudir
à tous les essais qui tendent à faire consacrer par le suf-
frage public les inventions éminemment utilitaires.

Pourquoi donc n'y a-t-il eu jusqu'ici que les arts qui
aient eu leurs réunions intimes? la science manquerait-
elle par hasard d'éléments suffisants? On oublie bien vite,
ce nous semble, l'intérêt puissant qu'elle sait apporter
dans toutes les questions, les merveilles sans nombre
qu'elle peut dérouler aux yeux de tout le monde, les magnificences qu'elle étale avec prodigalité tous les ans devant une jeunesse enthousiasmée.

On est presque autorisé à dire qu'il manque à Paris
une salle spéciale, un véritable théâtre scientifique où
des interprètes clairs, simples et intéressants, viendraient
faire miroiter devant le public les beautés et les splendeurs de la science. Les expériences les plus curieuses,
les plus saisissantes, seraient répétées sur une grande
échelle, et émerveilleraient assurément la foule surprise
de la puissance et de la fécondité du génie humain.
Est-il rien qui frappe plus l'imagination que ces beaux
et étranges phénomènes qu'on produit dans nos cours de
physique et de chimie?

Un pareil spectacle serait très-couru et très-suivi. Il
suffirait de lui donner une scène convenable et de l'ap-
proprier au public spécial auquel il était destiné.

Il se manifeste de nos jours, dans les masses, un besoin d'apprendre qui montre l'utilité d'une pareille création. Déjà des tentatives ont été faites pour répondre à

ces aspirations de l'époque. Des entretiens, des conférences publiques, ont été organisés, et le grand nombre d'auditeurs qui s'y pressaient ont démontré victorieusement les tendances nouvelles. Un essai non moins heureux, quoique très-incomplet, a été également tenté par un Allemand, M. Rhodes. Pendant plusieurs mois, il a donné des séances géologiques et astronomiques, et jamais spectacle ne fut plus suivi. Cependant, qu'était-ce en comparaison de ce qu'on pourrait faire? La réunion du 24 septembre, due à une initiative toute privée, montre mieux que ce que nous pourrions dire combien le public a soif de tout ce qui touche de près ou de loin aux découvertes et aux grandes inventions de notre siècle. Nous avons remarqué sur la frégate-école la plupart de nos notabilités parisiennes, un grand nombre d'hommes du monde et quelques-unes des jolies baigneuses qu'on admirait encore il y a quelques jours à Dieppe et à Bade. Chaque expérience était couverte d'applaudissements. La musique du 7ᵉ chasseurs avait du reste certainement sa part de ces bruyantes acclamations.

Le bateau insubmersible de M. Mouë avait été amarré devant la frégate-école, en aval du pont Royal. Comme on n'avait point là la vague pour faire chavirer l'embarcation, on y suppléa, tant bien que mal, à l'aide d'un système de cordages qui, en soulevant le canot, le renversait complétement.

A trois reprises différentes, le bateau de M. Mouë fut retourné sens dessus dessous, et l'équipage emprisonné quelques secondes sous l'embarcation; chaque fois, le bateau fit un tour complet, se redressa, puis reprit sa position première. Les matelots se retrouvèrent chaque fois à leur poste, tout prêts à affronter encore un danger aussi commode.

Le bateau de M. Mouë ne peut sombrer; s'il est renversé la quille en l'air, il faut absolument qu'il se redresse de lui-même; il devient donc l'appareil de sauvetage par excellence; il défie la violence de la lame et les profondeurs de l'Océan.

Il est bien facile de se rendre compte de l'invention de M. Mouë.

Prenez un corps lourd, attachez-le à des vessies pleines d'air, puis plongez-le dans l'eau, il surnagera, et, quoi que vous fassiez, il se maintiendra à la surface de l'eau.

L'inventeur a simplement tiré parti de ce fait connu de tout le monde pour rendre son bateau insubmersible : il lui a donné un double fond qu'il a garni de boîtes à air, et il a également rempli de gaz atmosphérique le gaillard d'arrière et le gaillard d'avant, en sorte que, le bateau vient-il à s'emplir d'eau, peu importe, le surplus de charge est supporté par les boîtes à air, et l'embarcation continue à flotter. Les réservoirs d'air jouent ici le rôle de la ceinture de natation qui soutient sur l'eau le baigneur inexpérimenté.

Les boîtes à air sont au nombre de vingt-huit et sont construites en zinc; si une d'elles et même plusieurs viennent à crever par malheur, il en restera toujours assez pour maintenir à flot l'embarcation.

Le bateau de M. Mouë, ainsi construit, ne peut être submergé; mais rien ne l'empêche assurément de chavirer, de se retourner sens dessus dessous et d'y rester au grand déplaisir des matelots. Il fallait absolument remédier à cet inconvénient capital, et c'est en cela surtout que consiste l'invention de M. Mouë. Il a introduit dans la construction de son canot insubmersible une modification heureuse qui le rend également inchavirable.

Il installe le long et dans toute la hauteur de la membrure de gauche une chambre à air.

C'est cette chambre à air, hâtons-nous de le dire, qui est l'organe essentiel du bateau inchavirable. Son rôle est passif, quand l'embarcation repose sur ses formes de flottaison ; mais que, par une cause ou par une autre, elle soit retournée sens dessus dessous, c'est le matelas d'air qui l'obligera à revenir sur l'eau et à reprendre sa position première.

En effet, le bateau a-t-il, par exemple, été complétement renversé par la lame, quille en l'air, la chambre à air, qui, tout à l'heure, ne plongeait dans l'eau que jusqu'à la ligne de flottaison, se trouve maintenant entièrement submergée.

L'effet résultant est pour l'embarcation absolument celui qui surviendrait, si on venait attacher à sa membrure de gauche des vessies de renfort. Le chambre à air allége beaucoup babord, et l'équilibre est rompu. Le bateau se soulève à babord, s'incline du côté opposé ; la quille en fer, lestée convenablement, penche aussi vers tribord, fait contre-poids et entraîne tout le système qui opère une demi-révolution sur lui-même et reprend sa position normale. Ce mouvement s'effectuera toujours par le fait même de la submersion du canot. Il lui sera donc impossible de ne pas revenir à flot sur sa quille. Quant à l'eau qui remplit le canot, comme elle se trouve à un niveau plus élevé que celle de la rivière ou de la mer, elle s'écoule tout naturellement par quatre ouvertures, ménagées à dessein, à travers le double fond.

On le voit, rien de plus simple, rien de plus efficace. L'invention de M. Mouë est bonne et utilitaire; elle fera son chemin.

Après l'œuvre de la civilisation, l'œuvre de la destruction. Accordons quelques lignes aux nouvelles et curieuses machines de guerre des Américains.

Tout dernièrement, quand les révoltés du Sud virent approcher d'Anapolis les steamers chargés de troupes fédérales en destination de Washington, ils brisèrent les locomotives qui se trouvaient dans la gare et arrachèrent les rails du chemin de fer. Mais les fédéraux comptaient dans leurs rangs un grand nombre de mécaniciens habiles. Les locomotives furent promptement remises en état, et la voie ferrée fut rétablie comme par enchantement. Ils entrèrent bientôt à Washington aux acclamations de la population enthousiasmée de voir arriver si rapidement ses sauveurs.

Quand on apprit l'audacieux coup de main des Confédérés, on songea immédiatement à construire des machines de guerre qui pussent mettre hors d'atteinte les chemins de fer et leur matériel roulant. Les Américains avaient déjà imaginé les wagons-salons, les wagons-restaurants, les wagons-chambres à coucher, ils imaginèrent le wagon-forteresse.

Les Yankees sont gens d'expédition; on alla au plus e. La plate-forme d'un wagon de marchandises servit

de support à une boite formée de feuilles épaisses en tôle
forte. On pratiqua dans cette sorte de chambre des meur-
trières qui permirent aux soldats de faire feu sur l'ennemi tout en restant à couvert. A l'arrière, on établit un
canon rayé monté sur pivot, de manière à le pointer dans
une direction quelconque. On construisit ainsi une forte-
resse mobile à l'épreuve des balles, et souvent même des
boulets, dans laquelle on peut renfermer une garnison
de cinquante hommes armés de carabines rayées.

Que de peine pour arriver à bien se tuer !

Quoi qu'il en soit, il est certain qu'un convoi ainsi cui-
rassé, arrivant comme l'éclair sur l'ennemi, est appelé
à produire un certain trouble dans les rangs; il ne lui
manque rien pour se protéger lui-même et protéger le
railway.

Seulement, avouons-le, il fallait être Yankee pour ima-
giner la guerre en chemin de fer.

Nos canons rayés empêchaient de dormir les zouaves
de l'Union. Ils ont voulu à leur tour créer leur chef-d'œuvre et commencer par des coups de maître. Ils ont fondu
des canons dont l'âme a un diamètre de *trente-sept centimètres*, et ils en préparent un plus monstrueux encore
dont l'âme aura *cinquante et un centimètres*. La longueur
de cette pièce énorme établie au fort Monroë est de 1$^m$,56;
son poids est de 24,000 kilogrammes; elle peut tirer près
de cinquante coups à l'heure.

Quand on est obligé d'incliner la pièce, la manœuvre
devenant plus pénible, chaque coup exige un intervalle
de trois à quatre minutes. Les boulets, quoique évidés
au centre, pèsent encore de 150 à 160 kilogrammes. Il

faut quatre hommes pour les introduire dans la pièce.

Chaque charge exige de 20 à 25 kilogrammes de poudre, et la distance de projection correspondante varie entre 5,200 et 5,700 mètres. Que deviennent les canons Armstrong et les canons Cavalli en présence de ces pièces monstrueuses? Nous n'envions pas le sort des artilleurs américains chargés de desservir les canons du fort Monroë.

En même temps que le canon monstre est survenu le fusil à vapeur. Il semblait bien étrange aussi que les Américains n'aient pas appliqué cette pauvre vapeur à des moyens de destruction. Cela se comprenait difficilement. La fin ne justifie-t-elle pas les moyens au delà de l'Océan?

Il y avait déjà bien longtemps que des essais avaient été tentés dans cette voie en Angleterre et en Amérique. Les expériences de M. Perkins sont encore présentes à la mémoire de tout le monde. Malheureusement les engins employés étaient encombrants; la machine imaginée, malgré ces avantages, n'avait pas le caractère pratique que doit posséder une arme de guerre : l'invention de M. Perkins fut condamnée par l'artillerie française aussi bien que par l'artillerie anglaise.

En 1837, un ingénieur américain, M. Reynald de Kinderhook, construisit une machine centrifuge lançant un jet continu de projectiles et mue simplement à bras d'hommes. Si l'on en croit le *Scientific American*, cette machine envoyait par minute mille balles de 25 grammes, capables de traverser une planche de 8 centimètres d'épaisseur. Malgré ce succès remarquable, la nouvelle arme fut abandonnée; on n'en entendit plus parler, que nous sachions.

Le fusil à vapeur imaginé récemment, pour les besoins de la circonstance, par l'ingénieur Dickinson, repose sur e même principe que la machine centrifuge de M. Reynald de Kinderhook; elle diffère, par conséquent, d'une manière complète, des canons à vapeur Perkins et de tous les autres appareils dans lesquels on a tenté d'employer directement la force expansive de la vapeur.

Le fusil Dickinson n'est en réalité qu'une espèce de fronde comme celle que brandissaient autour de leur tète les guerriers du moyen âge, mais cette fois l'effet produit est multiplié par le nombre de fois qu'une locomobile de douze chevaux contient la puissance musculaire du bras humain.

Le canon est recourbé à angle droit aux deux tiers environ. La portion la plus longue tourne autour de la plus petite, disposée verticalement et accomplissant plusieurs centaines de tours par minute. Chaque fois que la branche horizontale arrive en face d'une ouverture pratiquée dans une ceinture de fer qui l'entoure, elle se décharge lançant avec une effrayante rapidité tous les projectiles qu'elle renferme.

On obtient ainsi une pluie continue de bombes, de balles, de boulets, vomis par l'énorme gueule de cette machine meurtrière qui présente l'aspect d'une tète de crocodile broyant entre ses mâchoires puissantes tout ce qui se trouve à sa portée.

Cette arme terrible a été construite par l'ingénieur Dickinson avec les capitaux de l'Américain Wiman, bien connu par les contrats aventureux qu'il a passés avec le czar pendant le siége de Sébastopol, au sujet de fournitures d'armes et de navires à vapeur. Elle était destinée aux Confédérés, qui firent tout pour la reprendre au moment de leur séparation des États du Nord. Mais le général Buttler fut prévenu à temps.

. On envoya un régiment à la poursuite du fusil-vapeur, qui gagnait tranquillement les États séparatistes doucement traîné par quatre mulets.

L'ingénieur Dickinson eut le temps de démonter le canon; il le détacha du reste de la machine et s'enfuit avec lui. Les soldats ramenèrent tranquillement les mules et leurs conducteurs suivis de l'arme désormais inoffensive.

C'est ainsi qu'unionistes et séparatistes durent se contenter des débris du fusil à vapeur.

Espérons que, en dépit du proverbe, les morceaux n'en seront pas bons, et que cette arme meurtrière mourra, avant d'avoir vécu, pour le plus grand honneur de l'humanité.

On a considéré jusqu'ici comme à peu près insoluble le problème de la clarification rapide de grandes masses d'eau.

Qu'on ait eu recours, en effet, aux pierres filtrantes ou aux galeries souterraines composées de sables et de graviers, jamais les résultats obtenus ne purent satisfaire aux nombreuses exigences de la question.

. Les appareils filtrants, quels qu'ils soient, s'engorgent très-peu de temps après leur mise en marche; leur efficacité diminue rapidement et la quantité d'eau fournie

devient bientôt insuffisante. Un pareil état de choses nécessite de fréquentes réparations et donne lieu à des
chômages incompatibles avec l'alimentation régulière
d'une grande ville : ces raisons, jointes à bien d'autres
qu'il serait trop long d'énumérer ici, avaient fait présu-
mer qu'il serait, sinon impossible, du moins bien difficile
de filtrer les eaux en grandes masses.

Un médecin distingué, auquel on doit déjà plusieurs
découvertes importantes, M. le docteur Burq, a soumis
dernièrement à l'Académie, un nouvel appareil filtrant qui
pourra bien, peut-être, modifier l'opinion généralement
adoptée. Si ce système n'est pas la solution complète et
générale du problème, il s'en approche, il nous semble,
aussi près que possible.

M. Burq ne se contente pas de clarifier les eaux : il les
purifie, les aère et les rafraichit simultanément. Son
nouvel appareil résout donc tout à la fois le triple problème de l'épuration, de l'aération et de l'abaissement de
température. Ce sont les trois opérations nécessaires et
suffisantes pour faire des eaux *potables* par leur nature,
des eaux *de table* par excellence.

Voici en quelques, mots la disposition imaginée par
M. le docteur Burq.

Trois troncs de pyramide creux en fonte sont placés les
uns au-dessus des autres, à la façon de trois réverbères à
gaz superposés, et forment ainsi une sorte de colonne à
gradins. Les différentes faces de ces trois lanternes sont
percées à jour et présentent assez bien dans leur ensemble
l'apparence de persiennes d'appartement.

Intérieurement et sur ces sortes de grilles, on a luté

des plaques poreuses de quelques millimètres d'épaisseur en pierre de liais.

L'eau qui pénètre dans cette colonne à gradins par la partie inférieure ne peut sortir des filtres sans traverser ces diaphragmes filtrants.

On dispose à côté l'une de l'autre quatre de ces colonnes à troncs de pyramide et on les réunit par des tuyaux de communication. La première est pleine de charbon, les autres sont vides.

Il est évident qu'il suffira d'assembler ensuite un certain nombre de colonnes filtrantes ainsi formées pour être toujours en mesure de subvenir aux besoins de la consommation.

On le voit de prime à bord, cet appareil n'est qu'une copie, sur une grande échelle, de l'*alcaraza* des pays chauds ; il n'y a donc rien d'étrange à ce qu'il participe à tous ses avantages. Le mode d'action du nouveau système est facile à saisir.

L'*épuration* se produit dans la première colonne pleine de charbon.

L'eau circule de bas en haut et traverse la couche épurative.

La *clarification* s'obtient aussi facilement. L'eau épurée passe à travers les diaphragmes poreux et s'échappe extérieurement par les ouvertures à claire-voie de chaque face. Elle retombe en cascade et se sature d'oxygène. Ainsi se produit l'*aération*.

Enfin, une évaporation très-active, déterminée par un courant d'air ménagé à dessein dans le hangar aux filtres, agit sur l'eau qui suinte à travers le diaphragme poreux et abaisse la température. La température d'une eau est en effet un point important et qui ne saurait être négligé sans danger. Une eau, aussi potable qu'elle le puisse être, devient mauvaise, insalubre, par le seul fait d'une élévation de température du liquide.

Tout le monde le comprendra facilement; elle n'a d'abord plus le même degré d'activité sur nos organes, et sa constitution générale est d'ailleurs modifiée. Une eau renferme d'autant plus de principes salins et d'autant moins d'air que sa température est plus élevée. Aération et température sont invariablement liées ; mais, quand l'une monte, il faut nécessairement que l'autre diminue, Il résulte de là que, pour une eau chaude puisée dans un fleuve depuis longtemps exposé à l'influence calorifique des rayons solaires, la quantité de principes salins nécessaires pour la rendre potable peut être généralement dépassée ; il est non moins évident qu'une pareille eau ne contient plus assez d'air. Ce dernier fait est prouvé par l'expérience de faits journaliers, et personne n'aura été sans remarquer les singuliers mouvements des poissons pendant l'été. S'ils viennent, vers une heure, au moment où la chaleur du jour est la plus forte, à la surface des eaux, humer l'air extérieur, c'est qu'ils ne trouvent plus, en effet, au sein de la masse liquide la quantité d'air qui leur est nécessaire. Au reste, une expérience directe, et que beaucoup de personnes sont quelquefois obligées de faire en buvant de l'eau chaude ou même de l'eau tiède, prouve mieux que tout ce que nous pourrions dire qu'une pareille eau est profondément mauvaise et insalubre.

C'est pour cette raison que l'eau de la Seine est moins

bonne pendant l'été; la chaleur a modifié sa composition en lui enlevant une portion de l'air dont elle était saturée; aussi cause-t-elle des indispositions à la plupart des personnes de la province qui viennent à cette époque à Paris.

On voit donc que s'il importe de rafraîchir les eaux de table, ce n'est pas tant encore pour flatter le goût du consommateur que pour lui assurer un liquide potable et salubre. L'appareil du docteur Burq répond à ce besoin.

Maintenant, en quoi la disposition adoptée peut-elle éviter les inconvénients justement reprochés aux anciens filtres? C'est ce qu'il est facile de comprendre en observant le jeu de l'appareil.

L'eau est amenée dans chaque colonne filtrante de bas en haut, avec une certaine pression; elle pénètre donc avec impétuosité sur les diaphragmes en pierre de liais, balaye leur surface, et entraîne ainsi les matières étrangères qui, en s'accumulant, finiraient par engorger la pierre poreuse. Le filtre se nettoie lui-même. C'est un premier progrès sur les anciens appareils.

Les pores de la pierre finissent-ils par s'engorger à la longue, une réparation devient-elle absolument nécessaire, il ne sera nullement besoin d'arrêter l'entrée des eaux et de suspendre l'opération comme dans les filtres actuels; on limitera tout simplement le chômage au groupe à nettoyer. Chaque groupe est indépendant l'un de l'autre, et la marche de l'un n'a aucune influence sur la marche de l'autre. La filtration continuera avec la même régularité dans tout le reste de l'appareil.

En outre, ce n'est pas une pierre lourde, massive et de grande dimension sur laquelle devra porter le nettoyage, c'est une plaque de quelques millimètres d'épaisseur qui peut être réparée en quelques minutes et avec la plus grande facilité. Il suffira de soumettre le diaphragme engorgé à une pression en sens inverse de celle à laquelle il a été primitivement soumis, pour lui rendre immédiatement toute son efficacité.

Enfin les filtres ordinaires ne laissent passer, par unité de surface et par unité de temps, que de très-faibles quantités d'eau, d'où une augmentation dans les dimensions et un accroissement de dépenses. La faible épaisseur de la pierre de liais, employée en lames débitées pour cet usage spécial, permet à l'eau de filtrer avec rapidité. Une pression constante, obtenue à l'aide d'un réservoir de trop-plein, augmente le débit de l'appareil et hâte encore l'opération.

D'après l'inventeur, un appareil de trois mètres de hauteur et de quatre-vingts centimètres de section moyenne, ayant par conséquent dix mètres carrés environ de surface filtrante et soumis à une pression de trois mètres, ne clarifierait pas moins de deux cents mètres cubes d'eau par vingt-quatre heures.

On voit donc, sans que nous insistions davantage, que le système de M. le docteur Burq résout dans des limites aussi larges que possible le problème de la filtration. Sans difficultés pratiques, avec un prix de revient très-bas, on pourra filtrer dorénavant de grandes masses d'eau; on sera en mesure de les livrer à la consommation dans les conditions de salubrité et de température exigées par la science et par l'hygiène.

28 septembre.

# XXI



Si, après avoir suivi la grande allée des Champs-Élysées et dépassé l'Arc-de-Triomphe, on longe l'avenue de Saint-Cloud, on aperçoit bientôt sur la gauche une construction en planches d'apparence singulière, surmontée d'un drapeau aux couleurs nationales ; en approchant davantage, on distingue une tourelle quadrangulaire et quelques corps de bâtiments enfermés dans une palissade grossièrement taillée.

Une fumée épaisse, tantôt noire, tantôt blanche, s'échappe de l'intérieur et s'élève dans l'air en estompant de teintes grises la plaine et les maisons voisines.

On entend un bruit sourd qui semble sortir de terre,

c'est sinistre comme le râle d'un moribond ; un coup de
sifflet strident et aigu vient parfois trancher sur ce mugis-
sement étouffé et se perdre en frémissant dans le loin-
tain. Des hommes au visage et aux vêtements noirs de
charbon circulent comme des ombres au milieu d'une
lueur rouge, qui envoie sur eux sa réverbération flam-
boyante, et contribuent ainsi à donner à l'ensemble une
apparence étrange et fantastique.

Si l'aspect extérieur de cette demeure frappe et impres-
sionne ce qui se passe intérieurement n'est pas moins
digne d'exciter la curiosité.

C'est là que depuis l'année 1855 l'ingénieur saxon Kind,
le *Napoléon des foreurs*, comme on l'appelle en Allemagne,
dirige des machines qui creusent la terre jour et nuit, sans
repos et constamment, broient le roc le plus dur et per-
cent le sol parisien.

C'est le puits artésien de Passy !

Au mois de mai dernier une grande nouvelle se répan-
dit dans le public ; les journaux annonçaient la réussite
de l'œuvre grandiose entreprise par M. Kind ; les travaux,
après tant d'efforts, venaient d'être couronnés d'un plein
succès. Une foule considérable ne cessa pas de stationner
pendant plusieurs jours près du puits, espérant voir à
chaque instant les eaux jaillir.

On avait mal interprété les quelques lignes des journaux ;
l'eau était bien arrivée presque jusqu'au sol, à trois mètres
environ en contre-bas, mais le travail n'était pas complétement achevé, nous engagions alors ceux qui dési-
raient admirer la magnifique gerbe d'eau que le puits
lancerait dans l'air, à prendre patience encore plusieurs

mois ; il fallait attendre que la sonde descendît plus profondément dans la couche des sables verts. Ses derniers
résultats sont venus confirmer nos prévisions,

A plusieurs reprises déjà, on a bien voulu nous demander quelques détails sur les puits artésiens et sur le phénomène remarquable des eaux jaillissantes ; au moment
où les travaux du puits de Passy attirent de ce côté l'attention publique, nous pensons répondre au désir du plus
grand nombre en faisant précéder la description du nouveau puits de quelques explications sur la nature et la
recherche des eaux souterraines.

Il faut que tout le monde sache bien que ce n'est pas
seulement à la surface de la terre qu'il existe d'importants
cours d'eau : il y a des fleuves qui coulent à différentes
profondeurs avec la même régularité que nos rivières à
ciel ouvert ; on en trouve dans beaucoup de contrées, et
le géologue peut indiquer à quelle distance du sol on a
chance de les rencontrer.

Ainsi, pour en citer un exemple entre d'autres, on se
tromperait fort, si l'on supposait qu'il ne coule à Paris
qu'un fleuve, la Seine. Nous en demandons bien pardon à
nos lecteurs, mais nous sommes en mesure de leur affirmer que sous la Seine se trouve un autre fleuve non moins
important, et que sous ce nouveau fleuve, et encore plus
profondément il existe également un cours d'eau qui
poursuit paisiblement sa marche, encaissé dans l'écorce
terrestre. Enfin beaucoup plus bas encore, à 500 mètres
au-dessous de nous, une large nappe d'eau descend des
hauteurs de la Champagne et filtre constamment une eau
claire et limpide à travers un lit de sable fin, enrichi

de paillettes de mica qui, placées au soleil, scintillent comme une poussière diamantée.

D'où proviennent ces fleuves cachés et dont on ne soupçonnerait même pas l'existence sans les progrès récents de la géologie?

L'état actuel de la science permet maintenant de trouver facilement leur origine. L'écorce terrestre[1] est formée par des couches de terrain de différentes natures, les unes perméables, les autres imperméables. Ces couches sensiblement parallèles et concentriquement disposées aux premiers âges de la terre, ont été disloquées, changées de sens et d'inclinaison par les différentes révolutions du globe.

Il résulte de là qu'une certaine couche de terrain qui était primitivement enfoncée sous d'autres, peut se trouver maintenant à ciel ouvert à son extrémité et aller se perdre ensuite en s'inclinant progressivement dans les proion deurs du globe.

Supposons, par exemple, que cette couche soit perméable et qu'elle soit précisément encaissée entre des terrains imperméables ; il est certain que les eaux pluviales en s'infiltrant dans le sol à l'endroit où affleure la couche perméable, descendront avec elle au sein de la terre et s'y

---

[1] Nous nous servons à dessein de cette expression ; car, si l'on assimile notre globe à une orange, la partie solide sur laquelle nous marchons est encore beaucoup moins épaisse relativement que l'écorce de cette orange. La partie centrale de notre globe se compose vraisemblablement de matières en fusion et peut-être même de substances encore gazeuses. On se demande comment nous surnageons là-dessus à la manière des patineurs sur les glaçons sans qu'il arrive plus de bouleversements. Nous dansons impunément tous les jours sur un brasier ardent.

On voit qu'en définitive un puits artésien n'est que la branche verticale d'un siphon dont le cours d'eau souterrain représente la branche inclinée. Que l'extrémité de la branche verticale soit toujours à un niveau moins élevé que l'extrémité de la branche inclinée, et toujours le puits fournira des eaux jaillissantes.

Tel est en quelques mots la clef du phénomène des puits artésiens et, on peut le dire, de presque toutes les fontaines naturelles.

Il n'y a aucun empêchement à ce qu'on opère le forage de plusieurs puits sur tout le parcours de la conduite souterraine; on obtiendra un jet d'eau d'un débit constant, si la nappe aquifère est suffisante pour subvenir à l'alimentation. Autrement chaque puits nuirait à l'autre, et l'eau, loin de jaillir, pourrait même rester en contre-bas du sol comme dans les puits ordinaires.

De ce qu'un puits artésien fonctionne avec régularité depuis longtemps, il ne faudrait pas en conclure qu'il fournira toujours nécessairement le même débit d'eau.

Il arrive même assez souvent que le volume d'eau déversé diminue notablement. Le fait peut tenir à deux causes : ou bien à ce que le courant souterrain n'exerce plus une aussi grande pression à la base du puits, ou bien à ce que l'intérieur du puits s'est obstrué par des éboulements ou par l'accumulation, en certains points, de matières solides que l'eau entraîne avec elle. En pareil cas, c'est à l'ingénieur à trancher la question, et il lui est possible d'y parvenir avec la plus grande exactitude par l'observation de ce qu'on appelle le *niveau d'équilibre* du puits.

Il existe aussi certains puits artésiens dont le débit varie avec la hauteur de l'eau dans un fleuve ou une rivière voisine; une élévation de niveau dans ce cours d'eau est accompagnée d'une augmentation dans la quantité d'eau que fournit le puits. De même, le volume débité par plusieurs puits artésiens situés dans le voisinage de la mer varie périodiquement avec les marées, le débit augmente ou diminue suivant que la surface des eaux dans la mer voisine monte ou descend. Telles sont, par exemple, les fontaines d'Abbeville et de Noyelles-sur-Mer.

Il est facile d'expliquer ce phénomène.

La nappe d'eau souterraine qui alimente le puits va se déverser, après une série d'inflexions capricieuses, soit à ciel ouvert, et elle donne lieu dans ce cas à des sources visibles; ou bien elle va se perdre sous les eaux d'une rivière ou sous la mer. Dans cette seconde hypothèse, il est évident que plus il y aura de hauteur d'eau dans la rivière ou dans la mer au-dessus du point où débouche le courant souterrain, et plus ce courant sera soumis à une forte pression.

Une augmentation dans le niveau d'un fleuve où la marée haute refoulera nécessairement le courant souterrain dans l'intérieur des terres, et fera monter l'eau en plus grande abondance par le trou de sonde. Un abaissement de niveau ou la marée basse, au contraire, facilitera l'écoulement des eaux souterraines et diminuera par suite le volume d'eau débité par le puits. Ce mécanisme est des plus simples.

Nous avons déjà fait pressentir que certains puits, loin de donner de l'eau jaillissante, ne pouvaient que fournir de l'eau à un niveau inférieur à celui du sol. La pression qui s'exerce au bas du trou de sonde n'est pas suffisante dans ce cas pour élever les eaux davantage. Qu'on vienne à introduire de l'eau dans un pareil puits, la colonne de liquide deviendra trop haute pour être soutenue par la pression qui s'exerce inférieurement, et elle descendra forcément de manière à rétablir le niveau primitif. On pourra donc faire arriver continuellement de l'eau dans un pareil trou sans qu'il s'emplisse jamais; cette eau s'écoulera par la nappe souterraine. On aura ainsi ce que les hommes spéciaux nomment un *puits absorbant*.

Ces puits rendent souvent de grands services; on les utilise pour se débarrasser des eaux nuisibles, soit pour dessécher des terrains marécageux, soit pour faire disparaitre l'humidité du sol dans le voisinage de constructions importantes, auxquelles elles pourraient porter préjudice, soit encore pour écouler des eaux malsaines provenant d'un établissement industriel.

Il existe à Saint-Denis, près Paris, un puits qui offre un exemple remarquable des faits que nous venons de signaler succinctement.

Quand on fora un puits artésien sur la place de la Poste-aux-Chevaux, on rencontra d'abord une couche absorbante, puis plus bas une nappe jaillissante, et plus bas encore une seconde nappe jaillissante dont l'eau était de meilleure qualité que celle de la première. On disposa dans ce puits trois tuyaux concentriques s'élevant tous trois jusqu'à la surface du sol; mais descendant à des profondeurs correspondantes aux couches rencontrées.

On est ainsi parvenu à construire un puits fournissant deux variétés d'eaux jaillissantes et absorbant simultanément l'excédant de ces eaux qui n'est pas employé pour l'usage de la ville.

On conçoit facilement, sans qu'il soit besoin d'insister, tout le parti qu'on peut tirer des courants souterrains qui sillonnent le sous-sol. On est bien loin de leur avoir demandé tout ce qu'ils sont susceptibles de donner. C'est aux ingénieurs à mettre en lumière les avantages qu'ils réunissent et à tirer de leur étude consciencieuse des applications générales utiles à tous les points de vue.

Au moment où la ville se préoccupe du projet d'aménagement des eaux dans Paris, la question des puits artésiens de grande et moyenne profondeurs prend une certaine importance, et l'on est en droit de se demander pourquoi on n'utilise pas mieux les eaux claires et limpides qui coulent paisiblement dans les couches marneuses et les argiles plastiques du terrain parisien. Là les aqueducs ont été creusés par la nature, pour recueillir l'eau, il n'y a que des forages de quelques dizaines de mètres à exécuter et des réservoirs à construire. Mais encore faut-il y songer ?

Il n'est pas inutile de faire remarquer qu'on puiserait également dans ces fontaines jaillissantes une force motrice qui pourrait rendre des services signalés à certaines industries.

Nous avons divulgué le secret de la formation des puits artésiens ; indiquons maintenant les indices géologiques qui peuvent guider dans la recherche des eaux souterraines.

Nous avons déjà dit que beaucoup de terrains qui constituent l'écorce terrestre sont sillonnés à des profondeurs diverses par des cours d'eau. Les fleuves souterrains ne coulent pas au hasard, comme on pourrait le supposer de prime abord ; leur lit est caractérisé par des circonstances géologiques qui peuvent, d'ailleurs, servir à déterminer leur direction.

Les géologues savent parfaitement que tels terrains renferment ordinairement des nappes souterraines, comme ils savent aussi bien que tels autres en sont complétement dépourvus. Seulement, ce qu'il n'est pas toujours facile de préciser sans travaux spéciaux, c'est la profondeur à laquelle se trouvent ces cours d'eau et le point où ces eaux abondent davantage.

La recherche de ces fleuves souterrains et des eaux jaillissantes est en tout subordonnée à la constitution géologique d'une contrée ; elle rentre entièrement dans le domaine des ingénieurs des mines.

C'est sans doute pour cela que depuis quelques années on prend l'habitude de confier des travaux d'hydrographie souterraine à des ingénieurs des ponts et chaussées. Nous citerons les études de la dérivation des eaux de la Somme-Soude et le fonçage du puits de Passy. Nous savons bien qu'il en coûte aux ingénieurs des mines de quitter leur fauteuil de l'Institut ou la tribune du haut de laquelle ils font étinceler aux yeux de la jeunesse de nos écoles les magnificences et les splendeurs de la science ; cependant, dans les travaux de cette nature, il serait bon de s'éclairer de leur expérience spéciale ; leurs lumières, jointes à celles de nos habiles ingénieurs des ponts et chaussées, ne pourraient, ce nous semble, que hâter la solution de questions encore pendantes et qui ne seront sagement résolues qu'avec le double concours de géologues éclairés et de praticiens de talent[1].

Nous sommes loin de l'époque où madame de Beausoleil parcourait la France une baguette de coudrier à la main. Les baguettes de coudrier ont perdu leurs propriétés bien avant 1861 ; elles n'indiquent plus depuis longtemps ni les sources ni les gisements métallifères. Cependant nous avons vu encore en France et en Amérique des personnes opérer en toute confiance avec cette baguette magique. « Vous voyez bien qu'elle tourne, nous disait-on, la source doit être bien près. »

Il est incontestable que l'instrument tournait ; mais, ce qui n'est pas moins incontestable, c'est qu'on commençait le sondage ; on cherchait longtemps, très-longtemps, et, en fin de compte, le propriétaire en était pour ses peines et son argent. Nous sommes heureux en passant de profiter de l'occasion pour détruire un préjugé encore fortement enraciné dans quelques pays de mines.

Qu'on le sache donc bien une fois pour toutes, baguette de coudrier ou de toute autre chose, bâton de Méhul ou de Robert Houdin, n'ont jamais pu et ne pourront jamais guider dans la recherche des mines ou des sources jaillissantes. Si la baguette tourne dans les mains de quelques

---

[1] Le vœu que nous exprimions alors avait été réalisé à notre insu, car les travaux du puits de Passy furent contrôlés par une commission de surveillance, composée de MM. Élie de Beaumont, Pelouze, Poncelet, Mary, Juncker, Lorieux, Michal, Alphand, Darcel, et présidée par M. Dumas. M. le préfet de la Seine prit part à toutes ces délibérations.

expérimentateurs de bonne foi, c'est là sans doute un simple phénomène physiologique; c'est affaire de tempérament. Les esprits qui font tourner les tables sont sans doute aussi ceux qui agitent la baguette de coudrier !

Quoi qu'il en soit, quand on voudra décider si telle ou telle contrée possède des cours d'eau souterrains, c'est à des règles fixes, à des connaissances géologiques profondes qu'il conviendra de s'adresser. Un grand talent d'observation, une puissance particulière d'investigation et même une sorte d'intuition font seuls les bons hydroscopes. Nous en avons un exemple frappant dans l'abbé Paramelle, qui, à la seule inspection d'une contrée, désigne, à la stupéfaction des habitants, les sources connues et souvent celles qui n'avaient jamais été soupçonnées de personne.

Nous ne pourrions même résumer, sans aller beaucoup trop loin, les principales règles qui doivent être prises en considération dans la recherche des eaux jaillissantes; nous dirons seulement les principes fondamentaux qui servent de base à toute investigation logiquement conduite.

Le premier soin de l'ingénieur, quand il se propose de découvrir des eaux jaillissantes, est de rechercher dans un pays la disposition en bassin et l'existence de couches perméables comprises entre des couches imperméables affleurant à des niveaux supérieurs à celui du forage projeté. On comprend qu'en effet, dans ces conditions, les eaux pluviales s'infiltrent par la partie haute perméable qui forme le contour de la cuvette naturelle; elles pénètrent dans le sol en suivant la déclivité du terrain, et il suffit d'un trou de sonde bien placé pour les faire jaillir.

Les terrains tertiaires sont les plus propres à l'établissement des puits artésiens, parce qu'ils contiennent vers
leur base des couches sablonneuses surmontées d'argiles
imperméables, et qu'ils sont moins sujets que les terrains
plus anciens à ces phénomènes de dislocation qui dé-
rangent la régularité de l'hydrographie souterraine. En
outre, de tous les bassins sédimentaires ils sont les plus
limités, et la circulation des eaux, s'y produisant sur des
échelles moindres, est plus facile et moins coûteuse à
mettre en évidence.

Les couches perméables sont ordinairement les dépôts
arénacés, sablonneux, qui existent surtout à la base des
formations géognostiques. Assez souvent des couches imperméables comme les calcaires, par exemple, laissent
néanmoins passer les eaux ; elles acquièrent leur perméa-
bilité par suite d'une multitude de petites fissures qui les
fendillent ou par la présence de larges fentes. Les calcaires
crétacés sont dans ce cas et l'eau qui circule à travers a
été mise à profit de temps immémorial en Artois. C'est
de là qu'est venue la dénomination de *puits artésien*.

Le bassin de Paris est le plus apte à fournir des exemples des diverses circonstances que peut présenter l'établissement des puits artésiens. Les dépôts de craie et les
formations tertiaires de ce bassin sont contenus dans une
dépression jurassique formée elle-même de puissantes
alternances calcaires et argileuses qui retiennent les eaux.
Les terrains crétacés et tertiaires déposés dans cette sorte
de grande cuvette naturelle emprisonnent les eaux au-
dessous d'eux, se relèvent en suivant les contours du bassin jurassique et forment un creux de forme allongée au

centre duquel est situé Paris. Que l'on vienne donc à percer cette croûte solide qui n'a pas moins de 500 mètres de profondeur, et les eaux, qui ne tendent qu'à remonter à leur niveau primitif, s'élèveront dans le trou de sonde et jailliront à l'extérieur.

La disposition particulière des terrains du bassin parisien avait été parfaitement appréciée par MM. Arago et Élie de Beaumont, lorsqu'on entreprit le forage du puits de Grenelle. Conformément à leurs prévisions, quand on eut traversé les dépôts tertiaires et les formations crétacées, on rencontra les eaux jaillissantes dans les sables verts à 548 mètres de profondeur. Le jet du puits de Grenelle débite 4,000 mètres cubes par vingt-quatre heures, et la température des eaux est de 27°.

On s'est demandé où pourrait être situé le point d'infiltration des eaux de Grenelle ; on pense généralement qu'elles pénètrent dans le sol aux environs de Troyes. C'est effectivement près de Lusigny qu'affleurent les sables verts aquifères à 150 mètres au-dessus du niveau de la mer, tandis que l'altitude du sol de Grenelle n'est que de 31 mètres. Les eaux, avant de nous parvenir, parcourent dans le sol un trajet de plus de 160 kilomètres.

Le puits de Passy va ouvrir une nouvelle et plus large issue à ce fleuve souterrain : il ne faudra pas s'étonner que la colonne d'eau ascendante jaillisse à une hauteur moindre qu'à Grenelle : car entre autres raisons, le sol de Passy est plus élevé de 52 mètres que celui de Grenelle. L'ancien puits fournissait une colonne de 30 mètres de hauteur : celle du nouveau puits ne dépassera donc pas 15 mètres, en admettant encore que les eaux souterraines soient assez abondantes pour subvenir largement à l'alimentation, ce qui est fort présumable, mais ce que personne en définitive n'est en droit de décider sûrement.

Il n'est pas toujours besoin d'aller chercher les eaux à d'aussi grandes profondeurs qu'à Grenelle et à Passy pour obtenir des fontaines jaillissantes. Il suffit dans beaucoup de cas de creuser seulement jusqu'aux dépôts tertiaires.

Ainsi, au nord de Paris, entre la Marne, la Seine et l'Oise, existe un vaste plateau qui présente sur ses bords et dans son milieu des collines et des buttes de gypse, les collines de Montmartre, de Chelles, de Sannois, de Montmorency, de Dammartin, etc. Ces monticules constituent de véritables collecteurs d'eau qui donnent naissance à une nappe aquifère souterraine.

Quand on creuse le terrain superficiel, on donne issue aux eaux, et on obtient une fontaine jaillissante. Cependant tous les points de la localité ne doivent pas être choisis indifféremment pour effectuer le sondage ; il faut que la recherche qu'on établit soit placée à un niveau inférieur à l'altitude du point d'infiltration des eaux. Les puits artésiens de Saint-Ouen, de Saint-Denis, de Stains, etc., marquent le niveau général de cette plaine, élevée en moyenne de 10 à 12 mètres au-dessus de la Seine. L'eau monte à Stains et à Saint-Denis jusqu'à 6 et 7 mètres au-dessus du sol, à 18 et 20 mètres au-dessus de la Seine. Les fontaines des environs de Paris ne sont pas toutes également abondantes : les unes débitent 100 mètres cubes, par trente heures ; les autres jusqu'à 300 mètres cubes, quoique le plus souvent très-voisines. La différence tient à la manière dont le travail a été exécuté.

Il ne faut pas perdre de vue que pour se mettre dans les meilleures conditions de succès possible, il importe toujours de rechercher les grandes vallées. Ces vallées constituent assurément les régions les plus favorables.

Les exemples que nous venons de signaler dans la vallée de la Seine se répètent dans la vallée de la Marne jusqu'au delà de Meaux. Les fontaines jaillissantes d'Alfort, de Claye, de Vayre, etc., sont alimentées par les nappes qui circulent dans les couches sablonneuses des argiles plastiques. Nous citerons encore dans la vallée de l'Oise les puits forés de Tracy-le-Mont, de Mouster, etc.

Le petit bassin d'Enghien représente en miniature les phénomènes que nous venons d'étudier sur une plus large échelle. Ce bassin est enfermé de toutes parts par des collines. Les eaux superficielles viennent s'y amasser et forment par leur réunion l'étang de Saint-Gratien. Les eaux pluviales pénètrent à travers le sable supérieur de la formation gypseuse des collines et gagnent sous terre un point correspondant au plafond de l'étang. Quand on fore aux environs un trou de 12 à 15 mètres, on rencontre aussitôt de petits courants qui s'élèvent de presque 1 mètre au-dessus des eaux stagnantes. C'est le phénomène des puits artésiens réduit à sa plus simple expression.

Londres comme Paris est situé sur des dépôts tertiaires, à la partie inférieure desquels circule une nappe aquifère ascendante. On a foré plusieurs puits avec un plein succès. Ce sont ceux de Hammersmith, de Tooting, Fulham, Merton, Chiswick, etc., jaillissant d'une profondeur de 80 à 100 mètres.

Sous la ville de Modène, il existe à 25 mètres de pro-

fondeur une nappe aquifère qui n'a pas moins de 7,000 mètres de largeur. Le nombre des puits qu'elle a permis de
forer est très-considérable, elle alimente en outre un
canal qui procure aux bateaux une communication facile
de Modène avec la rivière de Panaro et par suite avec le
Pô, où cette rivière a son embouchure.

Les terrains secondaires fournissent en France des eaux
jaillissantes ailleurs qu'à Grenelle et à Passy. Les sables
verts ont donné à Tours plusieurs nappes distinctes ascendantes. M. Degousée a fait dans cette localité un grand
nombre de puits remarquables par l'abondance et la pureté des eaux. Ces nappes ont encore été rencontrées à
Rouen, où elles constituent un véritable réservoir souterrain. Elles pourraient être utilisées sur tout leur parcours,
et l'on y trouverait assurément des sources précieuses
pour l'industrie comme pour les usages domestiques.

Le terrain crétacé, outre les cours d'eau qui coulent
à sa partie inférieure, contient d'autres nappes qui circulent dans des calcaires fendillés et qui alimentent les
innombrables puits de l'Artois. On en visite un à Lille qui,
dit-on, a été creusé en 1126. Ces vastes cours d'eau souterrains donnent naissance aux fontaines de Gonnehem,
qui font tourner un moulin, et à celles de Choques, d'An-
nezin, d'Ardres, de Merville, d'Aire, de Saint-Amand, de
Béthune, de Marchiennes, etc.

Au-dessous de la craie, les puits artésiens deviennent
plus rares ; cependant, dans le trias au milieu des marnes
irisées superposées au sel gemme de l Est, on rencontre
encore des eaux ascendantes auxquelles on a donné une
issue à Nancy et aux environs. Il existe en effet dans cette

ville un certain nombre de fontaines jaillissantes d'une profondeur moyenne de 60 mètres. Le même terrain a encore été exploré avec succès dans le Derbyshire et dans le Lancashire. Les eaux proviennent d'une profondeur, qui varie suivant les localités, de 30 à 80 mètres.

Nous ne voulons pas multiplier davantage ces exemples; ils suffisent largement pour montrer dans quelles conditions doit se trouver tout bassin favorable à l'établissement de puits artésiens. Les terrains de transition; les granites et toutes les roches massives ne peuvent souffrir l'examen; les eaux souterraines n'y suivant que la direction capricieuse des fissures de roches, il va de soi que les recherches ne sauraient y être couronnées de succès. Il en est de même des terrains sédimentaires profondément accidentés, et des contrées élevées qui ne sont dominées par aucun affleurement de dépôts sous-jacents.

Les terrains régulièrement stratifiés permettent seuls au géologue, à l'ingénieur, d'indiquer approximativement le point le plus favorable au sondage.

Ce coup d'œil rapide sur l'hydrographie souterraine donne la mesure des appréciations diverses qui peuvent servir de guide dans la recherche des eaux jaillissantes.

Nous aborderons maintenant en toute connaissance de cause la description des travaux de sondage. C'est par là que nous terminerons cette étude en consacrant notre prochaine causerie au forage du puits de Passy.

26 juin.

# XXII



Nous avons donné précédemment la clef du phénomène des puits artésiens et nous avons indiqué sommairement les caractères géologiques qui doivent toujours guider les explorateurs dans la recherche des eaux souterraines. Il nous reste, pour compléter cette étude, à traiter rapidement la partie pratique de la question : le forage et le sondage des puits.

Les travaux souterrains présentent toujours de nom-

breuses difficultés, mais certes jamais plus que dans les
forages à de grandes profondeurs. Là tout est incertitude
dans les résultats, tout dépend du hasard ; quelque soin
que puisse prendre l'ingénieur, il n'est plus maître de son
œuvre ; il la guide et la dirige toujours, mais il ne la domine plus.

On ne pourra mieux se figurer la difficulté d'un sondage profond qu'en essayant de percer dans le sol un trou
cylindrique de quelques mètres de profondeur et de quelques millimètres de diamètre. L'opération, qui paraît si
simple au premier aspect, est presque impossible. L'ouvrier qui la tentera échouera généralement, quelque précaution qu'il prenne.

La difficulté croit avec la profondeur. On effectue presque tous les jours avec succès des sondages de quelques
dizaines de mètres ; on ne doit, dans l'état actuel de l'art
des mines, jamais préjuger du résultat quand il s'agit d'un
forage de plusieurs centaines de mètres. Il peut réussir
à merveille, comme échouer avec la même facilité. Encore
une fois, tout est là complétement subordonné au hasard.

L'instrument dont on se sert pour perforer la croûte
terrestre varie un peu suivant l'importance du travail et
la nature des terrains ; mais on peut toujours se le figurer
sous la forme d'une longue tarière fixée à l'extrémité d'une
tige en fer plein, en fer creux ou en bois. Cette tarière,
en tout analogue à la tarière dont on se sert pour percer
le bois, en tournant sur la roche, entame sa surface et
ronge le sol.

Quand la roche est trop dure, quand on rencontre, par
exemple, des rognons de silex, on a recours à un trépan,

lourde masse métallique armée d'une ou plusieurs dents, qui, agissant par percussion, brise l'obstacle. Les détritus pulvérisés, les sables, sont ensuite enlevés à l'aide d'une cuiller dont la forme est d'ailleurs variable. Le puits se trouve ainsi débarrassé à mesure qu'il s'approfondit.

Tel est en principe la sonde ordinaire. Donnez-lui de petites dimensions, et vous aurez la sonde du constructeur, qui a spécialement pour but la recherche des terrains ; agrandissez-la, et vous obtiendrez l'instrument de forage des puits artésiens qu'il va nous être facile maintenant de décrire avec quelques détails.

L'outil puissant qui a foré le puits de Passy n'est en définitive qu'une sonde ordinaire proportionnée à l'importance des travaux entrepris.

C'est en 1855 que fut résolu le forage d'un nouveau puits par la ville de Paris. Après quelques hésitations sur l'emplacement le plus convenable, on choisit les anciennes carrières de Passy, et c'est près de l'avenue de Saint-Cloud, à l'angle de la rue du Petit-Parc, que le forage a été effectué par M. Kind, ingénieur saxon.

Quelques mois furent consacrés à des travaux préliminaires; on creusa un faux puits de onze mètres de profondeur, on installa au-dessus, sur un plancher solide, une machine à vapeur et une tourelle en bois très-élevée; on construisit également des hangars et des bureaux de service. Le forage, proprement dit, commença à la fin d'août; mais il fallut plusieurs semaines pour régler les appareils, dresser les ouvriers, en sorte que ce n'est guère que du 15 septembre que date réellement le commencement des travaux réguliers.

Quand on creusa le puits de Grenelle, M. Mulot se servit de sondes à tiges de fer. Lorsque le forage fut assez avancé, les tiges assemblées les unes avec les autres finirent par acquérir un poids excessif : elles pesaient alors 70,000 kilogrammes. On conçoit facilement toutes les difficultés qui survinrent dans le travail. Les vibrations de cette sonde énorme dévastèrent les parois du puits et l'on avait toutes les peines du monde à la manœuvrer utilement.

Aussi M. Kind se garda bien d'imiter M. Mulot. Aux tiges en fer il substitua des tiges en bois.

Un jour qu'il dirigeait des travaux de sondage en Allemagne, un ouvrier laissa tomber son mètre en bois dans le puits plein d'eau.

« Encore un outil à retirer ! s'écria l'ingénieur mécontent.

— Oh ! il reviendra bien seul, risposta l'ouvrier, il est en bois. »

Quelques instants après, le mètre reparaissait à la surface de l'eau, et l'ouvrier n'eut qu'à se baisser pour le reprendre.

Cet incident devint le point de départ d'une modification complète de la sonde.

« Construisons nos tiges en bois, s'écria le chef du forage, Kind, et mes sondes feront comme le mètre, elles reviendront aussi à la surface de l'eau. »

L'idée fut approuvée, et depuis cette époque la sonde en bois remplaça la sonde à tige de fer.

M. Kind, dans les travaux du puits de Passy, se servit d'une série de tiges en sapin de vingt mètres de longueur, reliées entre elles par des douilles de fer armées de vis. Ces tiges se trouvent avoir sensiblement la pesanteur spécifique de l'eau. Comme l'eau coule par les nappes d'infiltration et emplit le puits, pendant le forage, les tiges sont constamment maintenues en équilibre et ne pèsent presque rien. Il résulte de là qu'il suffit d'un effort minime pour soulever et faire redescendre la sonde, quelle que devienne d'ailleurs la profondeur du puits.

La substitution de la tige en bois à la tige de fer, due à M. Kind, constitue donc un véritable progrès.

La longue tige en bois est terminée inférieurement par une pince puissante qui, à l'aide d'un mécanisme très-simple, s'ouvre quand elle descend et se referme au contraire quand elle monte.

Au fond du puits se trouve le trépan du poids de 4,800 kilogrammes; il est armé de sept dents en acier fondu, ayant chacune une longueur de 0,25 et un poids d'environ huit kilogrammes. Ces dents, assujetties à l'appareil par de fortes chevilles de fer, peuvent s'enlever facilement pour être remplacées en cas de bris ou d'usure.

Quand la tige s'abaisse, comme nous l'avons dit, la pince se ferme et saisit le trépan.

Quand elle remonte et qu'elle est arrivée au haut de sa course, sa pince s'ouvre et le trépan s'ouvre sur la roche, qu'il broie et pulvérise. La hauteur à laquelle on soulève le trépan ne dépasse pas en moyenne soixante centimètres.

Le mouvement oscillateur qui élève et abaisse alternativement la longue tige de sapin est donné par l'une des extrémités d'un puissant balancier, mû lui-même au

moyen de la machine à vapeur installée au-dessus du
puits. Suivant la nature des couches de terrain sur les-

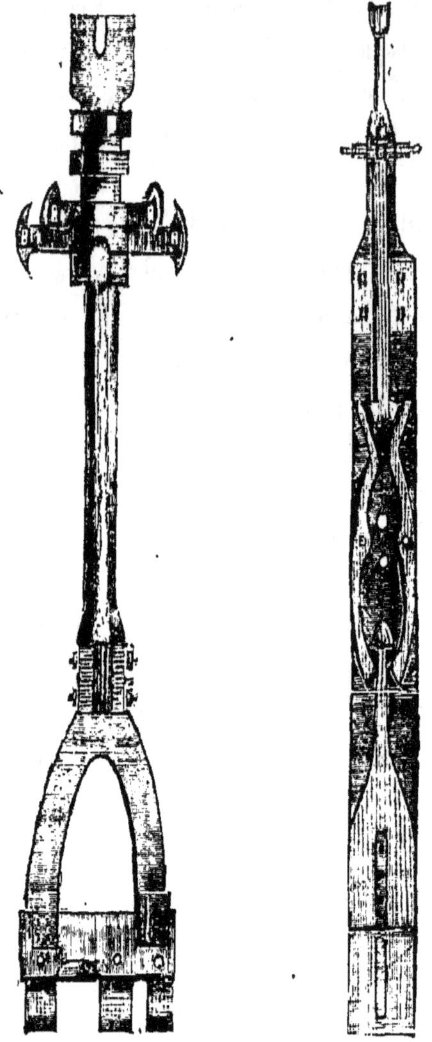

Fig. 21. — Trépan.                Fig. 22. — Déclic.

quelles on agit, on accélère ou l'on ralentit à volonté la
marche de la machine, et, par suite, la vitesse avec la-

.cèdent d'une manière régulière, durent environ six heures chacune; comme on travaille jour et nuit, on descend donc le trépan et le seau deux fois par vingt quatre heures. Deux ouvriers placés à l'ouverture de puits suffisent pour gouverner la marche de l'appareil et diriger la chute du trépan. Ils adjoignent également de nouvelles tiges à la sonde à mesure que le travail avance.

Pour retenir les terres qui s'ébouleraient à chaque instant dans le puits, on descend, au fur et à mesure que le forage se continue, un revêtement en bois de chêne. Ce cuvelage en bois forme un tube de retenue qui maintient les parois des couches traversées par la sonde.

Telle est en bloc la description des procédés employés par M. Kind pour percer l'écorce terrestre. On voit qu'ils rentrent complétement dans les travaux ordinaires de sondage; toute la différence réside dans la puissance des engins employés et des moyens mis en jeu.

On a donné au puits un diamètre de 0 m. 78 dans toute son étendue.

Il n'a été constaté aucun fait géologique nouveau pendant le forage du puits artésien de Passy. Les couches de terrain se sont présentées absolument dans le même ordre qu'au puits de Grenelle. On a recueilli avec soin des échantillons et on a construit avec eux une coupe du nouveau puits, où tous les terrains se trouvent superposés comme ils le sont en réalité sous Paris. Ce spécimen est très-curieux à examiner, car d'un seul coup d'œil on peut pénétrer dans les profondeurs de la terre et se rendre un compte exact de la constitution du sous-sol parisien.

Nous donnons dans le tableau ci-joint la série des terrains traversés par la sonde à partir de la surface du sol. Chaque cote exprime le niveau où chacun des terrains cesse pour faire place au suivant.

| FORMATION TERTIAIRE. | MÈTRES. |
|---|---|
| Marne mélangée de parties calcaires et sables jaunes. . | 4.00 |
| Roche calcaire, coquilles.. . . . . . . . . . . . . . . | 18.65 |
| Sables et coquilles.. . . . . . . . . . . . . . . . . | 19.45 |
| Sable pur.. . . . . . . . . . . . . . . . . . . . . | 25.45 |
| Argile bleue avec lignites.. . . . . . . . . . . . . | 29.19 |
| Argile grise panachée. . . . . . . . . . . . . . . . | 47.11 |
| Argile jaune panachée avec pyrite mélangée de calcaire.. . . . . . . . . . . . . . . . . . . . . . . | 52.76 |
| Galets calcaires. . . . . . . . . . . . . . . . . . | 58.70 |

| TERRAIN CRÉTACÉ. | |
|---|---|
| Craie.. . . . . . . . . . . . . . . . . . . . . . . | 100.00 |
| Craie et silex compacte. . . . . . . . . . . . . . . | 200.00 |
| Craie et silex.. . . . . . . . . . . . . . . . . . . | 306.00 |
| Craie blanche avec rognons de silex. . . . . . . . . | 322.00 |
| Craie grise pure.. . . . . . . . . . . . . . . . . . | 344.89 |
| Craie blanche et silex. . . . . . . . . . . . . . . . | 362.18 |
| Marne foncée compacte et marne blanche avec silex.. . . | 400.00 |
| Marne blanche pure. . . . . . . . . . . . . . . . . | 455.22 |
| Marne verte pure très-plastique. . . . . . . . . . . | 477.02 |
| Craie grise.. . . . . . . . . . . . . . . . . . . . | 487.98 |
| Marne argileuse vert foncé. . . . . . . . . . . . . . | 500.00 |
| Marne gris foncé avec pyrites.. . . . . . . . . . . . | 523.67 |
| Marnes.. . . . . . . . . . . . . . . . . . . . . . | 550.40 |
| Sables verts et nappe aquifère. . . . . . . . . . . . | 577.00 |

Dans les couches de craie pure, on avançait d'environ deux mètres en six heures; c'est tout au plus si l'on creusait de un mètre en vingt-quatre heures dans le silex; les dents du trépan s'usaient très-rapidement; elles perdaient près de deux centimètres en deux heures de travail et il était nécessaire d'avoir recours à de fréquentes réparations.

. Le forage du puits de Passy serait terminé depuis longtemps sans quelques accidents imprévus qui sont venus interrompre forcément le travail. Le puits de Grenelle fut creusé par M. Mulot en sept ans environ, de décembre 1855 à février 1841 ; et M. Mulot n'avait à sa disposition qu'un matériel imparfait ; un manége de sept chevaux remplaçait la machine à vapeur de trente chevaux de M. Kind, et le terrain était à peu près inconnu.

M. Kind aurait pu largement livrer son puits artésien à la ville, en 1857 ; nous sommes en 1861, et l'on ne saurait encore préciser avec certitude la fin du forage.

N'avions-nous pas raison d'appuyer en commençant sur la part considérable qu'il faut faire au hasard dans des travaux de cet nature? Encore une fois l'ingénieur, malgré son expérience, malgré son habileté, ne domine plus son œuvre; il y a toujours incertitude dans les résultats, ignorance complète de l'avenir.

On ne doit donc pas imputer à M. Kind le retard apporté dans la fin du forage; les accidents qui sont survenus sous sa direction pouvaient tout aussi bien arriver en d'autres mains ; nous lui ferons cependant tout à l'heure un seul reproche qui le concerne peut-être moins en particulier qu'il ne regarde le service de contrôle et d'inspection.

Le premier accident qui vint ralentir l'opération du

forage survint en juillet 1856, pas même un an après le commencement du travail. On était alors déjà parvenu à 566 mètres de profondeur, ce qui prouve manifestement la vitesse prodigieuse du creusement. Le trépan venait de s'engager dans la marne compacte, et il y était si fortement retenu, qu'une partie de l'outil, pesant 50 kilogrammes, demeura invinciblement retenue dans la roche.

Après avoir essayé de tous les moyens pour détacher l'instrument, on imagina de faire agir sur la masse métallique de puissants électro-aimants. Mais, soit que les ouvriers allemands de M. Kind aient manqué de patience, soit que leur peu de confiance dans ce nouveau procédé les ait empêchés d'en tirer tout le parti possible, les tentatives dirigées par M. Silbermann n'eurent aucun succès; l'action électro-magnétique resta impuissante à son tour.

On se décida alors à broyer le fer au fond du puits, et l'on consacra trente-trois jours pleins à cet ingrat et difficile travail.

Le forage recommença et fut poursuivi régulièrement jusqu'à la profondeur de 535 mètres, à très-peu de distance de la nappe aquifère. Mais alors, et c'est là que la critique a prise, les tubes de retenue compris entre le niveau du sol et une profondeur de 46 mètres cédèrent tout à coup en partie et se tordirent sous la pression des sables. Les éboulements survinrent; le travail fut encore interrompu.

Cet incident arrêta le forage trois ans.

C'est là seulement que nous avons le droit de demander à l'ingénieur pourquoi la résistance de son revêtement

intérieur n'avait pas été calculée avec plus d'exactitude,
pourquoi le tube de retenue n'avait-il pas une épaisseur
exagérée plutôt qu'à peine suffisante ? Les marnes glissent
facilement, surtout quand elles sont constamment imbibées par les eaux d'infiltration ; il fallait tenir compte de
l'effort considérable qu'elles faisaient subir au cuvelage du
puits et donner aux parois du tube l'épaisseur plus que
nécessaire pour contre-balancer la pression des terrains
environnants.

Là est la faute, la seule faute que nous ayons à repro-
cher à M. Kind dans le difficile travail qu'il a entrepris.
Le service du contrôle doit la partager avec lui.

L'accident survenu était de la plus haute gravité ; il
compromettait malheureusement la réussite de l'opération. La ville s'en émut. On consulta les ingénieurs des
mines, qui refusèrent de se charger d'un travail qu'ils
n'avaient pas dirigé dès le début. Les ingénieurs des
ponts et chaussées durent prendre alors la succession
de M. Kind, et résolurent, après quelques incertitudes,
de creuser un puits ordinaire dans toute la partie compromise.

C'était assurément, sinon le meilleur parti à prendre,
au moins le plus prudent.

On fit un puits de trois mètres d'ouverture formé par
des cylindres en fonte, solidement reliés les uns aux autres au moyen de boulons. Un cuvelage en bois de chêne
faisant tube de retenue fut aussi établi dans toute la profondeur du puits. On offrit ainsi une résistance suffisante
aux efforts constants des terres, et on mit le puits pour
l'avenir à l'abri des éboulements.

19.

complet. Toutes les bonnes raisons que nous serions à même de donner pour ou contre la réussite du travail de M. Kind ne vaudront jamais la sanction de la pratique. Sachons attendre.

L'eau du puits de Passy, analysée à l'École des mines, est salubre et limpide; sa température, déterminée en notre présence par M. Walferdin, est, comme à Grenelle, de 27 degrés centigrade.

Nous avons dit, ou à peu près, tout ce qui était nécessaire de connaître sur les puits artériens et le puits artésien de Passy; ils nous reste, en terminant, à louer M. Kind des efforts et de la persévérance qu'il a constamment déployés dans un travail aussi ingrat que difficile; quoi qu'il arrive, M. Kind n'aura pas démérité de la ville de Paris. Il aura rempli son devoir avec zèle et talent.

Ces lignes étaient écrites depuis un mois lorsque, le 24 septembre, à midi, nous fûmes prévenus que la sonde venait d'atteindre une nouvelle couche de sables aquifères.

Depuis ce jour l'eau a jailli avec abondance. M. Kind a été enfin récompensé de ses courageux efforts.

C'est maintenant le lieu d'examiner ici succinctement jusqu'à quel point les différentes opinions émises sur ce sujet se sont réalisées, et comment les craintes de quelques ingénieurs ont été démenties par les résultats que vient d'obtenir l'habile directeur du forage du puits de Passy.

Et d'abord, avait-on dit, en augmentant autant que vous le faites le diamètre du nouveau puits, vous empêcherez les eaux de jaillir; la nappe aquifère sera insuffisante pour

subvenir à un pareil débit et l'eau restera en contre-bas
du sol.

La plupart des ingénieurs, il faut bien l'avouer, se ran-
gèrent à cette opinion. Pourquoi? Nous ne le savons trop,
en vérité, car, s'il y avait trop d'audace à espérer un
résultat favorable, il y avait assurément encore plus de
timidité à craindre un échec complet. Jusqu'ici, tout **a**
prouvé que la théorie des vases communiquants s'appli-
quait à la théorie des puits artésiens : peu importait donc
sous ce rapport le diamètre du nouveau forage.

D'un autre côté, la nappe souterraine a le même thal-
weg que la Seine, les berges de son bassin sont beaucoup
plus espacées; elle prend son origine à Lusigny, près de
Troyes : c'est donc vraisemblablement la Seine dans de
beaucoup plus vastes proportions. Or, qu'on effectue deux
prises d'eau dans notre fleuve parisien, égales au débit
des deux puits de Grenelle et de Passy, assurément elles
seront constamment alimentées; à plus forte raison de-
vait-on espérer un résultat analogue pour un cours d'eau
plus important.

Néanmoins la minorité des ingénieurs fut seule de cet
avis, et quand le moment fut venu de se prononcer, on
eût sans doute décidé qu'on maintiendrait à peu de chose
près le diamètre de 25 centimètres du puits de Grenelle,
si la ville de Paris, avec une initiative qui lui fait honneur,
n'eût pensé que l'essai serait toujours bon à tenter et
n'avait ordonné le forage avec des dimensions inusitées.

Le succès qui vient enfin de couronner les longs travaux du percement revient donc de droit à la ville de
Paris.

Une autre question non moins importante se présentait : le nouveau puits aurait-il de l'influence sur l'ancien puits de Grenelle? Le débit de ce dernier diminuerait-il? Ici comme précédemment grande divergence d'opinions.

Ceux qui prenaient en considération l'importance supposée de la nappe aquifère pensaient généralement que le puits de Grenelle donnerait son débit normal. Et parmi ceux-là, on comptait la plupart de ceux dont les vues viennent de se réaliser.

Cependant le rendement du puits de Grenelle a diminué. Et cette fois il paraîtrait y avoir compensation, la vérité semblerait passer dans le camp opposé.

Il est bien vrai, en effet, qu'en ce moment le puits de Passy a une véritable influence sur celui de Grenelle; mais nous ferons remarquer qu'il pourrait bien se faire que l'effet ne fût que temporaire et que bientôt l'ancien puits fournisse de nouveau son débit normal.

Voici sur quels faits on serait, jusqu'à un certain point, porté à baser cette manière de voir.

On a d'abord atteint à Passy la couche aquifère de Grenelle. L'eau n'a pas jailli, comme on sait; elle est restée en contre-bas du sol. On a traversé ensuite un banc d'argile noirâtre avec débris quartzeux, puis on a retrouvé de nouveau les sables verts et l'eau a jailli tout à coup. En même temps le volume d'eau débité à Grenelle diminuait subitement.

On semblerait donc assez porté à admettre, en partant de là, l'existence de deux nappes aquifères superposées; la première serait celle de Grenelle; la seconde, immédiatement au-dessous, serait celle de Passy.

Dans ces conditions, il n'y aurait plus rien d'étrange à ce que le rendement du puits de Grenelle ait subi une diminution.

La vitesse du lit aquifère inférieur étant plus grande que celle du lit supérieur, il pourrait bien se faire qu'il se produisît un entraînement d'eau dans le puits de Passy, une sorte d'aspiration et de succion qui diminuât la vitesse de l'eau du courant de Grenelle, et par suite, le débit ordinaire de ce puits.

Jusqu'à nouvel ordre, on n'est pas en droit d'affirmer que la nappe aquifère de Grenelle soit celle de Passy. Cela ne résulte pas nécessairement de la diminution qu'a éprouvée ces jours-ci le rendement du puits de Grenelle.

Quoi qu'il en puisse être, il est évident que la question sera jugée bientôt.

On va descendre un nouveau tubage définitif en tôle depuis la partie supérieure du puits jusqu'à la seconde nappe d'alimentation. Ce tube empêchera toute communication entre les deux couches aquifères : dès lors, si le phénomène se passe comme nous l'avons expliqué, assurément l'eau reprendra sa première vitesse dans le lit supérieur, et le puits de Grenelle devra fournir son rendement normal.

Dès aujourd'hui, le puits de Passy débite une eau claire, limpide et excellente. On recueille par jour vingt-cinq mille mètres cubes, à peu près le cinquième de la quantité nécessaire à l'alimentation de Paris. C'est un résultat inespéré, une véritable richesse pour la ville, et qui vient en temps opportun. L'eau du puits de Passy sera certainement consacrée aux usages domestiques. Malheureuse-

ment sa température est de 28 degrés, et après le long
trajet qu'elle effectue en ce moment pour aller se jeter
dans la Seine elle a encore 24 degrés.

Il faudra donc avoir recours à des dispositions spéciales pour la refroidir convenablement avant de la livrer
à la consommation. Une fois rafraîchie et aérée, cette
eau sera excellente et très-saine.

Encore cinq puits aussi abondants que celui-ci, et tout
le monde sera d'accord sur l'importante question des
eaux de Paris. Les défenseurs de l'eau de Seine n'auront
plus rien à dire, et les partisans des eaux de source devront se tenir pour satisfaits.

Il appartient à M. Kind de trancher le nœud gordien.

Dans la séance de l'Académie des sciences du 30 septembre, M. Dumas est entré dans de nouveaux détails sur
les travaux du puits de Passy. Il en a fait un historique
rapide et a mis en relief les difficultés du travail. Ceux
que cette question intéresserait spécialement y trouveront
des renseignements importants sur le débit comparatif
des puits de Grenelle et de Passy et un complément à
tout ce que nous avons déjà dit sur ce sujet. La longueur
de la communication de M. Dumas nous empêche seule
de la reproduire ici.

En revanche, nous ferons connaître le calcul intéres-
sant auquel s'est livré M. Gaudin, calculateur du Bureau
des longitudes.

Quand on s'occupe, dit M. Gaudin, des eaux artésiennes provenant du terrain inférieur à la craie, la première question qui se
présente est celle de savoir à quel volume d'eau on a affaire et si
l'on peut y puiser longuement sans craindre d'en tarir la source.

largeur, et divisant par 2, on trouve, pour le volume d'eau annuel exprimé en mètres cubes, le nombre 665 suivi de sept zéros. Divisant de nouveau par 10 millions et par 365, on trouve pour quotient le nombre 1,82, qui exprime que l'apport annuel serait presque le double de la consommation.

Il faut remarquer enfin qu'un grand nombre de rivières, telles que l'Oise, l'Aisne, la Marne, la Seine, l'Yonne, la Loire, le Cher et la Vienne, sans compter une multitude de ruisseaux, versent leurs eaux dans cette couche à un niveau supérieur, toujours sur une largeur de 13,300 mètres, ce qui doit compenser largement le déversement continu qui a lieu à l'affleurement inférieur de la couche aquifère du côté de la mer. D'où je conclus que la masse d'eau emmagasinée dans les sables augmentée de l'apport annuel, est *tout à fait inépuisable*, pouvant fournir en tout temps sans diminution appréciable au débit de 500 puits artésiens de la grandeur de celui de Passy.

10 octobre.

# XXIII



Un jeune docteur bien connu dans la science, M. Ollier, chirurgien de l'hôtel-Dieu de Lyon, a adressé à l'Académie une série de communications qui intéressent à la fois la physiologie et la chirurgie.

Depuis un siècle on avait dit que le périoste produisait les os; mais cette théorie, quoique bien souvent répétée, avait trouvé des incrédules parmi les chirurgiens;

il lui manquait des preuves rigoureuses, et c'est là ce que M. Ollier lui a apporté, en démontrant que le périoste produit de l'os, non-seulement sur place, mais aussi dans toutes les régions où on le transplante.

Si l'on détache, en effet, un lambeau de cette membrane mince, transparente qui entoure les os, et qu'on le transplante sous la peau de l'aine ou du front du même animal, on trouve, au bout de quatre ou cinq semaines, un nouvel os à la place de ce morceau de périoste. L'expérience réussit très-bien chez les lapins, et on obtient des os de quatre à cinq centimètres de long. On peut ainsi faire pousser des os dans la crête d'un poulet, partout enfin où le périoste trouve un tissu sur lequel il puisse se greffer.

Cette propriété du périoste est très-persistante; non-seulement on lui fait reprendre vie en le transplantant immédiatement après sa séparation du corps de l'animal, mais on peut encore réussir en le gardant quelques heures dans un lieu humide, et même en empruntant son périoste à un lapin mort depuis vingt-quatre heures. Au bout de quelques heures, cette propriété diminue, mais elle ne disparaît qu'à la longue, après quinze, vingt, vingt-quatre heures, selon que la température du milieu favorise la décomposition des tissus de l'animal mort. Cette propriété du périoste résiste davantage quand le milieu est froid : alors la décomposition organique arrive plus lentement.

Les autres tissus de l'économie présentent sur ce point des analogies avec le périoste ; on peut recoller des bouts de doigts, bien qu'ils aient été séparés depuis un certain temps, et M. Ollier cite deux cas où il a pu réussir, bien que les bouts de doigts recollés n'aient été retrouvés qu'au bout de quarante minutes.

M. Ollier a aussi greffé des os entiers, et il a pu leur faire reprendre vie. Ce sont ces deux espèces de greffe anormale, la greffe osseuse et la greffe périostique qui lui ont donné l'idée de la méthode de rhinoplastie, dont la science lui est redevable.

Une autre communication de M. Ollier se rapporte à l'accroissement des os. Les expériences de Duhamel, de Hunter, et en dernier lieu de M. Flourens, avaient démontré que les os croissaient par leurs extrémités, au moyen de l'addition de couches nouvelles à chacune de ces extrémités ; mais on croyait que les deux extrémités prenaient une part égale à l'accroissement, ou du moins on ignorait qu'une des deux extrémités y prît la principale part.

Après des expériences multipliées, M. Ollier a reconnu qu'il y avait dans chaque os une extrémité élective vers laquelle se déposaient principalement les nouvelles couches d'ossification. Cette extrémité est tantôt la supérieure, tantôt l'inférieure ; elle diffère selon les os et se trouve même, en sens inverse, dans les os analogues des membres supérieurs et inférieurs. C'est-à-dire que si au bras l'os croît surtout par en haut, à la cuisse il croîtra surtout par en bas. A l'avant-bras, c'est par en bas que se fait l'accroissement ; à la jambe, c'est, au contraire, principalement par en haut. De là cette loi que M. Ollier a formulée :

« Au membre supérieur pour les os du bras et de

l'avant-bras, c'est l'extrémité éloignée du coude qui s'accroît le plus.

« Au membre inférieur, au contraire, c'est l'extrémité éloignée du genou qui s'accroît le moins. »

Ces divers faits expérimentaux ont conduit M. Ollier à diverses applications chirurgicales. Il a repris la question des régénérations osseuses après les nécroses et les caries des os, et en faisant voir que le périoste se détachait très-facilement sur les os malades, il a prouvé, contrairement à l'opinion de plusieurs chirurgiens, que les résections sous-périosiques étaient des opérations parfaitement praticables.

M. Flourens avait, depuis plusieurs années, engagé les opérateurs à conserver la membrane régénératrice des os, mais c'est seulement depuis que la possibilité de l'opération a été démontrée sur l'homme que les chirurgiens ont porté sur cette importante question toute l'attention qu'elle mérite. C'est là de la chirurgie réellement conservatrice, et, sans se laisser aller à des illusions trop séduisantes, on peut dire, dès aujourd'hui, que les mêmes faits de reproduction osseuse s'observent sur l'homme comme sur les animaux. C'est chez les enfants et les jeunes sujets que la conservation du périoste est surtout parfaitement exécutable ; c'est chez eux aussi qu'elle sera suivie d'une reproduction osseuse abondante, pourvu que la maladie ne l'ait pas entièrement désorganisée.

Quant aux greffes périostiques et osseuses, M. Ollier les a proposées pour les opérations réparatrices dans lesquelles le chirurgien a besoin d'un soutien osseux. C'est sur la restauration du nez qu'il a adressé dernièrement, à l'Académie, un travail accompagné de moules et de photographies, pour faire apprécier le résultat obtenu.

M. Velpeau a décrit en détail une opération qui avait été pratiquée par le savant chirurgien de Lyon, et montré le parti que M. Ollier a su tirer de la transplantation d'un morceau d'os et du périoste. Jusqu'ici les nez refaits avec la peau seulement, étaient fatalement condamnés à s'affaisser et devenir aussi repoussants que la difformité première : mais, à la faveur du soutien que fourniront le périoste et les os, on aura maintenant une charpente solide qui ne s'affaissera plus et qui maintiendra pour toujours la forme du nouveau nez. Le périoste est pris sur le front et les os sur les parties voisines.

M. Ollier est parvenu ainsi à modifier tellement la rhinoplastie que nous pouvons dire qu'il à créé un nouvel art. Il a, en tout cas, enrichi la chirurgie d'une méthode simple et pleine d'avenir.

Consacrons quelques lignes à un sujet beaucoup moins grave, mais qui trouvera aussi ses lecteurs.

Il est, nous ne savons combien de personnes qui se servent journellement d'un charmant instrument, le *stéréoscope*, sans s'expliquer encore les étranges effets auxquels il donne lieu. Le stéréoscope, comme son nom l'indique, permet de voir les objets placés en relief ; il leur donne trois dimensions. Imaginé à Londres, par M. Wheatstone, en 1838, il fut modifié depuis par M. Brewster, qui l'importa en France en 1850. M. Duboscq, constructeur distingué, en introduisit un grand nombre dans la circulation. Notre confrère, le savant abbé Moigno, acheva de le populariser, en publiant la théorie et la description de l'instrument.

Sans entrer ici dans de grands détails, nous ferons cependant comprendre le principe sur lequel est fondé le stéréoscope.

On s'étonnera sans doute quand nous aurons dit que chacun de nos deux yeux ne voit pas de la même façon. Un objet, vu de l'œil droit, a une apparence autre que vu de l'œil gauche. Quand nous regardons des deux yeux, nous devrions, par conséquent, apercevoir deux objets un peu différents l'un de l'autre, si, par suite d'un phénomène physiologique, les deux images ne venaient à se confondre et ne produisaient une sensation unique. Mais il est bien facile de dédoubler l'impression reçue et de motiver l'existence réelle des deux images.

Dérangeons un peu, avec le doigt, un des yeux de sa position normale, et tout aussitôt les deux images apparaîtront nettement. Fermez et ouvrez successivement chaque œil, l'objet que nous regardons nous paraîtra aller alternativement de droite à gauche et de gauche à droite. Ouvrez un œil rapidement, après l'avoir fermé quelque temps, et la double vision se produira encore.

Ces phénomènes ne sont que les effets d'une même cause; ils résultent du point de vue spécial sous lequel chaque œil distingue un objet.

On se persuadera facilement de la différence qui caractérise la vision pour chaque œil, en considérant avec attention un dé à jouer. Que l'observateur regarde le dé avec l'œil gauche, l'autre restant fermé, il verra la face antérieure du petit cube, puis un peu de la face latérale gauche. Qu'il observe, au contraire, avec l'œil droit, cette fois, il apercevra encore la face du milieu, mais c'est la face droite qui sera visible pour lui, l'autre restera cachée.

On constatera ainsi, d'une manière manifeste, que chaque rétine reçoit bien une impression particulière, lui montrant une vue différente de l'objet. C'est cette différence d'images que précisément nous donne la sensation du relief des corps solides.

La cause du relief trouvée, il est bien facile de le produire artificiellement. C'est le but du stéréoscope.

Traçons sur une feuille de papier, à très-peu de distance l'un de l'autre, deux dessins d'un même objet, respectivement, avec la perspective appartenant à l'œil droit et à l'œil gauche. Puis examinons séparément avec chaque œil, le dessin qui lui correspond, au travers de prismes et de lentilles qui fassent coïncider les deux dessins, en donnant aux rayons lumineux la même direction que s'ils partaient d'un objet unique.

L'impression produite sur chaque rétine sera identiquement la même que si l'on avait l'objet devant les yeux. On aura, par cet ingénieux artifice, à l'aide de la combinaison des deux perspectives de l'objet, entièrement simulé ce qui se passe quand les deux yeux regardent simultanément un objet à trois dimensions. L'impression sera la même pour la vue. On croira voir l'objet en relief, et l'illusion sera complète.

Voilà en quelques mots le principe du stéréoscope.

Ajoutons encore qu'il est de la plus grande nécessité que les deux lentilles, dont le rôle est de concentrer les

en deux une lentille biconvexe, et en plaçant la moitié droite devant l'œil gauche, et la moitié gauche devant l'œil droit.

On sait que les deux images juxtaposées représentent l'objet tel qu'il est vu séparément, par l'œil droit et par l'œil gauche. On ne pourrait, à la main, obtenir des reproductions aussi fidèles d'un même objet. Il faut donc avoir recours à la photographie.

Les deux épreuves photographiques sont prises d'un point un peu différent et correspondant au point de vue de chaque œil.

Ces deux épreuves, placées dans le stéréoscope, disparaissent pour l'observateur ; les sensations particulières à chaque œil se réunissent pour montrer une image unique, solide et avec un relief assez prononcé pour qu'aucun effort d'imagination ne puisse faire croire qu'on a devant soi un dessin tracé simplement sur une surface plane.

Le stéréoscope que nous avons reproduit (fig. 24), diffère des instruments ordinaires. Au lieu d'être fixées dans deux tubes, les lentilles oculaires qui sont larges et en contact par leurs bords, sont montées à la manière d'un lorgnon. On doit cette élégante disposition à M. Duboscq.

Les avantages sont évidents : avec cet instrument, quel que soit l'écartement des yeux, dans tous les cas, la vision s'opérera nettement. Il était loin d'en être ainsi avec les lentilles montées dans les tubes. Leur écartement, étant invariable, ne coïncidait pas toujours avec celui des yeux de l'observateur.

Le stéréoscope que nous avons décrit est connu dans la

science sous le nom de *stéréoscope de réfraction*. Le premier, qu'avait construit M. Wheatstone, fondé sur le même principe, était à réflexion. Les rayons lumineux, au lieu d'être concentrés en un point unique, à l'aide de lentilles, l'étaient au moyen de miroirs.

On a imaginé depuis le stéréoscope panoramique qui permet de voir les vues s'étendant beaucoup en largeur. Le phénakisticope stéréoscopique est venu ensuite; ainsi que le pseudoscope stéréoscopique. Ce dernier instrument permet d'apercevoir en creux tout ce que le stéréoscope ordinaire reproduit en relief; avec lui, un globe semble être une coupe hémisphérique; une médaille paraît gravée en creux; au lieu d'une statue, on croit voir son moule.

Les applications du stéréoscope sont déjà nombreuses. On les augmentera encore, certainement, et l'on parviendra à en tirer un parti utile.

On doit à M. Babinet un travail récent sur la réfraction terrestre que nous ne pouvons laisser passer sans un résumé succinct, malgré son caractère essentiellement scientifique. Nous énoncerons seulement les résultats auxquels est parvenu le savant académicien.

Chacun sait qu'un rayon de lumière qui traverse horizontalement les couches de l'atmosphère est dévié de sa marche rectiligne. Il s'infléchit vers la terre d'une quantité qui, en moyenne, est la quinzième de l'arc terrestre, qui s'étend du point de départ au point d'arrivée. Ainsi, pour un trajet horizontal de 1,852 mètres, qui équivalent à une minute d'arc sur le globe terrestre, la déviation ou réfraction du rayon serait de $\frac{1}{15}$ d'une minute ou fraction. Le travail de M. Babinet n'a donc pas seulement de l'importance au point de vue philosophique, il en a encore au point de vue pratique.

Trois propriétés remarquables ont été trouvées par M. Babinet. Les voici :

1° La trajectoire du rayon lumineux est un cercle.

2° Il y a un rapport constant $n$ entre la quantité dont le rayon s'infléchit et l'arc terrestre compris entre le point de départ du rayon supposé horizontal et son point d'arrivée. Ainsi, soit S, l'angle au centre de la terre compris entre ces deux points, et r, la réfraction, on a :

$$\frac{r}{S} = n = \frac{B}{0^m.76\,(1 + \alpha t)^2}\left\{0,2545 - \frac{6^m.867}{M}\right\}$$

D'où l'on peut déduire plusieurs conséquences remarquables relatives à la constitution physique de l'atmosphère. La formule reste la même dans le cas d'un rayon oblique par rapport à l'horizon.

B désigne la pression barométrique réduite à zéro ; $\alpha$ est le coefficient $\frac{1}{3000}$ de la dilatation de l'air pour 1°. M représente (chose importante et nouvelle dans cette théorie) le nombre de mètres dont il faut s'élever pour que la température de l'air s'abaisse de 1° centigrade.

Si, dans la formule, on faisait $0,2545 - \frac{6^m.867}{M} = 0$, on en déduirait la valeur de $M = 29^m.5$, dans le cas d'un rayon allant en ligne droite. Ce qui montre que, pour qu'il n'y ait pas réfraction, la température de l'air doit s'abaisser de $1°$ pour $29^m.3$. Ces faits se réalisent en Égypte et dans certaines parties de l'Asie. La formule montre aussi très-nettement que la température de l'air baisse plus vite dans le voisinage du sol qu'on n'avait cru le constater dans les ascensions aérostatiques.

Il n'est plus personne qui ignore maintenant qu'on utilise le baromètre pour déterminer la différence de niveau de deux points éloignés ou invisibles, deux sommets de montagnes par exemple. On observe pour cela les variations de la colonne barométrique aux deux stations d'expérience, et, à l'aide d'une formule donnée par Laplace, on calcule l'altitude des stations.

La formule de Laplace était empirique. En appelant $h$ la hauteur cherchée, B et $b$ les pressions barométriques aux deux stations, et $t$ et $t'$ la température de l'air, on avait :

$$h = 18393 \, (\mathrm{Log}\, B - \mathrm{Log}\, b) \left\{ 1 + \frac{}{1000} \right\}$$

M. Babinet, en s'appuyant sur ses récentes études relatives à la réfraction, a donné une nouvelle expression de l'altitude d'un lieu en fonction de la dépression barométrique. Elle a cela de remarquable qu'elle est entièrement mathématique, dépourvue de tout empirisme, par conséquent d'une rigoureuse exactitude.

Voici la formule pratique définitive à laquelle est parvenu M. Babinet :

$$h = 0^m.76 \,.\, \mathrm{D}\alpha \,(t - t') \frac{\mathrm{Log}\, B - \mathrm{Log}\, b}{\mathrm{Log}\,(1 + \alpha t) - (1 + \alpha t')}$$

dans laquelle D représente la densité du mercure à zéro,

par rapport à l'air (10,510), et $\alpha$ le coefficient de dilatation de l'air.

Elle trouvera d'utiles applications dans les relevés hypsométriques. En la comparant à celle de Laplace, il est facile de se convaincre que cette dernière doit donner des résultats trop faibles pour de grandes hauteurs, et sans doute aussi un peu trop fortes pour des hauteurs au-dessous de 2,000 mètres.

24 octobre.

# XXIV



On construit depuis quelques années des machines horizontales à grande vitesse, spécialement destinées à mettre en marche les scieries et différentes machines-outils. La machine Flaud était jusqu'ici le meilleur type de ces petits moteurs.

Cependant on lui reprochait une usure assez rapide, pour qu'un moteur, fonctionnant à cinq cents tours par minute, nécessite des réparations après plusieurs mois de mise en marche. L'usure était due au piston dans le cylindre, aux glissières sur les palets directeurs. Une portion de travail utile était en outre absorbée par les frottements des coulisses sur leurs palets, et du piston sur la paroi inférieure du cylindre.

M. le prince de Polignac est récemment parvenu à éviter en grande partie ces inconvénients par la modification complète des principaux organes de la machine. Il a fait connaître à l'Académie un type entièrement nouveau et susceptible de nombreuses applications.

M. de Polignac n'emploie plus un cylindre droit comme ses devanciers; son cylindre est courbe; c'est une portion de section torique. L'alésage s'en fait tout aussi facilement que pour les cylindres ordinaires, quand on ne dépasse pas une certaine limite que nous indiquerons dans un instant.

Dans ce cylindre se meut un piston attelé par les deux extrémités de sa tige à un triangle mixtiligne mobile autour du centre de la section conique.

Une bielle ordinaire vient se raccorder au triangle moteur à l'extrémité de la tige du piston et transmet le mouvement à l'arbre principal muni de deux volants symétriques.

On le voit de prime abord, cette disposition a permis de supprimer les glissières; en outre, le piston soutenu par le triangle ne pèse plus sur la paroi inférieure du cylindre; le frottement sur les glissières n'existe plus; le frottement sur le cylindre est évité.

Le mouvement du triangle, maintenu rigide par une croix de Saint-André s'opère autour d'un seul point; la marche de la machine est réduite à l'oscillation d'un simple pendule. On s'approche, jusqu'à les réaliser pres-

que, des meilleures conditions théoriques recomman-
dées par l'analyse.

Le frottement des glissières des anciennes machines est
réduit à l'aide de cette ingénieuse disposition au frottement de l'extrémité du triangle sur son tourillon, c'est-à-
dire qu'en pratique il est annulé. Un calcul bien simple
et qu'il est superflu de répéter ici, le prouverait surabondamment.

Cela n'est pas tout. Pour une machine qui marche à
cinq cents tours par minute, les glissières parcourent leur
course deux fois par coup de piston, soit mille fois par
minute. Mais, dans le nouveau type adopté par M. de
Polignac, la surface frottante est animée d'une vitesse
insignifiante. Le rapport des vitesses, dans le nouveau système et dans le cas des glissières, est le même que le rapport qui existe entre le rayon très-petit du tourillon, autour duquel oscille le triangle moteur, et le côté même
de ce triangle. Dans la machine récemment construite,
ce rapport est de un à vingt-cinq. La nouvelle disposition
a donc rendu *vingt-cinq* fois moindre la vitesse de la
surface frottante.

Il nous semble qu'un pareil résultat est significatif; il
montre nettement que dans ces conditions l'usure est insensible.

Et, d'ailleurs, le tourillon et ses chapes s'useraient-ils
à la longue, la réparation n'est plus capitale comme
dans les machines Flaud; elle se réduira à la pose d'un
simple anneau de bronze.

Enfin, il est bon de le faire remarquer, le piston passe
librement dans le cylindre à frottement doux. Son poids,

étant reporté au point de suspension, ne joue plus aucun rôle dans l'usure de la paroi inférieure du cylindre.

On comprend donc qu'il soit possible d'atteindre avec ce nouveau dispositif des vitesses considérables, sans usure et sans les détériorations qui étaient inévitables dans les anciennes machines.

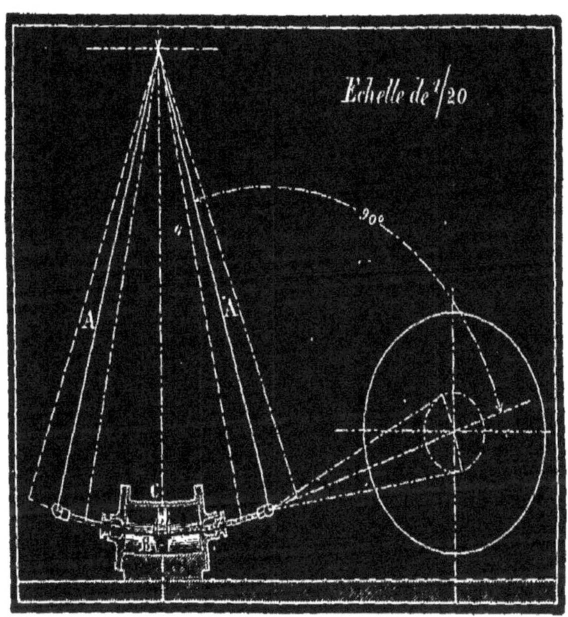


Fig. 26. — Machine à grande vitesse de M. le prince de Polignac.

Quant à la construction, à l'alésage du cylindre, qui par cela seul qu'il n'avait jamais été effectué, pouvait paraître compliqué, il est de la plus grande simplicité; il se pratique avec rapidité et facilité.

Le pièce à aléser est maintenue entre deux fortes jambes en bois faisant angle comme les branches d'un compas.

A mesure que l'alésoir droit avance dans le métal, la pièce tourne autour du point de jonction des deux jambes

de bois et engendre elle-même à l'intérieur la surface
torique.

Pour que l'alésage puisse s'effectuer par cette méthode,
on ne peut dépasser pour l'angle qui sous-tend la portion torique, une certaine limite facile, d'ailleurs, à
trouver. On verra facilement qu'il faut que la perpendi-
culaire élevée au milieu de la base du cylindre courbe,
ne rencontre pas la paroi inférieure extrême de la surface
torique.

Nous renfermerons, du reste, cette condition dans l'expression analytique suivante :

$$\text{Cos } \alpha = \frac{2\,R - D}{2\,(R - e)}$$

dans laquelle $\alpha$ représente l'angle limite, $R$ le rayon du triangle, $D$ le diamètre du cylindre, $e$ l'épaisseur du cylindre.

Une machine de six chevaux de force a été établie,
d'après les indications de M. A. de Polignac, sur ce modèle nouveau, par M. Rouffet, constructeur éminemment
habile, et qui s'est fait à bon droit, une réputation hors
ligne dans l'industrie. L'alésage, de l'avis même du constructeur, s'est effectué sans aucune difficulté.

La vitesse de la machine peut atteindre sept cents tours
par minute. Sa vitesse normale est de cinq cents tours.
Le rendement des machines à vapeur comprises entre
quatre et huit chevaux est généralement de 0,45. Le
rendement de la machine de M. de Polignac est de 0,65.
Ceci n'est que la conséquence de la diminution de frottement des organes et de la bonne marche du moteur qui
fonctionne doucement, sans choc ni trépidations.

Cette petite machine a fait marcher l'atelier du constructeur, M. Rouffet, pendant plusieurs jours avec une régularité parfaite.

Son prix de revient en fabrication courante est de 1,500 francs. Son poids de 1,000 kilogrammes.

On ne peut disconvenir, d'après ces avantages, que ce moteur trouvera de nombreuses applications. Établi à bord des navires à hélice, il simplifiera beaucoup le matériel, les transmissions de mouvement, sa disposition générale permettra de réduire de beaucoup la chambre des machines de bateau actuelle.

M. le prince de Polignac a donc fait avancer d'un grand pas le problème de la transmission du mouvement dans les moteurs à vapeur ; il est parvenu à éviter les frottements et l'usure jusqu'ici solidaire des grandes vitesses. C'est un résultat capital qu'il convenait de ne pas laisser passer inaperçu au milieu des progrès incessants de la mécanique industrielle.

L'intérêt de tous doit être la préoccupation principale des publicistes comme des administrateurs.

Terminons donc par un sujet qui a sa place toute trouvée ici, puisqu'il est avant tout éminemment humanitaire. Nous voulons parler de l'extension du chauffage des voitures de première classe, aux wagons de seconde et de troisième classe.

Il est vraiment grand temps que les compagnies se décident à faire quelque chose pour le public. Quand il s'agit du confort et du bien-être, tout le monde est juge, il n'en est plus là comme pour l'exploitation, on ne peut venir raconter qu'on a pris toutes les mesures possibles pour assurer la régularité, quand on s'est à peine soucié des points principaux du service.

Le chauffage général des wagons est une question d'humanité, et nous avons peine à comprendre qu'elle soit encore discutée.

Quoi! il existe des moyens simples et économiques de chauffer toutes les voitures d'un train, et les compagnies hésitent encore à étendre à tous le privilége de quelques-uns. On laisse, sous un prétexte futile, les voyageurs de seconde et troisième classe se morfondre de froid en hiver, quand il serait si facile de leur faire partager les avantages des voitures de première classe.

Il y a évidemment là négligence et incurie. .

Il est possible, maintenant, nous le démontrerons tout à l'heure, de chauffer tout un convoi avec une dépense même moindre que celle qu'on affecte aujourd'hui au seul chauffage des premières classes.

S'il n'y a pas augmentation de dépense, pourquoi donc les compagnies ne se décideraient-elles pas enfin à faire ce qu'on a déjà su organiser ailleurs? L'Angleterre a encore, par notre faute, pris l'initiative d'une mesure louable à tous égards. Un ingénieur français, comme c'est l'habitude, a indiqué les moyens; et les Anglais en ont profité : les voitures de toutes classes, indistinctement, seront chauffées cet hiver de l'autre côté de la Manche.

Nous ne voyons pas pourquoi nos compagnies ne pourraient, au moins à leur tour, suivre pareil exemple, puisqu'elles n'ont pas su se réserver l'honneur d'une mesure aussi libérale qu'humanitaire.

Nous le répétons, la question de dépense est écartée. Nous indiquerons bientôt comment on parvient à chauffer un convoi sans aucuns frais supplémentaires. Mais en admettant même qu'il eût été nécessaire de subir d'autres conditions, on n'hésite pas devant le devoir.

Or, c'est un devoir pour les administrations de faire cesser au plus vite l'état de choses actuel. Nous ne pouvons supposer, avec la meilleure volonté du monde, qu'elles en soient encore à ignorer les funestes conséquences d'un froid prolongé sur une certaine classe de voyageurs.

Combien est-il de familles, de nourrices qui, ne pouvant prendre les premières, sont condamnées forcément au froid continu et intense des voitures de seconde et troisième classe! Que de maladies graves, que de congestions peuvent devenir la conséquence fatale de l'action saisissante du froid sur tout notre organisme!

Au point de vue sanitaire, le chauffage des wagons eût dû être déclaré obligatoire depuis longtemps. Nous en laissons juges tous les hygiénistes. Au point de vue de l'intérêt général des compagnies, le chauffage devient une source de bénéfice annuel pour l'administration.

Qu'on le sache bien, le jour où l'on pourra rester plusieurs heures dans un wagon sans recevoir les atteintes du froid, et sans aucun danger pour la santé, le nombre des voyageurs augmentera considérablement.

La majorité voyage évidemment en seconde et en troisième; les compagnies ont jusqu'ici écarté cette majorité en n'apportant pas, en hiver, le confort suffisant dans les voitures. Elles n'ont donc pas le droit de s'étonner de

voir le chiffre des recettes baisser considérablement pendant la saison froide. Qu'elles fassent en sorte que les
voyageurs ne s'aperçoivent pas de l'hiver dans leurs voitures, et il est manifeste que la différence des recettes
tendra à s'annuler complétement.

Mais ce sont là de ces faits si palpables et d'une telle
évidence qu'ils n'ont assurément pu échapper aux compagnies qui passent pour très-bien comprendre leur intérêt.
Si donc une réforme n'a pas encore eu lieu, si aucune
mesure n'a encore été prise, nous sommes bien obligé
d'en jeter la cause sur l'indifférence des administrations
de chemins de fer, sur cette force d'inertie, qui, si l'on
n'y mettait bon ordre, deviendrait la rouille du genre
humain, la pierre d'achoppement de tout ce qui est beau,
grand et utile.

Les compagnies y ont un véritable avantage, nous le
répétons; si donc aucune décision n'a encore été prise,
la faute doit en retomber sur elles, sur leur indifférence
générale en matière d'exploitation.

Entrons maintenant dans quelques détails techniques;
il faut que tout le monde sache bien que le problème du
chauffage général et économique des wagons n'est plus
à l'état de conception théorique; il a été résolu dans
les meilleures conditions possibles; qu'il plaise aux
compagnies, et il ne sera plus un train en France, dans
lequel on ne jouisse d'une température douce et bienfaisante.

Jusqu'ici le chauffage des voitures de première classe
s'est opéré à l'aide de boules d'eau chaude, sorte de chaufferettes disposées sous les pieds des voyageurs. Le moyen

est coûteux et primitif; il nécessite diverses chaudières et autres accessoires établis aux principales stations; il oblige à des manipulations incommodes et à des pertes de temps. On comprendra facilement qu'il ait dû être rejeté par un chauffage général, quand nous aurons cité les quelques chiffres suivants qui donnent une idée des frais auxquels il entraîne.

La compagnie du chemin de fer de Lyon à la Méditerranée dépense annuellement pour chauffer ses 356 voitures de première classe, 75,000 francs. Elle emploie 2,800 boules à 40 francs chacune, ce qui avec les accessoires élève le coût du matériel à 162,000 francs. En chauffant tous les wagons, le prix du matériel nécessaire eût atteint la somme de 648,000 francs, et la dépense annuelle 300,000 francs.

Il est heureux qu'on ait trouvé pour les compagnies, des moyens plus simples et surtout plus économiques.

Tout le monde sait maintenant qu'un courant d'air chaud qui circule le long de tuyaux dans un appartement produit un chauffage excellent qui tend de plus en plus à se généraliser. Beaucoup d'églises et d'édifices publics emploient ce système de chauffage. Un ingénieur de mérite, M. Adrien Delcambre, dont le nom est bien connu dans la science, a songé à utiliser en guise d'air chaud, la vapeur qui s'échappe de la locomotive.

Cette vapeur, après avoir poussé le piston de la machine, après avoir activé le tirage de la cheminée se rend en pure perte dans l'atmosphère. M. Delcambre a eu l'ingénieuse idée d'en recueillir une partie et de la diriger à travers des tubulures dans tous les wagons. Les compa-

gnies ne tiraient aucun profit de cette vapeur ; l'inventeur,
au contraire, s'en sert pour le bien-être de tout le monde.
Il est facile de voir ici la part qui revient à chacun.

M. Adrien Delcambre prend sa vapeur au tuyau d'é-
chappement de la locomotive ; il la dirige de là dans des
tubulures plates disposées en travers de chaque wagon
sous les pieds des voyageurs, et il la laisse s'échapper à
l'extrémité du train. C'est assurément bien simple, mais
pas assez, il paraît, pour que les administrations y aient
songé plus tôt.

Entre chaque wagon, les tubulures se trouvent reliées
par des rotules élastiques dont les attaches sont d'une
solidité à toute épreuve et d'un maniement extrêmement
facile. En un tour de main le premier venu peut placer ou
détacher les rotules conductrices de la vapeur d'un wagon à l'autre. C'est là un point capital pour le service,
car toute combinaison, tout agencement, qui n'eût point
permis une manœuvre rapide et commode, devaient
être rigoureusement proscrits. Ces rotules de communication sont en caoutchouc, garnis de fil de fer puissants,
contournés en hélice ; elles s'adaptent l'une à l'autre,
bout contre bout, et ne font bientôt plus qu'un seul et
même tube. Une sorte de collier métallique vient, en
se fermant, emprisonner la ligne de jonction et rendre
les deux rotules solidaires l'une de l'autre.

Le chauffage obtenu par ce moyen donne des résultats excellents. La chaleur entretenue dans les voitures surpasse celle que fournissent les chaufferettes
pleines d'eau bouillante. Elle a, en outre, le grand avantage de se répandre dans chaque compartiment et de

leur donner l'atmosphère douce d'une chambre bien chauffée.

Un système qui touche de si près à une question d'utilité publique devait attirer l'attention du gouvernement. M. le ministre des travaux publics a montré encore dans cette circonstance que les inventions utiles et humanitaires trouvaient de nos jours un écho près du gouvernement; que lui-même ne craignait pas de placer sous son haut patronage tout ce qui était de nature à réaliser un progrès dans le domaine scientifique ou industriel. Il a bien voulu ordonner des essais sur le chemin de fer de Lyon et nommer une commission composée d'hommes dont le savoir fait autorité; MM. de Fourcy et Couche, ingénieurs en chef des mines, M. Toyot, ingénieur en chef des ponts et chaussées.

Une première application du système de M. Delcambre fut faite le 18 janvier 1860, à un train composé de douze voitures de toutes classes allant de Paris à Montargis. L'expérience fut concluante. Le rapport des ingénieurs du gouvernement resta favorable, en dépit des objections accumulées par la compagnie.

On craignait que le fonctionnement et le tirage de la locomotive ne fussent modifiés et altérés par la prise de vapeur que M. Delcambre avait établie au tuyau d'échappement. Les essais ont fait tomber tout doute à cet égard.

Quelques ingénieurs avaient avancé que la vapeur ne tarderait pas à se condenser dans les tubulures, et ne parviendrait jamais jusqu'à l'extrémité du train. Aussi la compagnie eut l'idée charitable d'adjoindre au convoi d'essai, qui comptait déjà douze wagons, six nouvelles voitures. La vapeur gagna sans difficulté l'extrémité du convoi, et elle eût été assurément beaucoup plus loin encore. C'est un préjugé que nous ne saurions trop combattre, et qui nous étonne, de voir encore enracinée parmi des ingénieurs de mérite, de croire que la vapeur se condense rapidement dans ces conditions de transmission. Il faut qu'on sache bien qu'il y a en Angleterre, et surtout en Amérique, des transmissions de vapeur d'environ 500 mètres. Le générateur se trouve séparé par des distances réellement très-considérables du moteur principal. Il y a évidemment une perte de pression, mais pas aussi grande qu'on le croit généralement.

On a dit encore que les hommes de service oublieraient souvent de détacher les rotules élastiques, quand il y aurait lieu de changer les wagons de place ou de laisser aux stations des voitures supplémentaires. La réfutation est bien facile. La tige d'attache est située immédiatement au-dessous des rotules, en sorte qu'on ne peut séparer deux wagons sans disjoindre les rotules conductrices.

Et si une fuite se manifeste dans une tubulure, a-t-on objecté encore, la voiture s'emplira de vapeur, ce qui sera en vérité fort peu agréable pour les voyageurs.

Le hasard est venu prouver qu'en cas de fuite, il n'en résulterait aucun inconvénient pour personne. Dans l'essai qui eut lieu en janvier dernier, une tubulure mal soudée laissa fuir la vapeur. Chaque pulsation de la locomotive envoya un petit jet de vapeur insignifiant aussitôt évanoui qu'aperçu. De ce côté encore la victoire ne resta pas aux partisans de la routine.

Il serait superflu d'insister davantage. Le système de

M. Delcambre est évidemment pratique ; il a, en outre, le
grand avantage d'être économique, puisque le chauffage
des voitures de tout un train coûte moins cher que le
chauffage des seules voitures de première classe. Pour
les 356 voitures de première, de la ligne de Lyon à la
Méditerranée, nous l'avons dit, les frais s'élèvent annuellement à 75,000 francs ; pour les 1,557 voitures de première, seconde et troisième classe de la même ligne, en
employant le système de M. Delcambre, la dépense annuelle s'abaisse aussitôt à 44,379 francs.

Ainsi, non-seulement il n'y a pas de raison pour qu'on
ne chauffe pas tous les wagons, mais il y a, au contraire,
tous les avantages possibles à organiser un chauffage
général. Quand on peut s'attirer la reconnaissance de
tout le monde, à si bon compte, et en faisant si bien ses
propres affaires, on ne conçoit plus la moindre hésitation.

Nous nous sommes rendu ici l'humble interprète du
public ; nous avons montré non-seulement l'utilité, mais
encore la nécessité et l'urgence d'une réforme dans le
service. Que les compagnies se décident donc à prendre
une noble initiative. La première considération qui devra
être mise en avant, il ne faut jamais l'oublier, c'est le
bien-être général.

10 novembre.

# XXV



Depuis que les chemins de fer sillonnent le territoire français, et que les relais télégraphiques réunissent entre eux les principaux centres de population, notre service des postes a atteint une célérité et une exactitude que l'on ne saurait trop admirer. L'organisation du service en France a été choisie partout, et avec raison, comme type et comme modèle. On trouverait, en effet, difficilement ailleurs un mode de transmission des dépêches plus rationnel et satisfaisant davantage aux exigences du public. Mais si l'administration des postes a résolu le problème d'une manière complète pour l'envoi de dépêches à de grandes distances, il n'en est plus de même pour le service postal dans l'intérieur des villes. Il y a là une lacune à combler, un progrès à réaliser.

La plus grande partie des lettres qui circulent dans l'intérieur d'une ville telle que Paris sont des lettres de rendez-vous d'affaires, de plaisirs, d'avis divers, etc., réclamant une transmission rapide pour la commodité générale. Un retard de deux ou trois heures peut rendre une missive inutile, et l'on est souvent forcé d'avoir recours à des exprès dont on se dispenserait volontiers, si le service se faisait dans des conditions de promptitude suffisante. Avec l'organisation actuelle, les distributions ont lieu de deux heures en deux heures; il faut, avec l'attente de la levée des boîtes, trois heures pour qu'une lettre, si pressante qu'elle soit, arrive à sa destination. Le télégraphe lui-même met plus d'une demi-heure pour transmettre les dépêches à domicile. Son prix élevé, la nécessité où l'on est de n'envoyer qu'un nombre limité de mots et de la livrer à découvert, rendront toujours son usage fort restreint. On voit donc que, maintenant surtout que la multiplicité des affaires réclame une rapidité et une régularité exceptionnelles, le service en vigueur est loin de répondre aux besoins du public.

Il importait de trouver des moyens de communication rapides, généraux et qui fussent à la portée de tous. Plusieurs ingénieurs s'étaient déjà préoccupés de cette question. Nous citerons M. Clarke, en Angleterre; M. Galy-Cazalat, en France. M. Antoine Kieffer a perfectionné dans ces derniers temps le système de ses devanciers, et il donne aujourd'hui une nouvelle solution du problème, qui mérite à tous égards de fixer l'attention des hommes spéciaux. Avec les moyens que propose l'auteur, l'administration des postes pourra effectuer rapidement des transports sur une beaucoup plus grande échelle et trouver dans l'accroissement et la célérité des communications, une source de bénéfices importants sans sortir des bornes de son privilége et sans empiéter sur les services particuliers de petite messagerie. La vitesse de transmission des dépêches ne sera plus limitée que par la distribution à domicile, et chacun pourra envoyer ou recevoir une lettre d'une extrémité à l'autre de Paris en moins d'une demi-heure.

Le système proposé par M. Kieffer repose sur l'emploi du vide ou de l'air comprimé pour mettre en mouvemeut dans des tuyaux un piston suivi d'un cylindre portant les dépêches. C'est simplement une application nouvelle du système atmosphérique employé autrefois pour remorquer les wagons sur le chemin de fer de Saint-Germain. Cependant l'invention de M. Kieffer diffère essentiellement de celles qui ont déjà été conçues dans le même but ; l'auteur a eu, en effet, l'heureuse idée de se servir simultanément d'air raréfié et d'air comprimé. Il diminue ainsi considérablement le matériel fixe, comme on le verra, et il facilite singulièrement l'organisation du service.

M. Kieffer fait rayonner du bureau central de la rue Jean-Jacques-Rousseau dans tout Paris, une série de tuyaux dont les uns aboutissent aux gares de chemins de fer et les autres à des points intermédiaires. A la station centrale sont établis deux réservoirs d'une grande capacité. Une machine à vapeur fait le vide dans l'un, refoule et comprime dans l'autre l'air qu'elle vient d'extraire :

dé sorte que chaque tuyau, pouvant être mis en communication avec l'un ou l'autre des réservoirs, sera toujours
plein à volonté ou d'air raréfié ou d'air comprimé. Par
conséquent, pour faire partir le piston muni de la boîte
aux dépêches, il suffira de mettre le tuyau en rapport avec
le réservoir à air comprimé, et pour le faire revenir de la
station extrême, il faudra simplement établir la communication avec le réservoir à air dilaté. Dans le premier cas,
l'air refoulé se comportera comme un ressort et poussera
le piston ; dans le second cas, au contraire, la pression
atmosphérique agira à l'extrémité de la conduite pour
ramener le piston moteur à son point de départ. On remarquera qu'à l'aide de cette ingénieuse disposition, le
même tuyau sert à l'aller et au retour; les pompes pneu-
matiques ne sont plus nécessaires qu'à la station centrale,
et le travail de la machine est constamment utilisé pendant l'intervalle des trains pour la compression et la ra-
réfaction de l'air dans les réservoirs.

Entrons maintenant dans le détail du mécanisme.

Il importait que chaque train pût s'arrêter facilement
devant les bureaux de poste intermédiaires pour que l'employé prît les dépêches qui lui étaient adressées et expé-
diât les siennes. M. Kieffer a atteint le but en reliant la
conduite à une chambre souterraine attenante au bureau.
En ce point, le tuyau s'ouvre sur une certaine longueur,
et deux robinets-vannes, posés à l'entrée et à la sortie de
la chambre, permettent d'intercepter ou d'établir la communication avec l'avant et l'arrière de la conduite. Une
sonnerie électrique annonce à l'employé l'arrivée de chaque train, et un récepteur télégraphique, tout en indi-

quant la marche du convoi, lui fait savoir s'il est direct ou s'il lui apporte des dépêches. Lorsqu'un train montant est arrivé à deux cents mètres de la station, on ferme rapidement le robinet-vanne extrême ; par le même mouvement on ouvre un petit guichet qui laisse sortir une partie de l'air ; mais l'écoulement n'étant pas suffisant, l'air se comprime entre le piston moteur et la vanne, la vitesse du train diminue peu à peu, et il arrive à la station avec une vitesse assez faible pour que le choc contre la vanne soit insensible. Toutefois, il était bon de se prémuuir contre le cas où, par des circonstances exceptionnelles, la vitesse conservée eût été encore dangereuse. L'inventeur dispose à cet effet devant le robinet-vanne un appareil spécial d'arrêt qui, au moyen de ressorts à boudins, amortit le choc. On laisse entre les deux vannes une distance telle que le train de dépêche puisse s'y trouver entièrement compris. Ainsi, après son arrivée on ferme également la première vanne, et le convoi est ainsi isolé de la conduite. L'employé soulève alors seulement le couvercle, et prend ou dépose ses dépêches.

Pour faire partir le train, il lui suffit d'ouvrir successivement le robinet-vanne d'avant, puis celui d'arrière. La même manœuvre se répète à chaque station. Dans le trajet inverse, la communication est établie avec le réservoir de vide, et le train descendant est arrêté devant chaque bureau par la même série d'opérations.

Quant au matériel employé par M. Kieffer, rien de plus simple, rien de plus pratique.

Le piston moteur se compose d'un disque en fer forgé, portant à sa circonférence une garniture en cuir abouti.

Comme le poids de ce piston, augmenté de celui du cylindre porteur de dépêches, est considérable, et produirait dans les tuyaux un frottement qui les userait rapidement, on a disposé en avant du piston des galets formés de plaques de cuir serrées les unes contre les autres et qui supportent en entier le poids du train. Par ce moyen, le frottement est rendu très-doux et ne peut plus détériorer les conduites.

Les cylindres porteurs de dépêches sont reliés les uns aux autres par un système d'attelage, analogue à ceux qu'on emploie pour réunir les wagons de chemins de fer. Ils sont munis comme le piston de galets et portent un lest de plomb qui les maintient dans la même position verticale.

Avec ces dispositions, les résistances provenant du mouvement des trains sont très-réduites, et l'on pourrait sans aucun inconvénient transporter des articles de messagerie sur une plus grande échelle que l'administration ne l'a fait jusqu'ici.

Les tuyaux de conduite seulement semblaient devoir présenter quelques difficultés. Avec la fonte, les surfaces intérieures ne sont jamais parfaitement lisses; il existe presque toujours des ressauts aux joints; puis le prix en est très-élevé. Avec la tôle bitumée, on parvient difficilement à construire des tuyaux exactement cylindriques. M. Kieffer a eu heureusement l'idée d'utiliser les nouveaux tuyaux à base d'ardoise goudronnée de M. Sebille. Ces tuyaux sont inaltérables, parfaitement polis à l'intérieur et se raccordent entre eux avec une remarquable facilité; ils présentent, en outre, une économie moyenne de 50 pour 100. Leur emploi était donc tout trouvé dans le projet de M. Kieffer. Ils seront placés dans les mêmes conditions de pose que les conduites de gaz ou d'eau ; ils longeront les trottoirs et pénétreront dans une chambre souterraine à chaque bureau de poste.

On voit, d'après ce qui précède, qu'en somme il n'existe aucune difficulté pratique qui puisse empêcher de réaliser le système étudié par M. Kieffer. Nous lèverons tout doute à cet égard en disant que le système très-analogue, imaginé par M. Clarke, fonctionne régulièrement à Londres depuis deux ans entre *Moorgate street* et le *General post-office*. Les résultats ont été tellement concluants, qu'une compagnie vient de se former sous le patronage d'ingénieurs et de capitalistes anglais, pour compléter le réseau de Londres et faire jouir des mêmes avantages les principales villes de l'Angleterre.

Espérons que l'administration des postes reconnaîtra l'importance réelle de l'invention de M. Kieffer et introduira prochainement dans le service une réforme devenue nécessaire et que réclament de plus en plus chaque jours les besoins de l'époque.

Nous ne quitterons pas l'importante question de la rapidité des transports, sans donner ici une idée générale de l'état actuel de la télégraphie électrique. On parle tous les jours télégraphie. On aperçoit avec un véritable sentiment de curiosité les fils conducteurs de l'électricité sur nos chemins de fer, et beaucoup de personnes ne s'expliquent pas encore bien le secret de transmissions aussi rapides et aussi étranges.

Toutes les grandes inventions sont simples : celle-ci

comme les autres. Quelques mots suffiront donc pour mettre tout le monde au courant de la question.

Lorsqu'on fait passer un courant électrique dans des fils contournés en hélice sur un morceau de fer doux, ce morceau de fer se transforme immédiatement en un aimant puissant. Le courant électrique vient-il à être interrompu, le morceau de fer perd subitement ses propriétés. Il résulte de là qu'on peut donner à du fer une aimantation instantanée ou la lui enlever avec la même rapidité.

Placez donc en face d'un pareil électro-aimant un petit levier en fer maintenu dans sa position à l'aide d'un ressort, il est évident que, lorsqu'un courant électrique passera, le levier sera attiré, et que, lorsque le courant n'agira plus, le ressort ramènera le levier dans sa position première. Vous aurez créé ainsi un mouvement de va-et-vient aussi rapide et aussi sûr que vous le voudrez. A l'aide d'un fil conducteur, vous pouvez lui donner naissance à des distances considérables.

Voilà brièvement tout le principe de la télégraphie. Imaginez maintenant un appareil nommé *manipulateur*, composé d'un cadran sur lequel sont tracées les vingt-quatre lettres de l'alphabet, et d'une poignée pouvant s'arrêter devant telle ou telle lettre, vous aurez tout ce qu'il faut pour transmettre une dépêche. Supposez, d'autre part, un autre appareil appelé *récepteur*, composé aussi du même cadran, muni d'une aiguille indicatrice, vous aurez à votre disposition tout ce qu'il faut pour recevoir une dépêche. En effet, quand un employé désigne une lettre sur le premier cadran, à l'aide de la poignée, grâce

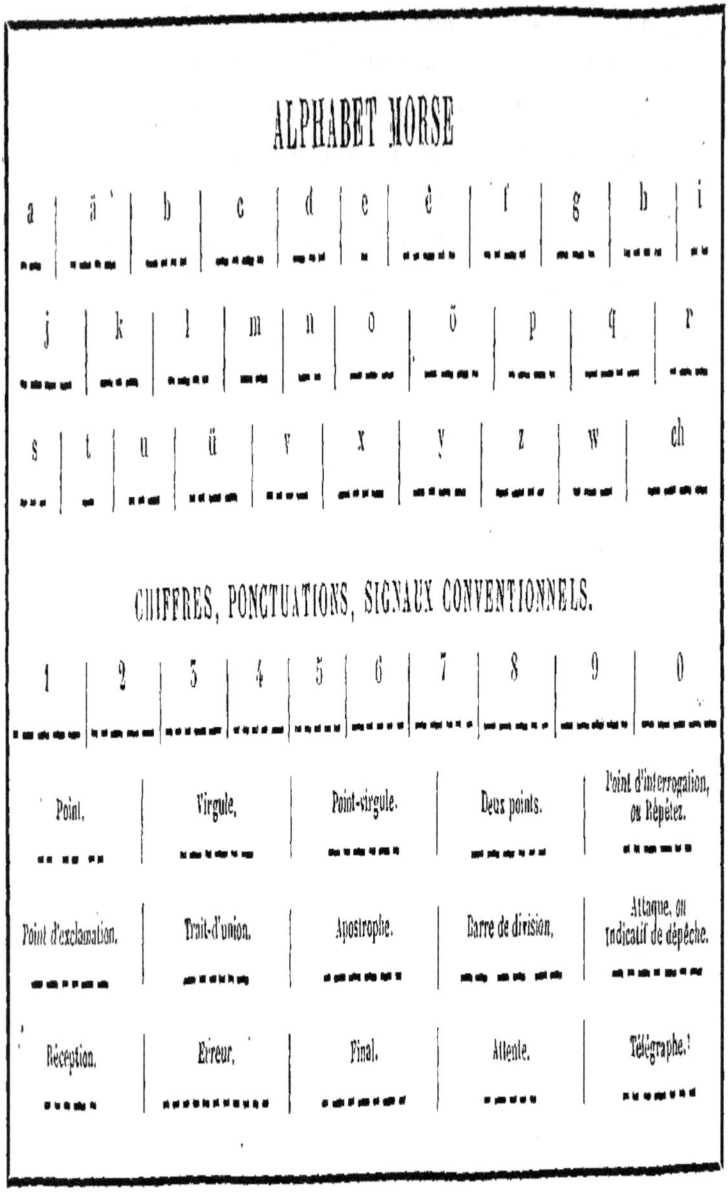

# ALPHABET MORSE

| a | ä | b | c | d | e | è | f | g | h | i |
|---|---|---|---|---|---|---|---|---|---|---|

| j | k | l | m | n | o | ö | p | q | r |
|---|---|---|---|---|---|---|---|---|---|

| s | t | u | ü | v | x | y | z | w | ch |
|---|---|---|---|---|---|---|---|---|---|

## CHIFFRES, PONCTUATIONS, SIGNAUX CONVENTIONNELS.

| 1 | 2 | 3 | 4 | 5 | 6 | 7 | 8 | 9 | 0 |
|---|---|---|---|---|---|---|---|---|---|

| Point. | Virgule. | Point-virgule. | Deux points. | Point d'interrogation, ou Répétez. |
|---|---|---|---|---|

| Point d'exclamation. | Trait-d'union. | Apostrophe. | Barre de division. | Attaque, ou Indicatif de dépêche. |
|---|---|---|---|---|

| Réception. | Erreur. | Final. | Attente. | Télégraphe. |
|---|---|---|---|---|

à une disposition toute simple, il envoie un courant électrique à la station d'arrivée. Ce courant entraine l'aiguille
indicatrice, qui va s'arrêter sur la lettre désignée à la
station du départ. Tel est, en deux mots, le télégraphe
à lettres construit par M. Breguet; c'est celui qui fonctionne sur toutes nos lignes de chemins de fer.

L'État emploie depuis quelques années un appareil
américain imaginé, en 1837, par Morse. Il a le grand
avantage de conserver sur papier la trace des dépêches,
ce qui en permet le contrôle.

Le mécanisme est des plus simples à concevoir. Il n'y a
plus ici de cadran, ni de lettres. L'électro-aimant attire,
chaque fois que le courant passe, un petit levier horizontal muni d'un poinçon. A portée de ce poinçon se
déroule, sous l'action d'un mouvement d'horlogerie,
une bande de papier. Que le courant passe donc plus ou
moins longtemps, et le poinçon marquera sur la bande
de papier une ligne plus ou moins longue. C'est là tout
l'appareil récepteur Morse. De la combinaison des lignes
résulte la dépêche. Quant au manipulateur, il consiste
simplement en un petit levier placé sur une planchette.
Une pointe, placée dans ce levier, vient buter sur un
bouton, quand on l'abaisse, et fait ainsi passer le courant de manière à tracer une ligne, un point, etc., suivant le temps qu'on appuie sur la touche du levier. On
a modifié dernièrement le télégraphe Morse, pour rendre
les mots plus lisibles. Ils sont maintenant tracés à l'encre.
Ce télégraphe transmet les dépêches jusqu'à 200 et
250 kilomètres sans relais.

Un professeur de physique de New-York, M. Hughes, a

inventé plus récemment encore un télégraphe qui a sur le précédent l'avantage d'une plus grande rapidité et d'une fidélité remarquable dans la transmission des dépêches. Cet appareil est malheureusement très-compliqué dans les détails; nous ne pouvons qu'indiquer les deux principes simples et ingénieux sur lesquels il repose et qui sont appliqués pour la première fois à la télégraphie électrique. Dans l'appareil Hughes, ce n'est plus le courant électrique qui envoie par l'entremise d'un électro-aimant la force motrice nécessaire; un poids de 50 kilogrammes environ tend à faire marcher tout l'appareil d'une manière continue; on le remonte au moyen d'une pédale, quand il est au bas de sa course. Le courant, dans ce cas, n'a plus d'autres fonctions à remplir que de faire embrayer et désembrayer une roue dont l'arbre porte un excentrique qui, au moment voulu, soulève la bande de papier sur laquelle on veut imprimer telle ou telle lettre. En second lieu, l'électro-aimant agit à l'inverse de ceux des autres télégraphes électriques; il tient l'armature en contact, non pas quand le courant passe, mais quand il ne passe pas au contraire. On comprend de suite que cette ingénieuse disposition donne bien plus de sûreté à la marche générale de l'appareil. Quant aux dépêches, elles sont transmises en langage ordinaire; elles sont imprimées. Il y a là une incontestable supériorité sur tous les autres télégraphes.

Nous ne parlerons pas ici des télégraphes électro-chimiques dont l'idée première est due à un Écossais, M. Bain. Les dépêches sont inscrites en signes colorés sur un papier imprégné de cyanure jaune de fer et de potas-

américain de Hughes est le seul qui ait rempli jusqu'ici toutes ces conditions. Malheureusement, nous venons de le dire, cet appareil est d'une construction très-compliquée ; au dire des employés, il est d'un maniement délicat et se dérange vite ; il en faut toujours un de rechange ; enfin il est d'un prix élevé.

Nous avons eu, dans les ateliers du constructeur M. Hardy, les prémices d'un nouveau télégraphe imprimant dû à M. Dujardin, de Lille. Cet appareil est, au contraire des autres, d'une simplicité remarquable ; il imprime en lettres latines, sans aucun empâtement, un alphabet entier en sept secondes. Il écrit en une minute une dépêche de vingt-quatre mots ou de cent lettres environ.

Nous l'avons fait fonctionner nous-mêmes sans aucun ménagement et à toutes les vitesses ; il ne s'est jamais produit aucun dérangement dans l'appareil. Il est certain qu'il peut être considéré comme un instrument pratique et accessible à toutes les mains. Nous regrettons qu'il nous soit impossible de le décrire ici sans être entraîné beaucoup trop loin. Tout ce que nous pouvons dire, c'est que M. de Vougy lui-même, directeur général de l'administration des télégraphes, frappé de ses nombreux avantages, en a commandé plusieurs pour les expérimenter sur une grande échelle.

C'est, assurément, le meilleur éloge que nous puissions faire de l'appareil de M. Dujardin. Espérons maintenant que nous n'aurons plus à y revenir que pour annoncer un succès définitif.

# XXVI



Au moment où l'on s'y attendait le moins, le 30 juin dernier, une comète apparut tout à coup sur notre horizon au grand étonnement de tout le monde.

Les astronomes la prirent d'abord pour la fameuse comète de Charles-Quint, attendue depuis si longtemps ; le public ne vit dans l'apparition du nouvel astre que l'incurie des astronomes ou leur puissance à prévoir la venue d'un astre.

Les observateurs se trompaient ; la comète qui venait d'apparaître à notre horizon n'était pas la comète de Charles-Quint. Le public s'illusionnait encore plus, en supposant que si l'apparition du nouvel astre n'avait pas été prévue, la faute en devait retomber sur les astronomes. Il y avait erreur de part et d'autre.

Nous ne saurions mieux grouper tout ce qui a été dit ou observé sur la grande comète de 1861, qu'en reproduisant ici textuellement, avec les dates de publication, les articles que nous insérâmes dans deux des principaux journaux de Paris.

Nous écrivions le surlendemain même de la découverte de la nouvelle planète, le 2 juillet dernier, les lignes suivantes :

Deux observateurs dont nous vantions ces jours-ci même le zèle infatigable, MM. Goldschmidt et Coulvier-Gravier, ont annoncé hier à l'Académie des sciences l'apparition sur notre horizon d'une nouvelle comète.

M. Goldschmidt l'a aperçue avant-hier 30 juin. Elle s'étendait sur une longueur de 55 degrés et sur une largeur de 3 ou 4 degrés; elle occupe par conséquent dans le ciel un espace de 17 *millions de lieues.*

M. Coulvier-Gravier l'a vue pour la première fois le 30 juin, également à dix heures du soir, près de l'*éta* du Cocher, à 13 degrés environ de l'horizon.

Tout le monde peut l'observer facilement en dirigeant les yeux vers l'étoile polaire; elle s'étale comme un éventail lumineux de Montmartre sur Paris.

Cette comète est magnifique; elle est assurément plus belle que la comète de Donati, que l'on a tant admirée il y a trois ans; son noyau brille de l'éclat de Vénus, sa queue, assez large et un peu courbée, a une étendue de plus de 55 degrés.

Elle a été découverte précisément à la place où devait apparaître, d'après les éphémérides de M. Hind, la fameuse comète de Charles-Quint, qui a tant occupé les Parisiens en 1856. M. Babinet, qui est l'homme aux comètes par excellence, a profité de

8 juillet.

La comète s'en va à toute vitesse. Encore quelques jours, et elle aura complétement disparu.

M. le Verrier, qui s'était jusqu'alors montré si avare de détails sur le nouvel astre, a enfin pris la parole hier à l'Académie des sciences :

« Beaucoup de personnes, a dit le directeur de l'Observatoire, s'étonnent de ce que les astronomes n'aient pas prédit l'arrivée sur notre horizon d'une nouvelle comète; il n'y a rien là d'étrange; sur environ six cents comètes enregistrées, il n'en existe guère que cinq : les comètes de Halley, de Biéla, d'Encke, de Faye et de Brorsen, dont nous puissions préciser le retour. Les autres sont des astres errants qui, après nous avoir visités une fois, vont sans doute continuer leur course de soleil en soleil à travers l'univers entier. La dernière comète nous est arrivée à l'improviste, et quelques jours d'observation ont surabondamment prouvé qu'elle nous était complétement inconnue.

« Quelques amateurs ont voulu, à première vue, indiquer la distance du nouvel astre à la terre et mesurer la longueur de la queue. Cela n'est pas sérieux. Ou ces astronomes d'emprunt se sont moqués d'eux-mêmes, ou ils se sont joués du public.

« Trois éléments sont indispensables pour calculer l'orbite d'une comète : 1° la position exacte de l'astre par rapport aux étoiles fixes; 2° sa vitesse; 3° la variation de vitesse produite par la masse du soleil. Le 30 juin, au moment de l'apparition de la comète, ces trois données nous étaient complétement inconnues, et nous en étions réduits à attendre comme le public. »

M. le Verrier ajoute que des observations ont été faites par les astronomes le 30 juin, puis le lundi et le mardi 2 juillet, afin d'arriver à constater la variation de vitesse.

Ces trois observations auraient été assurément trop rapprochées pour tenter le calcul avec succès sans la rapidité de marche très-grande de la comète.

Ce fut le mercredi 3 juillet, à 10 heures du matin, que M. Lévy, adjoint à l'Observatoire, remit le résultat des calculs à M. Le Ver-

qu'il a observée le 30 juin s'est reproduite sur toute la surface de la terre, ou si le phénomène n'a été que local. On conçoit que le fait puisse devenir significatif. Il a fait appel aux observateurs pour trancher la question.

Le *Times* d'hier publiait la lettre suivante :

Monsieur,

En réponse à l'appel fait par M. Hind, au sujet de la soirée du dimanche 30 juin, je vous prierai de faire savoir que la même illumination a été observée ici et qu'elle s'y est produite d'une manière frappante. Le ciel présentait une teinte jaune, comme au moment de l'apparition d'une aurore boréale, à la fois étincelante et diffuse. Le soleil, quoique brillant, ne paraissait donner qu'une faible lumière. Avant le coucher du soleil, dès huit heures moins un quart, la comète était très-visible, et les soirées suivantes on ne l'aperçut qu'une heure plus tard.

Sans me douter que la queue de la comète nous environnait, j'ai cependant été frappé de l'apparence singulière du ciel, et mon journal en fait foi. J'y retrouve la note suivante : « 30 juin. Lueur étrange, jaune, phosphorescente, que je prendrais pour une aurore boréale s'il ne faisait encore si jour. »

E. J. LOWE.

Observatoire de Highfield-House. July 6.

La parfaite concordance de cette lettre avec les faits avancés par M. Hind ne laisse pas que de fournir un certain nombre de probabilités en faveur de son opinion.

A notre tour, nous faisons appel aux amateurs, aux astronomes français qui observaient le ciel le 30 juin dernier. En réunissant les observations, on parviendra sans doute à savoir au juste si la terre a ou n'a pas traversé la queue de la comète.

Dans tous les cas, si M. Hind a raison, si la comète nous a touchés, maintenant que la rencontre a eu lieu, nous ne pouvons que nous en réjouir. Nous n'avons pas été décimés ; personne n'a été asphyxié. C'est un bon précédent pour l'avenir.

**28 juillet.**

M. le Verrier a résumé très-brièvement un important travail de M. Villarceau, astronome de l'Observatoire impérial, relatif à

revient pas, comme il l'avait annoncé, sur le passage de la terre à travers la queue de la comète du 30 juin dernier.

30 juillet.

Terminons par quelques nouveaux détails sur la comète du 30 juin dernier.

Sa queue a-t-elle ou n'a-t-elle pas balayé la terre?

Ne connaissant pas l'opinion de M. le Verrier, qui n'assistait pas à la séance d'aujourd'hui, nous ferons au moins connaître celle de M. Pape.

Elle est complétement négative. M. Pape n'est pas de l'avis de M. Hind, de M. Lowe et de quelques autres astronomes.

Pour lui, la terre n'aurait pas traversé la queue de la comète.

Jusqu'ici les astronomes avaient fondé leur opinion sur de simples observations, sur des apparences plus ou moins certaines. M. Pape n'a pas fait comme ses devanciers; il a exécuté tous les calculs, depuis le premier jusqu'au dernier.

Voici brièvement les résultats auxquels il est parvenu :

D'après de nouveaux éléments, basés sur trois observations, dont l'intervalle est de 7 jours, le passage de la comète par le nœud ascendant a eu lieu le 28 juin, à 7 heures 40 minutes, t. m. de Paris; les longitudes de la comète et de la terre étaient à ce moment 277° 59′ et 270° 0′ ; la distance du noyau à l'orbite terrestre était 0,116; la distance de la queue à la terre, 0,035. Le diamètre vrai de la queue, au point d'intersection avec l'orbite de la terre, est égal, d'après les observations, à 0,0076, c'est-à-dire à 300,000 lieues.

La plus petite distance entre la terre et la matière cométaire était donc égale à 0,035 moins 0,04, soit 0,031. C'est 12 heures environ après le passage par le nœud, vers 8 heures du matin, le 29 juin, que la queue de la comète a passé le plus près de nous. Sa distance de la terre à ce moment était encore de 0,025, c'est-à-dire de 1 million de lieues.

Il semblerait donc évident, d'après les calculs de M. Pape, qu'il n'y aurait pu avoir aucun contact entre l'astre errant et la terre. La phosphorescence, observée par MM. Hind, Lowe, Poy, etc.,

devait être rapportée à une tout autre cause qu'au voisinage de
la comète. Il en serait de même de l'épidémie que M. Valz, de
Marseille, mettait fort gratuitement sur le compte de l'astre
voyageur dans une lettre reproduite récemment dans les colonnes
du *Constitutionel*.

17 septembre.

M. Valz, directeur honoraire de l'Observatoire de Marseille, a
fait comme M. Pape tous les calculs nécessaires pour savoir si la
comète a ou n'a pas rencontré la terre. Ses résultats sont complétement opposés à ceux de son confrère. Pour lui, la terre
aurait traversé la queue de la comète.

Il nous fait dire de suite, pour qu'on puisse comprendre cette
discordance que des calculs ne semblent pas admettre que, pour
décider la question pendante, il importe absolument de tenir
compte dans les formules de la largeur de la queue.

Ici est le point de départ.

Or, M. Pape a trouvé pour la largeur de la queue, *trois degrés*, le P. Secchi, à Rome, *huit degrés*; et. M. Valz, à Marseille,
*six degrés*.

Il n'y a donc rien d'étrange à ce qu'on arrive à des résultats
diamétralement opposés quand on s'accorde si peu sur les données premières du calcul.

Quant à la largeur exacte de la queue de la dernière comète, vu la forme peu accusée qu'elle présentait et son faible
éclat, il nous paraît bien difficile qu'on ait pu la déterminer avec
quelque précision.

Nous nous croyons donc autorisé à conclure de là que sur ce
point, les astronomes ne sont pas en mesure de trancher la
question.

Nous compléterons ces détails sur la comète de 1861, en montrant rapidement ici combien sont chimériques les craintes
qu'ont encore quelques personnes, de ressentir les effets désas-
treux de la rencontre d'une comète avec la terre.

Nous n'en connaissons pas d'ailleurs en ce moment qui ait
quelque chance de heurter notre planète. La comète de Charles-

est cependant 900,000 fois moins brillante que notre atmosphère
éclairée par la lune.

Mais le clair de lune dans son plein est 800,000 fois moins brillant que le plein soleil qui fait le jour; donc, si l'air, comme la
comète, est éclairé par le soleil, il sera 900,000 fois, 800,000 fois
plus brillant que la comète; cela fait 720,000,000,000, ou bien
sept cent vingt milliards. Mais ce n'est pas tout.

La comète observée était celle d'Encke en 1828. Elle avait alors
une épaisseur de 500,000 kilomètres, tandis que l'atmosphère
tout entière n'équivaut qu'à une couche d'environ 8 kilomètres
d'épaisseur. Cela donne à l'éclat intrinsèque de l'atmosphère au-
dessus de celui de la comète, à épaisseur égale, un nouvel avantage dans le rapport de 500,000 à 8, et le résultat final est que
la comète doit être assimilée en éclat à de l'air qui serait
45,000,000,000,000,000 de fois plus léger que l'air ordinaire.
Ce nombre peut se lire *quarante-cinq millions de milliards de
fois.*

J'avais dit, et on a répété, que les comètes sont un rien
visible. Bien des gens concluraient de ce qui précède qu'elles
sont *moins que rien.*

On le voit, M. Babinet ne laisse aucun doute sur la ténuité
extrême des comètes.

Les comètes, dit M. Faye, de son côté, ne sont pas même des
gaz.

Herschell aussi, du reste, évaluait le poids de toute la queue
d'une comète à peine à quelques onces.

Or la terre pèse environ

6,000,000,000,000,000,000,000,000 kilogrammes.

Que pourraient donc faire quelques onces contre *six mille
milliards de milliards de tonnes!* Une toile d'araignée opposerait
plus d'obstacle à une balle de fusil!

Il résulte de ce qui précède que les comètes sont parfaitement inoffensives, et que les gens qu'elles ont déjà
tué ne sont morts que de consternation, de stupidité ou
d'ignorance.

Au moment où nous écrivons ces lignes, 25 novembre 1861, bien peu de personnes, sans doute, savent ce qu'est devenue la grande comète du 30 juin, qu'elles ont perdu de vue depuis longtemps. Où est-elle ?

Nous pouvons affirmer qu'elle est encore visible, et qu'avec de forts instruments grossissants, chacun pourra l'apercevoir encore pendant quelque temps, malgré la grande vitesse avec laquelle elle s'éloigne.

M. Le Verrier l'observe tous les soirs à l'Observatoire impérial. Les astronomes ont suivi sa marche avec soin, et l'on possède plus de quatre-vingts observations, ce qu'on n'avait jamais eu encore. Grâce à ces nombreuses déterminations, il sera facile de calculer l'orbite exact de la comète de 1861. Elle appartient désormais à la science.

Nous ne pouvons terminer cette causerie consacrée au phénomène astronomique le plus important de l'année sans parler aussi du passage de Mercure sur le soleil, annoncé pour le 12 novembre.

Nous reproduisons ici ce que nous publiions quelques jours avant le passage.

4 novembre.

M. le Verrier vient d'attirer, dans la dernière séance académique, l'attention des observateurs sur le prochain passage de Mercure sur le soleil.

Il appartenait au directeur de l'Observatoire impérial plus qu'à tout autre de soulever cette question. M. le Verrier a effectivement étudié et précisé avec un soin tout spécial chacun des passages de Mercure sur le soleil. Laissant de côté le passage de 1631, observé par Gassendi dans de mauvaises conditions, il a discuté les observations depuis 1677 jusqu'à 1845.

Il put constater ainsi que le périhélie de Mercure se déplaçait

Voici les chiffres donnés par M. le Verrier et qu'il s'agit de vérifier :

12 novembre : Passage de Mercure sur le soleil, en partie visible à Paris.
Passage relatif au centre de la terre.
Entrée sur le disque de soleil, à. . .   5 h. 24 m. 48 s. matin.
Milieu à. . . . . . . . . . . . . . .   7 h. 26 m.  2 s.
Sortie à. . . . . . . . . . . . . . .   9 h. 27 m. 11 s.

On ne saurait pousser l'approximation au delà de 20 s., eu égard aux incertitudes de l'observation et à la nature même des calculs.

A Paris, le lever du soleil aura lieu, le 12 novembre, à 7 h· 6 min.; ce n'est donc qu'à partir de cette heure qu'on pourra observer le passage de Mercure sur le soleil.

La durée totale du phénomène sera de quatre heures, et nou n'en apercevrons qu'environ la moitié. La petitesse de la tach: produite par la planète empêchera toute observation à l'œil nu. Il sera nécessaire d'avoir recours à de fortes lunettes grossissantes.

Le passage de Mercure sur le soleil fut observé pour la première fois par Gassendi, le 7 novembre 1631. Cet astronome, à défaut d'instruments d'optique, recevait dans une chambre noire l'image du soleil sur une feuille de papier blanc et voyait la planète décrire son parcours sur le disque solaire.

Il faut arriver ensuite jusqu'au milieu du dix-huitième siècle pour avoir les observations de Lacaille et de Bradley, qui rendirent possible le calcul de la marche de Mercure.

Lalande, le fameux astronome français, annonça une théorie de Mercure, et, secondé par ses relations de société, il escompta avec un peu trop d'assurance la renommée de son travail. I prédit pour 1799 que l'on verrait la planète entrer sur le soleil le 7 mai, à telle heure, telle minute.

Un nombreux public privilégié avait envahi l'Observatoire. Pas de planète, pas de passage. La foule, désappointée, s'écoule.

Le présomptueux calculateur reste désolé au milieu de ses collègues non moins étonnés que lui.

Or, dans la tour de l'hôtel de Cluny le modeste Delambre avail

huit jours. Elle tourne sur elle-même en vingt-quatre heures cinq minutes. Elle reçoit du soleil sept fois plus de chaleur que nous. Il n'existe pas sur Mercure de climat tempéré. La zone torride s'étend sur toute sa surface.

Le passage de Mercure sur le soleil se produit toujours en mars ou en novembre, et par période de dix, trois ou sept ans. On voit qu'il se renouvelle encore assez souvent. Pendant les quarante années qui restent à s'écouler pour compléter le dix-neuvième siècle, nous observerons encore six passages. Voici leur date :

En 1868, le 4 novembre ;
En 1879, le 6 mai ;
En 1881, le 7 novembre ;
En 1891, le 9 mai ;
En 1894, le 10 novembre ;
En 1901, le 4 novembre.

Espérons que le passage de 1861 viendra donner une éclatante confirmation aux vues de M. le Verrier et enrichira de faits nouveau la science astronomique.

Quelques jours après le passage de Mercure sur le soleil, nous publiions les lignes suivantes dans notre bulletin hebdomadaire de l'Académie des sciences. Nous les donnerons en forme de conclusion.

18 novembre.

M. le Verrier a la parole au sujet du récent passage de Mercure sur le soleil.

« J'ai le regret d'annoncer à l'Académie, dit M. le Verrier, que le mauvais temps a empêché toute observation à Paris comme dans toutes les parties de la France. Nous avons entrevu Mercure à l'Observatoire impérial, mais beaucoup trop vaguement et trop peu longtemps pour avoir pu faire un examen utile. M. Simon seul, directeur de l'Observatoire de Marseille, a suivi la planète quelques secondes au moment d'une éclaircie ; il l'a vue sur le soleil une minute et demie après qu'elle eût dû avoir quitté le disque d'après les anciennes éphémérides. »

M. Simon ne tire aucune conclusion de cette observation·
M. Le Verrier, avec son esprit éminemment pratique, fait remarquer qu'on en déduit déjà un argument de valeur en faveur des
nombres qu'il a indiqués. On se rappelle qu'il s'agissait de vérifier le moment exact de l'entrée de Mercure sur le disque solaire ou de sa sortie du disque. Le directeur de l'Observatoire
impérial l'avait précisé pour le commencement et la fin du phénomène, en s'appuyant sur les tables du soleil et de Mercure,
dont la science lui est redevable et qui sont fondées sur l'hypothèse de l'interposition entre le soleil et Mars d'une planète
ignorée ou de matière cosmique.

Or, la différence entre les nombres de M. le Verrier et ceux
des éphémérides entachées d'erreurs est de trois minutes et demie en plus. Donc, le peu qu'a observé M. Simon a déjà été
utile, puisqu'il a permis de constater que Mercure se trouvait
encore sur le soleil une minute et demie après le moment indiqué par les anciennes éphémérides, ce qui est conforme aux récents calculs de M. le Verrier. On a déjà pu vérifier ainsi le sens
de la différence; au prochain passage de 1868, on sera sans
doute plus heureux et l'on déterminera exactement sa valeur.

Cependant tout espoir n'est pas encore perdu pour cette année. Il a fait beau, en effet, à Varsovie et à Nicolaïeff, où il existe
deux Observatoires parfaitement montés. M. le Verrier espère
donc en recevoir des nouvelles prochainement, et les observations transmises viendront, sans doute, apporter une solution
définitive et montrer encore une fois la puissance de l'analyse
transcendante appliquée à la détermination exacte des phénomènes célestes [1].

25 novembre.

---

[1] Depuis que ces lignes ont été écrites, M. Le Verrier a annoncé la
parfaite concordance de l'heure indiquée par ses tables avec celle qui
a été constatée. M. Calandrelli au Capitole et le P. Secchi, au Collège
Romain ont vérifié les résultats de M. Le Verrier à 2 et 5 secondes
près. L'erreur d'observation laisse toujours une latitude de près de
40 secondes.

# XXVII



De toutes les pierres précieuses, le diamant est assurément celle qui attire le plus l'attention par sa beauté
comme par sa valeur ; il n'est personne qui ne se soit
surpris à admirer son éclat extraordinaire, personne qui
n'ait vu avec un certain plaisir la lumière se jouer dans
le minéral de facette en facette et s'épanouir au dehors
en gerbe étincelante. On a fait sur lui tous les rêves possibles, on a bâti mille chimères ; la légende s'en est mêlée
et on lui a attribué une origine à part, mystérieuse, presque occulte.

Et cependant, qu'est-ce que le diamant, sinon un
pauvre petit morceau de charbon ordinaire ? Quelle illusion, quel désenchantement pour les admirateurs de ce
morceau de pierre éblouissant ! L'idole tombe de son

piédestal; elle est de matière commune comme tout ce
qui l'entoure. Grande leçon que donne la nature à l'humanité !

Prenez du charbon et faites-le cristalliser, vous obtiendrez le diamant.

Prenez un diamant et détruisez l'équilibre moléculaire
qui le maintient cristallisé, et vous n'aurez plus qu'un
charbon.

La substance que forme le diamant est celle qui constitue le charbon (il va sans dire que le mot charbon est
pris ici dans l'acception de carbone pur); tout ce qui
compose le charbon se trouve intégralement dans le diamant. La différence consiste dans l'arrangement particulier des molécules de la substance; disposez-les convenablement, et le résultat sera du charbon ou du diamant,
suivant le groupement moléculaire.

Ce que nous venons de dire pour ce minéral précieux
s'applique à une foule d'autres substances; ce n'est pas
un fait isolé, c'est un phénomène général que nous offre
à chaque instant l'étude des sciences naturelles.

Veut-on quelques exemples, au hasard? en voici.

On trouve sur la plupart des routes de gros cailloux,
les uns ronds, les autres tranchants; c'est du silex : tout
le monde connaît cette pierre. Sur le bord de la mer, au
milieu des sables, on rencontre d'autres cailloux arrondis,
noirâtres; les baigneurs, les touristes les connaissent sous
le nom de galets; personne n'ignore non plus ce qu'est la
pierre à fusil : eh bien, silex, galet, pierre à fusil, tous
ces cailloux ne sont autres que cette belle pierre précieuse
si limpide que les joailliers nomment cristal de roche;

ils ne sont autres encore que l'améthyste, l'agate, la calcédoine, la cornaline, l'onyx, l'opale, les jaspes, etc.; même substance, même composition [1]; toute la différence, et certes il y en a pour la vue, provient simplement de l'agencement particulier des molécules, de la cristallisation de la substance.

Une comparaison plus à la portée de tout le monde mettra encore mieux le fait en évidence.

Voici du sucre blanc ordinaire, à côté du sucre candi : dirait-on jamais qu'on a sous les yeux la même substance? Il y a néanmoins identité complète entre les deux sucres ; il ne sera rien trouvé dans l'un qui ne soit aussi rencontré dans l'autre. Cependant l'aspect diffère complétement, et une personne non prévenue ne saurait jamais confondre les deux échantillons. Là, comme précédemment, cette transformation radicale dans l'apparence de la matière tient exclusivement à la cristallisation. Le sucre candi est du sucre ordinaire cristallisé.

Jetons les yeux sur un bâton de sucre d'orge, il est blanc jaunâtre, transparent, limpide; attendons plusieurs semaines et observons de nouveau. Son apparence est complétement modifiée : c'était une masse vitreuse laissant passer la lumière; maintenant, c'est une masse entièrement opaque; le bâton de sucre d'orge primitif n'est plus reconnaissable. Il s'est produit de la surface au centre une sorte de cristallisation radiée. Ce changement est un phénomène moléculaire, une espèce de dévitrification.

Sans insister davantage, on comprendra maintenant

<hr>

[1] Pour être complétement exact, il faut ajouter l'addition de quantités infimes de matières étrangères et d'oxydes colorants.

que beaucoup de substances que nous foulons aux pieds journellement ne diffèrent des pierres précieuses les plus recherchées que par l'arrangement distinct de leurs molécules. Si nous avions en notre pouvoir les moyens nécessaires pour les faire cristalliser, nous saurions les transformer immédiatement de cailloux communs en pierres d'une beauté exceptionnelle.

Habitué à cet ordre d'idées, chacun ne s'étonnera donc pas autant de ne plus trouver qu'un pauvre charbon dans une pierre aussi billante et aussi belle que le diamant.

Puisque la métamorphose de cailloux sans valeur en pierres précieuses ne tient qu'à une simple modification dans l'agencement intérieur de la substance, il était naturel de se demander si l'on ne pourrait pas parvenir à opérer artificiellement cette transformation; d'où toutes les recherches tentées pour obtenir des émeraudes, des diamants, etc.

MM. Ebelmen, de Sénarmont, Gaugain sont bien parvenus, à l'aide d'opérations diverses et ingénieuses, à faire cristalliser ainsi certains minéraux et à produire des corindons, des rubis spinelles, etc. Mais quelles qu'aient été les tentatives, elles ont toujours échoué jusqu'ici quand il s'est agi de modifier la structure du charbon et de le faire cristalliser. On n'a point produit encore, quoiqu'on l'ait dit à tort, de diamant véritable, de carbone pur cristallisé.

S'il a été impossible, dans l'état actuel de la science, de parvenir, à l'aide de pressions exceptionnelles et de températures très-élevées, à constituer de toutes pièces un diamant, il est bien facile au contraire de détruire la cristallisation du minéral et de le faire passer à l'état de simple charbon.

Il suffit pour cela, comme l'a indiqué un chimiste distingué, M. Jacquemin, de placer le diamant entre les deux cônes de charbon d'une forte pile de Bunsen. Bientôt on le voit devenir incandescent et jeter une lumière tellement vive que l'œil ne peut en supporter l'éclat. Observé à travers un verre noirci, on remarque qu'il se boursoufle et qu'il se partage en plusieurs fragments. Après le refroidissement, on peut constater que son aspect est complétement changé : il est devenu plus volumineux, sa couleur est d'un gris métallique ; il est friable et ressemble de tous points au coke ordinaire.

Quelques savants de trop d'imagination ont profité de cette expérience pour baser une théorie complète de la formation de la houille.

Les couches de houille si puissantes qui sillonnent les profondeurs de la terre eussent d'abord été de véritables masses de diamants. Hypothèse féerique et grandiose assurément, mais complétement chimérique. Nous ne nous serions pas même donné la peine de nous y arrêter, au plus grand plaisir des amateurs du merveilleux, si, du même coup, nous n'avions trouvé l'occasion de détruire une fausse opinion qui pouvait prendre naissance à la lecture du résultat obtenu par M. Jacquemin.

En attendant que nous puissions fabriquer le diamant comme nous obtenons le fer, l'acier, l'aluminium, nous nous empressons de le recueillir partout où nous pouvons, et malheureusement nous ne pouvons pas partout où nous voulons.

Le diamant nous vient principalement du Brésil et des
Indes. En Amérique, il se trouve dans les terrains d'alluvion qui proviennent de la destruction de roches ferrugi-
neuses appartenant à la formation des schistes argileux.
Dans les royaumes de Visapour et de Golconde, dans le
Dekan, dans les vallées du Pennar et de la Krichna, on le
rencontre dans des espèces de grès. Le minéral précieux
est disséminé en petite quantité dans ces dépôts et fréquemment enveloppé d'une pellicule terreuse assez adhé-
rente qui empêche de le reconnaître avant qu'on l'ait
lavé. Aussi procède-t-on à sa recherche par un lavage à
grande eau. On écarte ainsi les cailloux grossiers, et on
cherche dans le résidu.

Il y a à peine quelques années, les diamants bruts, qui
nous arrivaient des Indes ou du Brésil par voie anglaise,
devaient aller subir la taille en Hollande pour revenir
ensuite à Paris chez nos joailliers. Amsterdam avait le
monopole de la taille des pierres précieuses.

A plusieurs reprises cependant on avait essayé déjà de
lui enlever ce privilége et d'établir une taillerie de diamants à Paris. Les premières tentatives ne datent pas
d'hier. Sans remonter aux essais de Louis de Berquem,
dès le treizième siècle, à ceux de ses élèves au seizième
siècle, nous signalerons immédiatement les nombreux
efforts de Mazarin pour doter la France d'une industrie
déjà très-importante à cette époque. Il prodigua les en-
couragements à quelques ouvriers lapidaires enlevés à la
Hollande, et leur donna à tailler les douze beaux diamants de la couronne connus sous le nom des *Douze
Mazarins.* Sa protection fut si efficace, qu'en peu de

temps Paris comptait dans son sein une centaine d'ouvriers diamantaires. Mais, le ministre mort, tous disparurent comme par enchantement.

Sous Louis XVI, Calonne tenta un nouvel essai; il fit venir un contre-maître d'Amsterdam, et l'établit au faubourg Saint-Antoine, avec vingt-cinq ouvriers; ceux-là disparurent bientôt comme leurs devanciers; et, depuis cette époque, la Hollande était restée en possession de son riche privilége.

Le moment était venu cependant de faire une dernière tentative; nous sommes à une époque où tout réussit, où les entraves tombent, où tout ce qui a raison d'être trouve encouragement et protection.

Un industriel distingué, M. Bernard, reprit avec courage l'œuvre qui avait échoué en des temps moins heureux; il courut à Amsterdam, ramena des diamantaires, fonda une taillerie à Paris; et sollicita la protection souveraine.

M. Bernard a complétement réussi, et la France a maintenant une taillerie impériale de diamants. C'est assez dire que nous ne serons plus à l'avenir tributaires de la Hollande.

Il n'est rien de si curieux que d'étudier, dans le nouvel établissement, les procédés employés pour transformer le diamant brut en une pierre pleine d'éclat et de beauté. Nous devons à la complaisance de son fondateur, M. Bernard, d'avoir pu suivre à loisir les différentes modifications qu'éprouve le diamant depuis son arrivé du gisement.

Nous avons examiné les diamants bruts. Nous en prénions à pleine main et de toutes les couleurs. A la taillerie impériale, les diamants sont aussi communs que les petits cailloux de nos routes. Il y en avait de blancs, de verts, de jaunes, de noirs, etc. Ils ont assez l'apparence des petites pierres translucides qu'on ramasse sur nos plages en vogue au milieu des coquillages, des crabes et des étoiles de mer. La plupart sont blancs ou seulement colorés à la surface d'une teinte verdâtre ou jaunâtre que l'on fait disparaitre par la taille. Ils sont irrégulièrement arrondis et présentent tantôt la forme d'un cube déformé ou bien encore d'octaèdres ou de dodécaèdres rhomboïdaux modifiés. On se demande en les touchant s'il est bien possible que ces petits cailloux informes puissent acquérir dans les mains du diamantaire une aussi grande valeur.

Le travail des pierres s'effectue, chez M. Bernard, dans un seul atelier vaste et spacieux, d'une construction à la fois simple et élégante.

Au fond, autour d'une table, sont groupés plusieurs ouvriers qui font subir au diamant l'opération préliminaire du *débrutage*. On dégrossit la pierre et on la prépare à recevoir la taille en usant les angles ou les parties convexes. C'est une première ébauche.

Chaque ouvrier est muni de deux manches en bois, terminés par deux calottes de mastic ferme, dans chacune des têtes il enchâsse un diamant à débruter, et il accomplit son travail en frottant patiemment les deux pierres précieuses l'une contre l'autre. On sait, en effet, que le diamant ne peut être usé que par le diamant. Bien qu'on ait prétendu que le bore fût encore plus dur que le carbone cristallisé, il a été jusqu'ici employé sans succès par M. Bernard. Les ouvriers recueillent avec soin la poudre qu'ils produisent, car elle est utilisée ultérieurement pour tailler le diamant.

Quelquefois il arrive qu'une pierre est défectueuse, il devient nécessaire d'en détacher certaines parties. On fait dans ce cas une légère entaille et l'on y applique une lame de rasoir ; un coup sec détache la partie désignée. Il faut avoir soin pour réussir d'opérer suivant le plan de clivage du cristal.

A droite et à gauche de la table de débrutage, et dans toute la longueur de l'atelier, tournent autour d'axes verticaux une série de plates-formes circulaires en acier doux marqué de légères aspérités à la surface. Ces plates-formes font 2,500 tours à la minute et sont mises en mouvement à l'aide de poulies de renvoi par une machine à vapeur de douze chevaux de force. Ce sont ces sortes de meules horizontales qui taillent la pierre. Seulement, il faut bien le dire, l'excellence du travail dépend ici uniquement de l'ouvrier; l'opération ne s'exécute pas, comme dans des cas analogues, à l'aide de poinçons, d'emporte-pièces, qui découperaient la pierre mathématiquement et d'un seul coup ; rien ne se fait là mécaniquement. L'ouvrier doit guider le travail ; il le dirige en tout, il l'amène seul à son dernier degré de perfection. Ceci expliquera la difficulté que l'on a à se procurer de bons ouvriers diamantaires, qui sont en définitive de véritables artistes.

Le diamant à tailler est placé à l'extrémité d'une pince fixe, et maintenu à l'aide d'un mastic de plomb et d'étain qu'il faut faire fondre chaque fois qu'une face est terminée et qu'il devient nécessaire de changer l'inclinaison de la pierre; l'ouvrier applique le diamant sur la meule et commence la taille.

On ne place pas, comme on le suppose généralement, la poudre de diamant sur la plate-forme d'acier; le procédé serait dispendieux et par trop primitif. La pierre est simplement trempée dans la poussière du minéral humectée d'huile, et elle l'entraîne avec elle dans son mouvement de rotation.

C'est ainsi qu'on parvient à tailler et à polir le diamant. La durée nécessaire pour produire une facette varie, suivant la pierre, entre une demi-heure et trois heures.

Un diamant, si petit, si imperceptible qu'il soit, doit avoir, comme les plus gros, 64 facettes parfaitement régulières. Ceci donne la mesure de l'habileté et du soin qu'exige un pareil travail. Souvent un diamant brut n'est pas plus gros qu'une tête d'épingle, et le détail de ces merveilleuses perfections obtenues à l'œil nu par l'ouvrier ne peut guère être apprécié par l'acheteur qu'au microscope.

La taille réduit en général de moitié le volume de la pierre précieuse. Tout son mérite consiste dans l'extrême régularité des facettes; il est indispensable que ce que l'on nomme la *table*, c'est-à-dire la partie plate qu'on aperçoit sur tous les brillants, corresponde exactement à la partie pointue ou pyramidale, appelée *culasse*, qui termine inférieurement la pierre; il faut que le diamant ne soit ni trop mince ni trop épais; trop mince, il ne retient et ne réfléchit qu'imparfaitement la lumière; trop épais, il la décompose mal, et, dans les deux cas, il jette peu d'éclat.

La taille en *rose* s'obtient comme la taille en *brillant*; seulement le dessous du diamant reste plat et le nombre des facettes est limité à 24.

On constatait à regret, depuis plusieurs années, une décadence très-sensible dans l'art de la taille ; elle est chaque jour démontrée par la différence de prix qui existe entre les diamants de taille ancienne et ceux de taille moderne. Les pierres récemment sorties des ateliers d'Amsterdam sont taillées d'une manière grossière, imparfaite ; elles n'ont ni le jeu ni l'éclat qu'on serait en droit d'exiger. Les tailleries actuelles, sûres de leurs débouchés, ne craignaient pas en effet d'exagérer un bénéfice qui ne pouvait leur échapper, et laissaient le travail incomplet pour conserver un excédant de poids aux dépens de l'éclat et de la pureté.

La concurrence pouvait seule rendre à l'art sa perfection primitive. C'est le premier progrès que réalisera la taillerie impériale de Paris. Il en est un autre qui a aussi sa valeur : c'est la suppression de frais et de délais inutiles. Désormais le diamant brut, arrivé directement du Brésil à Paris, sera taillé et vendu sur place. Enfin, la taille des pierres précieuses occupe à Amsterdam plus de 3,000 ouvriers, et la main-d'œuvre leur est payée 3,800,000 francs ; pour 40 lapidaires que compte Amsterdam, on estime qu'en total plus de 10,000 individus y vivent de ce commerce ; le chiffre d'affaires en diamants atteint 106 millions de francs par an. Il est donc évident que l'importation d'une industrie aussi considérable devient pour la France une véritable source de richesses.

A tous les points de vue, M. Bernard aura accompli

une œuvre éminemment utile en fondant son bel établissement. Il aura réalisé, dans ce siècle de progrès, ce que Mazarin, Louis XVI et tant d'autres, avaient essayé vainement. La taillerie impériale de diamants marque d'une ère nouvelle une industrie jusqu'ici tributaire de l'étranger.

C'est un fait capital qu'il convenait de ne pas laisser passer inaperçu, à une époque où chaque jour, chaque heure apportent une création utile, une réforme salutaire, un résultat riche en conséquences fécondes.

14 septembre.

# XXVIII



Nous signalions dernièrement à l'attention publique
un nouveau moteur fonctionnant sans charbon, sans
chaudière, sans cheminée ; nous n'hésitions pas alors à le
ranger au nombre des plus belles découvertes du siècle.
M. Lenoir était en effet parvenu à produire avec facilité
une force docile et pliable à tous les usages; il avait résolu de la manière la plus heureuse le difficile problème
de la force motrice à domicile. On pouvait espérer dès
lors dans un temps prochain la substitution générale du
travail mécanique au travail manuel, l'abaissement pro-
gressif du prix des objets manufacturés. L'invention de
M. Lenoir avait à tous les points de vue une haute portée.

Aujourd'hui, nous avons à annoncer une découverte que l'on peut considérer aussi à juste titre comme un événement scientifique. D'un seul coup, elle réunit autour des machines Lenoir tous les éléments de succès possibles, et apporte avec elle une heureuse et nouvelle solution du triple problème de l'éclairage, du chauffage et de la dispersion du travail mécanique.

Le moteur Lenoir avait bien supprimé le charbon et tous les accessoires encombrants des machines à vapeur, mais il avait introduit dans l'exploitation une difficulté réelle : il exige pour son alimention du gaz en abondance, et il ne pouvait soutenir sérieusement la concurrence avec les machines à vapeur, que partout où il devenait facile d'embrancher sur les conduites de gaz une dérivation spéciale. L'avenir de la machine Lenoir se trouvait subordonné à une question d'un autre ordre : la production rapide et économique de gaz moteur.

Obtenir du gaz en abondance en tous lieux et à bas prix, sans accessoires encombrants, sans longues manipulations, tel était assurément l'un des plus beaux et des plus utiles problèmes que l'on pût se proposer. On ouvrait immédiatement ainsi de nouveaux et larges horizons aux sciences d'application, on préparait pour un temps peu éloigné une révolution complète dans les procédés actuels de l'industrie.

Ce progrès éclatant n'est plus à l'état de conception théorique : il vient d'être réalisé dans tout son ensemble par un inventeur américain, M. Lasslo Chandor, de New-York.

Pour avoir du gaz chez soi, il ne sera plus besoin de construire des usines coûteuses, d'établir de longues canalisations. M. Lenoir avait supprimé pour les moteurs foyer et chaudière; M. Chandor a voulu obtenir du gaz sans fourneaux, sans cornues, sans laveur, sans épurateur, en un mot, sans aucun des accessoires nécessaires jusqu'à ce jour. Il produit du gaz partout, à volonté, avec la plus grande facilité, autant qu'il en faut pour la consommation, et dans un véritable joujou d'appareil.

Nous n'avons jamais rien vu de si merveilleux que l'invention de M. Lasslo Chandor.

Elle ne serait pas déplacée dans un salon, tant elle occupe peu d'espace, et cependant il suffit d'ouvrir un robinet pour répandre tout à coup des torrents de gaz qu'il est facile de distribuer jusqu'à l'extrémité du plus grand édifice. On a là sous la main et sur tout le parcours des tuyaux de conduite une source incessante de lumière, de chaleur et de force motrice.

Si les résultats obtenus sont d'une importance capitale, les procédés mis en jeu ne sont pas moins dignes d'intérêt. M. Chandor s'est bien gardé d'aller demander le gaz à la houille ou aux schistes comme ses devanciers; il a trouvé beaucoup plus commode de puiser l'élément combustible tout autour de lui. Il est parvenu à transformer, comme au coup de baguette d'une fée, l'air atmosphérique en gaz lumineux et comburant par excellence. L'air entre d'un côté par son appareil et en sort de l'autre en gerbe étincelante. Nous avons vu cette métamorphose s'opérer sous nos yeux à la Société d'encouragement et frapper d'admiration tous les assistants.

Entrons maintenant dans quelques détails et expliquons succinctement le curieux procédé de M. Chandor.

L'inventeur américain se sert pour obtenir son gaz d'un simple vase à parois métalliques d'une contenance de cinquante centimètres cubes.

C'est là toute son usine à gaz.

Il y verse environ quarante litres d'un liquide facilement vaporisable, comme par exemple un mélange d'huile de naphte et d'essence de térébenthine. Une roue à aube courbe qui tourne dans l'intérieur, entraînée par une sorte de tournebroche ou par un ressort, renouvelle la surface d'évaporation et aspire l'air de l'extérieur. Cet air atmosphérique se charge au contact du liquide de vapeurs inflammables, et se rend dans un petit réservoir de 25 centimètres cubes, complétement transformé en un gaz qui n'a certes rien à envier à celui que nous fournissent les compagnies ; il s'échappe ensuite par le tuyau de distribution.

Le tambour marche très-lentement ; il ne fait guère que cent révolutions par heure. Le niveau du liquide volatil est maintenu constant dans le générateur par les procédés ordinaires. Le poids moteur varie évidemment suivant la pression qu'il est nécessaire de donner au gaz, et qui dépend de la distance à parcourir pour effectuer la distribution.

Dans l'expérience récemment faite à la Société d'encouragement, le poids qui mettait en mouvement le tambour était de 40 kilogrammes, et le tuyau d'alimentation avait une longueur de 21 mètres.

Ce tuyau, en caoutchouc, aboutissait à un tube horizontal muni de dix robinets avec pas de vis sur lesquels on avait adapté dix becs ou brûleurs à gaz.

L'un de ces becs était un papillon américain parfaitement combiné pour le nouveau gaz; il donnait une lumière silencieuse d'une blancheur éblouissante; les autres étaient des becs Dumas à fente circulaire qu'on essayait pour la première fois; la largeur de l'ouverture n'étant pas ce qu'elle aurait dû être, la proportion d'air nécessaire à une combustion parfaite n'était pas rigoureusement obtenue; la flamme n'avait pas tout son développement : elle petillait et faisait quelque bruit.

Chaque gaz, suivant sa pauvreté ou sa richesse relative, demande un bec particulier; il n'est donc pas étonnant que l'expérience n'ait pas eu de ce côté tout le succès désirable.

Toutefois, les dix becs ont brûlé pendant toute la séance; ils auraient pu brûler toute la nuit et les sept jours suivants, car bien que la capacité du générateur soit à peine d'*un huitième de mètre cube*, il lui était possible de produire facilement *deux cent cinquante mètres cubes* de gaz, assez par conséquent pour suffire à l'alimentation de vingt-cinq becs ordinaires.

Ainsi, sans aucuns travaux préliminaires, sans canalisations spéciales et coûteuses, sans gazomètres, on peut dès aujourd'hui éclairer les plus vastes comme les plus petits édifices, les églises, les théâtres, les usines, les ateliers et les maisons particulières.

Le gaz Chandor est appelé à remplacer dans les ménages la bougie qui tache les vêtements, les lampes modérateurs qui dépensent tant d'huile; dans les cafés, dans les grands établissements, ce gaz à la houille que certaines compagnies vendent si cher parce qu'elles en ont le monopole. On aura maintenant sous la main, à tout instant, une lumière née sur place, que l'on éteindra quand on voudra en fermant un simple robinet, qu'on rallumera de nouveau par une manœuvre contraire.

Le nouveau gaz possède, en outre, des qualités qui tendront certainement à généraliser son usage. Il ne répand aucune odeur; il ne laisse dans les tuyaux de conduite aucun dépôt, ce qui est la conséquence même de sa composition; n'est-ce pas, comme nous l'avons déjà dit, simplement de l'air atmosphérique chargé de vapeurs inflammables?

Le gaz Chandor est formé d'environ 95 pour 100 d'air et de 5 pour 100 d'hydro-carbure en vapeur.

Il va de soi, d'après cela, que le nouvel éclairage ne saurait être que très-économique. L'air qu'on brûle ne coûte rien et les vapeurs qu'on consomme sont en quantité minime. Les dépenses d'installation sont considérablement réduites; la production et la consommation commencent et cessent en même temps.

Nous ne saurions, dès aujourd'hui, énoncer des chiffres. Le choix des liquides vaporisables varie avec le lieu de consommation et n'est pas encore complétement fixé; tout ce que nous croyons avancer en toute sécurité, c'est que le prix de revient du nouveau gaz sera notablement inférieur à *trente centimes* le mètre cube, même à Paris. Partout où l'huile de naphte sort en abondance des sources naturelles comme en Amérique, dans les Indes, le mètre cube de gaz Chandor coûtera à peine quelques centimes.

Quelques personnes pourraient craindre l'épuisement rapides des liquides volatils propres à transformer l'air en

gaz combustible; il n'est pas inutile d'insister sur ce point.
Ce qui donne de l'avenir à la découverte du chimiste
américain, c'est précisément le grand nombre de car-
bures hydrogènes qui existent dans la nature; c'est la facilité que l'on a de mélanger les liquides de manière à
obtenir dans chaque cas le *maximum* de pouvoir lumineux, calorifique ou moteur; c'est enfin, la possibilité
d'abaisser notablement la température d'ébullition des
mélanges, soit en leur faisant absorber, après purification
à l'acide sulfurique, de l'hydrogène comme l'a imaginé
M. Chandor, soit en les additionnant d'huile ou d'essence
de caoutchouc, soit encore en les transformant par les
procédés que l'on doit aux récents progrès de la science.

Dans les expériences de la Société d'encouragement, le
gaz se produisait en abondance à la température am-
biante de 15 à 18 degrés. Si, pour abaisser encore le prix
de revient, on se servait de liquides plus denses et moins
volatils, il serait tout aussi facile de charger l'air atmosphérique de vapeurs combustibles. Un millième, une quantité
infiniment petite du gaz engendré suffirait largement
pour faciliter l'évaporation des huiles hydro-carburées.

Dans l'application aux machines Lenoir, on aura toute
latitude; on placera simplement le générateur dans une
enceinte où arriveront les gaz brûlés sortis du cylindre;
la chaleur perdue sera ainsi utilisée en partie au grand
avantage de la force engendrée.

Nous avions déjà fait pressentir en commençant l'influence considérable qu'allait exercer la nouvelle invention sur le rôle des moteurs Lenoir dans l'industrie.
L'emploi des machines à gaz avait été jusqu'ici forcément

limité. Il ne pouvait se généraliser tant que la machine n'engendrerait pas elle-même sa force motrice.

Les machines à gaz se trouvaient jusqu'ici dans une situation analogue à celle des roues hydrauliques ou des turbines qui ne peuvent fonctionner qu'à l'aide d'un cours d'eau; sans conduite de gaz, l'invention de M. Lenoir était frappée d'inactivité.

Maintenant, grâce à la découverte de M. Chandor, elle va se transformer partout en dispensateur de force usuelle, elle sera de tous côtés une source féconde de travail mécanique.

Déjà des essais ont été tentés avec succès dans les ateliers de M. Marinoni, l'habile constructeur des nouvelles machines. Depuis lors un générateur Chandor entretient de gaz un moteur Lenoir de deux chevaux de force.

M. Marinoni est conduit à conclure des premières expériences, qu'un petit appareil d'un huitième de mètre cube suffira pour alimenter toute une journée une machine Lenoir de la force de dix chevaux. Le résultat serait prodigieux et ouvrirait des horizons sans bornes aux moteurs à gaz. Espérons que les prochains essais ne viendront pas démentir les premières expériences du constructeur.

Dès aujourd'hui, M. Chandor considère comme résolu le problème des locomotives à gaz. Nous n'avons pas le droit d'émettre un doute sur son opinion, après les incroyables résultats auxquels nous a habitués son appaacil générateur. Le seul point cependant qu'il restera encore à étudier avec soin, c'est la forme et les dimensions à donner, dans les tiroirs, aux ouvertures d'entrée du gaz et de l'air, pour faciliter la combustion en rendant le mélange aussi intime que possible.

On n'avait pu construire jusqu'ici que des machines Lenoir fixes ; maintenant on livrera à l'industrie des locomobiles à gaz, des machines de bateau. Leur application à l'agriculture et à la navigation est désormais possible.

On construit en ce moment, à Saint-Denis, un bateau qui sera mû par une machine Lenoir, alimentée de gaz Chandor. Tout le monde sera donc à même de constater prochainement le progrès réalisé par les deux inventions combinées.

L'importante question des voitures à vapeur va reprendre maintenant un nouvel essor. On avait échoué avec la vapeur, on réussira sans doute avec le gaz. Le volume encombrant des anciennes chaudières, le poids et les dimensions des réservoirs d'alimentation, ont toujours constitué de véritables difficultés. La moindre voiture exigeait de suite des efforts de traction considérables, consommait beaucoup de charbon et se détériorait promptement. Les cahots et les chocs disloquaient la chaudière, qui, au bout de peu de temps, ne présentait plus les conditions de sécurité désirable. Bien que beaucoup de systèmes ingénieux se soient produits depuis quelque temps, il n'en existe pas encore un qui satisfasse pratiquement aux nécessités de la question ; il n'y a pas encore de voiture à vapeur fonctionnant utilement.

Avec la machine Lenoir et le gaz Chandor, on pourra se procurer de grandes forces sous de petits volumes, et c'était là le point capital à obtenir. Le poids du véhicule ne sera pas surchargé par les approvisionnements d'eau et de charbon; ses dimensions seront restreintes et l'effort de traction se réduira de beaucoup. On aura la possibilité de construire des voitures légères, fonctionnant économiquement sur les routes planes et unies. Les défauts reprochés à l'ancien système auront disparu, à l'exception toutefois de l'action pernicieuse des chocs et des cahots sur la machine motrice. Cet inconvénient pourrait être atténué en modifiant la surface de roulement de nos chaussées et de nos rues.

On nous promet du reste, pour bientôt, une première voiture à gaz qui circulera dans les rues de Paris. Alors seulement il sera permis de se prononcer en connaissance de cause sur le nouveau mode de locomotion.

Quoi qu'il en soit on ne peut nier l'influence immédiate qu'exercera l'invention combinée de MM. Lenoir et Chandor sur tous les grands centres industriels. Elle arrive en moment opportun pour nous permettre de soutenir la concurrence avec les produits anglais. Ce que des ouvriers faisaient à bas prix et avec peine, la machine nous le donnera à meilleur marché encore et en beaucoup moins de temps. Le travail mécanique va se généraliser nécessairement, et l'industrie du pays en ressentira prochainement les bons effets.

Les petits fabricants pourront maintenant rivaliser avec les grands établissements, il leur sera permis de lutter avec avantage là où, isolés et livrés à leurs propres ressources, il ne leur était plus possible de tenir contre le monopole des usines de premier ordre.

La vie et l'activité vont reprendre de toutes parts dans les villes, dans les campagnes. La nouvelle invention apportera par contre-coup le bien-être dans les classes pauvres, l'égalité dans le travail, la richesse et la prospérité du pays.

Nous venons de voir le gaz Chandor nous prodiguer la lumière et la force motrice; n'oublions pas de signaler encore une de ses propriétés, non moins importante.

Si son pouvoir éclairant surpasse de beaucoup celui du gaz à la houille, son pouvoir calorifique est aussi très-intense; foyer de chaleur aussi bien que foyer de lumière. il rendra d'incomparables services.

Dans les appartements, les poêles à gaz se répandront certainement. Plus de tous ces embarras que présentaient le bois ou la houille. Le feu s'allumera et s'éteindra à la minute, au bon plaisir du consommateur. L'appareil de combustion, au lieu d'être massif et lourd, sera commode et portatif. Après avoir chauffé une pièce, il pourra chauffer l'autre. Dans les cheminées, dans les fourneaux, le nouveau combustible luttera sans doute bientôt avec le charbon. En hiver, la lampe qui éclairera servira en même temps de calorifère et chauffera l'appartement. Sans qu'il soit même besoin d'avoir recours à un générateur Chandor, on prévoit d'ici la construction d'une lampe simple et économique, à la fois foyer de lumière et de chaleur.

Les petits ménages, les artisans auront ainsi à leur disposition un éclairage brillant et économique, un chauffage salubre et régulier.

Les administrations de chemin de fer cherchent vainement un mode d'éclairage commode et simple pour les wagons. Les nombreux essais tentés n'ont jamais fourni que des résultats douteux. Il sera maintenant facile de faire brûler le nouveau gaz le long d'un convoi. On chauf-fera et l'on éclairera du même coup tous les wagons.

Avant qu'il soit longtemps, les grandes exploitations délaisseront complétement les huiles de schiste pour avoir exclusivement recours aux générateurs Chandor.

Les applications nouvelles ne vont pas manquer; les conséquences fécondes vont abonder tous les jours.

Ne sera-t-il pas réellement merveilleux de voir une boîte métallique de dimensions si exiguës envoyer de toutes parts des flots de lumière et de chaleur, et mettre en mouvement les puissantes machines de nos ateliers? La vie, l'activité rayonneront de cette boîte magique, vé-ritable source de richesse et de prospérité.

Nous l'avons fait pressentir au début, le gaz Chandor répond à trois besoins impérieux : la lumière, la chaleur, la force motrice. Ses destinées ne sont donc pas dou-teuses; son avenir est tout tracé.

Nous ne craignons pas d'avancer que dès aujourd'hui commence une ère nouvelle pour l'industrie. Au travail manuel va se substituer partout le travail mécanique. La routine et le préjugé tomberont devant cette dernière con-quête de la science.

On ne saurait rester froid, en vérité, devant de pareilles merveilles enfantées par la pensée qui féconde et le génie qui crée; des progrès aussi éclatants frappent d'admira-tion et se gravent en traits de feu à travers les siècles.

27 juillet.

---

¹ Nous regrettons vivement que des intérêts commerciaux de second ordre aient encore empêché de mettre en exploitation le procédé de M. Chandor.

# XXIX



Le champ déjà si fertile de nos connaissances scientifiques s'accroît de jour en jour, l'horizon s'élargit de plus
en plus, la science marche et marche à grand pas.

Nous signalions dans notre dernière causerie une invention riche en conséquences fécondes et en résultats
grandioses ; nous avons aujourd'hui à revenir sur une découverte remarquable, qui, pour appartenir au domaine
spéculatif, n'en a pas moins son importance et son intérêt. A chaque pas s'y retrouvent l'excellence de nos méthodes, la rigueur de nos théories, la puissance de l'induction.

Deux chimistes de talent, MM. Bunsen et Kirchhoff, ont

fait connaître tout dernièrement une nouvelle méthode d'analyse chimique, dont l'exquise sensibilité est réellement merveilleuse. Avec leur procédé, non-seulement on peut déterminer la nature de quantités impondérables d'une substance, mais on peut encore la reconnaître à des millions de lieues de distance.

Êtes-vous embarrassé sur le minéral que vous avez entre les mains ? Voulez-vous décider quel est le corps que vous venez de trouver ? Vite, ayez recours à la méthode des deux savants chimistes et vous pourrez vous prononcer avec certitude. Le soleil est à environ trente-huit millions de lieues de nous ; c'est un globe incandescent, et les métaux qu'il renferme sont à l'état de vapeur; désirez-vous les connaître ? Le soleil renferme-t-il de l'or, de l'argent, du fer, etc. Les nouveaux procédés vous l'apprendront sur-le-champ. Sans peine, sans fatigue, de votre cabinet, vous pouvez dès maintenant faire un voyage d'exploration dans les astres, rechercher leur gisements métallifères, trouver leurs mines et les comparer aux richesses minérales de notre globe.

Et les procédés employés sont-ils compliqués ? Est-il besoin d'études longues et spéciales ?

Un coup d'œil jeté à travers une lunette, et tout le monde pourra trancher la question, reconnaître sur quel corps on vient d'expérimenter.

Il n'est pas possible de mieux plier la science aux exigences de chacun et de la mieux mettre à la portée de tous. Des résultats au si extraordinaires ne frappent-ils pas l'imagination ?

C'est en vain qu'on chercherait à sonder les profon-

deurs de la science. L'inconnu vous attend à chaque pas;
l'imprévu survient à tout instant et vous surprend par ses
conséquences fécondes. Toute question scientifique, en
dehors de son but éminemment utilitaire, entraîne toujours avec elle de nouveaux aperçus pleins de grandeur
et de poésie. Cette activité dévorante du progrès cause, à
ses heures, de véritables éblouissements qui s'expliquent
facilement par l'éclat du spectacle et par l'importance
des résultats obtenus.

C'est d'Heidelberg, en Allemagne, que nous arrive aujourd'hui la nouvelle méthode; elle a pris naissance dans
le laboratoire de MM. Kirchhoff et Bunsen.

Nous franchirons donc le Rhin et nous irons demander
aux deux savants eux-mêmes la description de leur curieux mode d'analyse.

On nous indiquera sur l'heure la demeure du chimiste
Bunsen, car son nom est populaire à l'université d'Heidelberg.

Faisons résonner le lourd marteau d'une porte séculaire et entrons.

Devant nous s'ouvre une vaste salle pleine d'instruments bizarres, de fioles, de cornues. Des lunettes, des
télescopes se dressent sur leur trépied; des miroirs
éblouissants envoient de toutes parts leur clarté fantastique, des fourneaux rouges de feu pétillent dans l'ombre;
et des lueurs étranges courent le long des murailles.

Un bruit sourd et lugubre s'échappe par instants de la
voûte noircie et vous envoie comme le râle d'un moribond.
Des sphères pleines de liqueurs diversement colorées exhalent une odeur pénétrante qui saisit à la gorge et vous

donne des éblouissements. Des métaux en fusion coulent sur les dalles, et la pierre se tord sous ce baiser ardent.

Tout est là d'une apparence singulière qui attire et repousse à la fois.

Entrons. C'est le laboratoire du chimiste allemand.

Le maître ne ressemble nullement au logis, comme on pourrait le croire. Il n'a rien d'un personnage fantastique. M. Bunsen est tout uniment un homme aimable et un savant de premier ordre.

Il se fera un plaisir de vous introduire successivement dans deux pièces voisines de son laboratoire, où nous serons témoins. de phénomènes aussi bizarres qu'intéressants.

Dans la première règne une obscurité absolue. Une fente pratiquée dans un des volets permet seulement à quelques rayons de lumière de pénétrer dans l'intérieur. En avant de cette rainure, on a disposé un prisme en verre ; en avant de ce prisme un grand écran blanc.

Tout à coup, à un signal convenu, les rayons lumineux sont dirigés sur le prisme, et une image colorée, présentant les teintes très-vives de l'arc-en-ciel, vient se peindre sur l'écran avec une netteté admirable. On distingue, en partant de la base, les sept couleurs suivantes :

Violet, indigo, bleu, vert, jaune, orange, rouge.

C'est là une expérience souvent répétée par les physiciens, et par laquelle il nous faut passer aussi pour rester intelligible pour tous. L'image est connue dans la science sous le nom de *spectre solaire*.

Nom horrible pour exprimer un phénomène charmant !

On se tromperait beaucoup si l'on supposait que c'est
le soleil qui vient peindre sur l'écran ces teintes si jolies
Le soleil ne serait pour rien dans l'expérience, s'il n'avait
fourni les rayons de lumière. Tout le mérite en revient de
fait aux prismes interposés entre l'écran et la fente du volet.

La lumière n'est pas simple, indivisible, comme beaucoup de personnes le croient. La lumière la plus blanche,
la plus pure, est toujours composée d'une multitude de
rayons de couleurs différentes. Et c'est précisément la
réunion simultanée de ces rayons diversement colorés qui
produit sur la rétine la coloration blanche. Un cercle
teinté des couleurs de l'arc-en-ciel et tournant rapidement
devant nos yeux, nous paraîtra blanc, car les différentes
teintes arrivent en même temps à la rétine, et leur réunion y produit la sensation de blanc.

Les rayons diversement colorés, quand ils passent à
travers un prisme, sont déviés de leur route primitive ; ils
suivent un chemin plus ou moins oblique, qui dépend entièrement de leur coloration. Les rayons violets sont les
plus écartés de leur route rectiligne, puis les rayons indi-
gos, puis encore les rayons bleus, etc.

Il résulte de là que la lumière qui a traversé un prisme
ne trace pas sur un écran une image blanche, mais bien
une série d'images violet, indigo, bleu, etc., placées les
unes au-dessus des autres. C'est ainsi que le prisme parvient à décomposer la lumière blanche et à étaler sur
l'écran, pour ainsi dire, les uns à côté des autres, les
rayons colorés qui sont nécessaires pour la constituer.

Si l'on examine avec soin cette image colorée qui
forme le spectre solaire, on remarque facilement que les

sept couleurs de l'iris ne sont pas les seules qui le com-
posent. Elles se fondent en effet les unes dans les autres
sans qu'il soit possible de reconnaître les limites précises
qui les séparent. Il existe par conséquent une infinité de
nuances intermédiaires.

Qu'on vienne à observer de plus près encore, et l'on
apercevra une grande quantité de raies noires très-déliées
L'image en est striée transversalement depuis le haut
jusqu'en bas. On en compte aisément, avec de la patience,
500, 600, 700, etc., et d'autant plus que la lunette dont
on se sert grossit davantage. Un physicien de mérite,
Fraunhofer, qui le premier étudia ces raies obscures, en
a remarqué huit principales qu'on désigne ordinairement
par les premières lettres de l'alphabet. Elles sont facilement reconnaissables.

Ces raies noires du spectre indiquent que la lumière
émise par le soleil ne renferme pas des rayons de toutes
les nuances. Il y a des lacunes; il y a discontinuité entre
les rayons lumineux solaires, comme en musique, il y a
intervalle entre deux tons de la gamme. Les expériences
des chimistes allemands auxquels il nous est impossible
d'arriver sans ces préliminaires, prononcent avec un haut
degré de probabilité sur la véritable cause de la disparition de certains rayons simples dans la lumière solaire.

MM. Bunsen et Kirchhoff, après nous avoir fait examiner la lumière du soleil, nous mettront à même d'étudier aussi la lumière de la lune et des planètes, la lumière
électrique, etc., etc.

La lune donnera un spectre identique à celui du soleil.
L'image viendra se peindre avec les mêmes couleurs dis-

posées dans le même ordre; les rayons qui manquaient
dans le soleil manqueront dans la lune. Les stries noires
apparaîtront avec netteté. Il en sera de même pour les
planètes. Le résultat était facile à prévoir, puisque la
lune, comme les planètes, nous renvoie simplement la
lumière du soleil.

Vient-on à examiner de même maintenant la lumière
électrique, la flamme d'une bougie, on apercevra bien
encore la même image colorée sur l'écran, mais c'est en
vain qu'on chercherait les lignes obscures, les stries
noires; elles ont complétement disparu : à la place se
remarque une multitude de *lignes brillantes* qui sillonnent
le spectre, tantôt dans le vert, tantôt dans le rouge.

Ces faits, curieux par eux-mêmes, étaient nécessaires à
connaître, pour saisir nettement la méthode d'analyse
récemment trouvée par MM. Kirchhoff et Bunsen.

Ces données premières établies, les chimistes allemands
nous introduisent dans la seconde pièce voisine de leur
laboratoire et éclairée de la lumière du jour.

Sur une table se trouve un petit nécessaire en bois que
nous décrirons en quelques mots.

C'est une boîte rectangulaire divisée en deux comparti-
ments par une cloison transversale percée en son milieu
d'une fente munie d'une lentille. On dispose dans le compartiment d'arrière une lampe à gaz, dans celui d'avant
un prisme, et derrière le prisme une lunette grossissante
dont l'oculaire est placé au-dessus de la boîte[1].

---

[1] On a modifié un peu cet instrument appelé spectroscope, on en trouvera des spécimens chez un de nos meilleurs constructeurs d'instruments
de physique, M. J. Salleron.

La lumière qui émane de la lampe se concentre au foyer de la lentille, se décompose en traversant le prisme, et il suffit de regarder à travers la lunette pour apercevoir le spectre coloré. La rétine remplace ici l'écran ; les rayons, déviés en y pénétrant, produisent chacun, en particulier, la sensation de la couleur qui lui est propre. C'est, en un mot et tout simplement, l'expérience précédente rendue plus pratique, plus expéditive et plus commode.

Le spectre sur lequel nous expérimentons maintenant ne provient pas de la lumière solaire ; il est fourni par la flamme d'un gaz ; ainsi, en mettant l'œil à l'oculaire, il est facile de se convaincre que les raies noires ont disparu pour faire place aux lignes brillantes.

Voici maintenant où l'observation prend un nouvel et véritable intérêt :

Ne quittons pas des yeux l'oculaire de la lunette. M. Bunsen prend dans une boîte quelques parcelles de sel marin et les plonge à l'aide d'une pince dans la flamme de la lampe.

Aussitôt une *ligne jaune* apparaît dans le spectre et s'aperçoit très-nettement dans le champ de la lunette.

Observons encore ! M. Bunsen introduit de nouveau quelques grains de potasse.

Immédiatement se montrent une *ligne rouge* et une *ligne violette.*

Examinons toujours, et chaque fois que le chimiste placera dans la flamme la poussière de quelque nouveau corps, on verra naître tout aussitôt dans le spectre des lignes caractéristiques, brillantes et colorées.

Chaque substance déposée dans la flamme semble donc

envoyer son signalement ou télégraphier son nom à l'aide de couleurs qui lui sont propres.

Quand on saura bien que telles couleurs répondent à tel corps, chaque fois qu'on les verra apparaître dans le spectre, on pourra tenir pour certain que ce corps existe dans la flamme.

Voilà, certes, un résultat auquel on était loin de s'attendre. Depuis longtemps déjà on avait contraint la lumière à se transformer en crayon fidèle et docile, on la faisait dessiner à volonté et reproduire au gré de chacun portraits et paysages : MM. Bunsen et Kirchhof viennent, pour ainsi dire, de l'obliger à parler, à indiquer instantanément toutes les substances contenues dans la flamme d'où elle provient.

La lumière parcourt soixante-dix-sept mille lieues par seconde, et elle constitue le seul trait d'union qui nous joigne aux autres mondes planétaires. On comprend donc immédiatement l'importance de la découverte des deux chimistes allemands. Elle seule pourra nous donner des détails précis sur la constitution des astres qui brillent dans l'espace. En nous arrivant en ligne droite des planètes, la lumière viendra nous télégraphier presque instantanément les changements qui pourront survenir à leur surface ; elle nous donnera tous les détails que nous désirerons sur toutes les nouvelles transformations qui pourront survenir au point de vue physique dans les mondes planétaires.

Nous pourrons dorénavant établir une correspondance suivie avec les astres.

Sur terre, ramassez n'importe où une substance quelconque. De quoi est-elle faite? Est-ce du diamant? de l'or, du fer, du zinc, du verre?

Demandez à la flamme de la lampe de M. Bunsen? Elle vous répondra immédiatement. Les raies colorées qui se montreront dans le spectre vous feront connaître la nature des éléments qui constituent le corps.

La flamme, en un mot, se charge de faire pour vous les analyses les plus délicates aussi exactement et bien autrement vite que les chimistes les plus exercés.

M. Bunsen est parvenu à obtenir les spectres isolés de tous les métaux; il les a dessinés, il les a gravés dans sa mémoire, en sorte qu'il peut reconnaître à première vue toute substance étrangère ou nouvelle.

Voulons-nous maintenant nous convaincre de la sensibilité incroyable de ce curieux procédé d'analyse chimique? Désirons-nous être juge des services que pourra rendre, dans un certain genre de recherches, la lampe des deux savants allemands?

Prenons un peu de potasse, jetons-le dans un petit mortier d'agate, et concassons avec le pilon; observons maintenant le spectre à travers la lunette du nécessaire de M. Bunsen.

La double ligne rouge et violette qui décèle la présence de la potasse se montre très-nettement dans le spectre.

Pourquoi? nous n'en avons cependant pas mis dans la flamme; la lampe serait-elle en défaut ou nous induirait-elle en erreur?

Non, qu'on le sache bien. Il y a de la potasse, soyez-en sûr. En pilant le morceau déposé dans le mortier, nous avons fait voler des particules ténues dans l'atmosphère et jusque dans la flamme. Cela est si vrai que, s vous renouvelez l'air tout alentour, la ligne rouge violette disparait complétement.

Il suffit de quelques traces imperceptibles de la substance au milieu de la flamme pour que celle-ci l'accuse immédiatement. MM. Bunsen et Kirchhoff évaluent la quantité infime de substance nécessaire pour produire ces lignes caractéristiques à environ *un trois millionième de milligramme*.

Une sensibilité aussi exquise ne tient-elle pas du prodige? Une pareille méthode d'exploration simule une véritable puissance de divination.

Quoi qu'il en soit, quelques personnes penseront que l'*analyse spectrale* n'est qu'un jeu, qu'une fort jolie application sans conséquence d'un phénomène considéré jusqu'alors comme purement spéculatif. Il importe de les détromper. Il est évident qu'on ne peut demander à la nouvelle méthode de remplacer l'analyse chimique dans toutes ses applications; il est même certain que, dans les travaux si complexes de la science moderne, elle sera d'un bien faible secours; toutefois, dans des recherches particulières, elle trouvera sa place toute tracée et rendra alors de véritables services.

Au surplus, l'analyse spectrale, née d'hier, a déjà fait ses preuves.

Dernièrement, M. Bunsen avait à analyser l'eau minérale de Durkheim. Dans les résidus d'évaporation, il trouva un composé insaisissable à l'analyse ordinaire. Il s'adressa alors tout naturellement à la flamme de sa lampe, et il n'eut certes pas lieu de s'en repentir. Quel ne fut pas son étonnement d'apercevoir dans le spectre une *raie bleue*, ne répondant à aucune substance déjà analysée.

Convaincu que l'eau de Durkheim contenait une matière inconnue des chimistes, il évapora quatre-vingts tonnes d'eau, et en ayant recours aux plus puissants moyens d'investigation, il finit par découvrir une substance complétement neuve.

Quelques jours plus tard, en examinant de même la roche dont on tire le litrium, il remarqua une *raie rouge* occupant dans le spectre une position inusitée. Des kilogrammes de lépidolite furent mis en traitement, et l'on parvint à isoler un corps complétement inconnu jusqu'ici. Ainsi, grâce à la récente méthode de MM. Bunsen et Kirchhoff, la chimie s'est enrichie en quelques mois de deux nouveaux métaux alcalins que chacun se passe aujourd'hui de main en main avec un sentiment de curiosité inexprimable.

Il nous semble qu'il serait difficile de nier maintenant l'importance et l'utilité de la découverte des chimistes allemands. On aurait tort de la reléguer dans le domaine purement théorique. Nous le répétons, elle ne sera avantageusement employée que dans des cas restreints; mais, pour certaines recherches minutieuses, elle permettra de pousser l'investigation scientifique jusqu'à ses dernières limites.

M. Bunsen a nommé les deux nouveaux métaux alcalins *cæsium* et *rubidium*; ce qui signifie bleu et rouge, pour faire allusion aux deux beaux rayons colorés par lesquels ils se sont annoncés l'un et l'autre.

Ces métaux ne sont malheureusement pas destinés à

devenir usuels comme le fer, le cuivre, l'aluminium ; leurs propriétés les placent à côté du potassium et du sodium, métaux alcalins dont la rouille forme les composés bien connus de tout le monde sous le nom de potasse et de soude.

Le cæsium est maintenant le plus alcalin de tous les métaux ; il donne par sa combinaison avec l'oxygène de l'air un oxyde plus énergique, la potasse caustique, et cependant le chiffre de son équivalent est très-élevé. Le rubidium se place naturellement, par ses propriétés entre le cæsium et le potassium. C'est un intermédiaire.

Jusqu'ici nous avons appliqué la méthode de MM. Bunsen et Kirchhoff à l'analyse des substances terrestres. A deux reprises déjà, nous avons fait pressentir qu'elle permettait de pousser les investigations, non-seulement dans notre sphère d'action habituelle, mais encore à des millions de lieues de distance. Nous avons dit que, dès maintenant, nous étions en mesure d'explorer le soleil, et de voir si l'on y retrouve les substances que renferme la terre.

Il est facile de montrer la marche à suivre en pareil cas. On verra, non sans un véritable étonnement, comme tous les phénomènes s'enchainent, et comme, de déduction en déduction, on parvient tout naturellement aux conséquences les plus étonnantes. Les raies noires du spectre solaire, qui jusqu'alors étaient restées jusqu'à un certain point une énigme pour les physiciens, vont tout à coup s'expliquer avec toutes les probabilités désirables. Les notions fort imparfaites que nous avions sur la constitution physique du soleil vont prendre plus de consistance.

25.

La lumière va nous servir de guide et sera dorénavant un puissant auxiliaire pour les astronomes, en rectifiant les fausses interprétations ou les observations erronées sur les éléments constitutifs de cet astre.

Citons quelques exemples pour ne pas rester dans les généralités.

Prenons le nécessaire de M. Bunsen tel que nous l'avons décrit ; seulement préparons les choses de manière à pouvoir mettre derrière la lampe à gaz un foyer de lumière électrique et à l'enlever à volonté.

On se rappelle que l'œil placé à l'oculaire de la lunette perçoit des lignes jaunes dans le spectre quand on dépose du sel marin dans la flamme.

Tout le monde sait maintenant que le sel commun est formé par la combinaison d'un gaz dont on se sert pour le blanchissage des étoffes de laine, le *chlore*, avec un métal blanc comme l'argent, nommé *sodium*.

C'est un métal qui, en se vaporisant dans la flamme, donne la ligne jaune que l'on remarque dans le spectre.

Eh bien ! ce métal blanc, qui se trouve en grande quantité sur terre, existe également dans le soleil ; il s'y rencontre certainement à l'état de vapeur métallique, dans son atmosphère brillante.

La lampe de M. Bunsen indique sa présence d'une manière irrécusable. Et il est facile de s'en convaincre.

Regardons à travers la lunette du nécessaire, après avoir plongé dans la flamme du gaz quelques parcelles de sodium. Nous voyons apparaître aussitôt la ligne jaune caractéristique. Plaçons maintenant derrière la flamme gazeuse le foyer de lumière électrique.

La ligne jaune a disparu. Une raie noire parfaitement nette a pris sa place : en l'examinant de près, on reconnait bien vite la raie noire que Fraunhofer désigne par la lettre D dans le spectre solaire.

Enlevons la lumière électrique, la raie noire se dissipe et la ligne jaune apparait. Apportons-la encore, la raie noire se montre de nouveau. Ne prenons plus la précaution de placer quelques particules de sel ou de sodium dans la flamme, malgré l'interposition de la lumière électrique, la raie noire D ne se produit plus.

Que conclure de cette remarquable expérience? Évidemment que nous venons de produire en petit ce qui se passe en grand dans le soleil. Le noyau central de l'astre joue le rôle du foyer électrique, et son atmosphère lumineuse celui de la flamme du gaz. Pour obtenir la raie noire D du spectre solaire, il faut placer dans la flamme du sodium; inversement l'atmosphère du soleil pour faire naitre la raie noire dans le spectre, doit contenir des vapeurs de sodium.

Il est donc permis de croire à la présence de ce métal dans les éléments constitutifs du soleil.

La potasse n'est que la rouille ou l'oxyde d'un métal blanc très-altérable à l'air, nommé *potassium*; M. Bunsen s'est convaincu, par des expériences analogues à la précédente, que le potassium existait aussi dans le soleil.

Il donne également naissance à une raie noire caractéristique. Chacune de ces raies résulte simplement d'une absorption des rayons émanés du globe solaire incandescent par les substances qui se trouvent à l'état de vapeur dans l'atmosphère gazeuse entourant le noyau central.

Chaque substance absorbe ses rayons et produit sa raie obscure particulière : pour explorer d'une manière complète le soleil, il faut donc débrouiller au milieu des innombrables raies du spectre solaire celles qui, par leurs positions exactes, leurs groupements et leurs dimensions relatives, appartiennent à tel ou tel métal.

C'est ainsi que M. Kirchhoff a pu constater, de son côté, que les lignes lumineuses qui caractérisent le fer correspondent à des raies obscures dans le spectre solaire. Il en est de même pour le magnésium, le chrome et le nickel. Par conséquent tout porte à croire que le soleil possède cinq des métaux que nous avons sur terre.

Y rencontre-t-on des mines d'argent, de cuivre, etc.? demandions-nous au commencement. La réponse est facile.

L'argent, le cuivre ont bien leur ligne caractéristique ; mais elles ne sont pas annulées par la lumière électrique, ces métaux ne fournissent aucune ligne commune avec celle du soleil.

On en conclut que le soleil ne renferme ni argent ni cuivre. On reconnaîtrait facilement, en suivant la même marche, qu'il ne possède pas le zinc, l'aluminium, le cobalt et l'antimoine.

On pourra dresser ainsi, peu à peu, une liste des substances communes à la terre et au soleil, et s'éclairer complétement sur la constitution physique de cet astre.

Telles sont les conséquences grandioses et inattendues auxquelles on arrive en suivant pas à pas la logique des faits. Il a suffi d'une éclaircie, dans une question considérée à juste titre comme très-obscure, pour ouvrir tout à coup des horizons sans bornes et créer une méthode d'investigation aussi admirable que puissante.

Les expériences de MM. Bunsen et Kirchhoff ont une grande portée philosophique. Nous devions les résumer ici à ce titre d'abord, et surtout parce qu'elles donnent un démenti formel à ceux qui nient encore le but de la science spéculative.

Si l'on n'avait pas étudié soigneusement le spectre solaire, si l'on n'avait pas consacré de longues veilles à l'étude d'une question purement théorique, les deux savants allemands n'auraient pas doté la chimie de deux corps nouveaux, d'une méthode ingénieuse d'analyse et de renseignements curieux sur la constitution chimique du soleil.

Qu'on ne répète donc plus cette phrase dictée par l'ignorance : A quoi servent les théories?

Les théories dissipent les erreurs et conduisent à la vérité.

5 août.

FIN.

# TABLE DES MATIÈRES

# TABLE ALPHABÉTIQUE

# TABLE DES NOMS CITÉS

PARIS. — IMPRIMERIE DE SIMON RAÇON ET COMP., RUE D'ERFURTH